TEUBNER-TEXTE zur Informatik   Band 29

G. Lausen / A. Oberweis / G. Schlageter (Hrsg.)

Angewandte Informatik und
Formale Beschreibungsverfahren

Festschrift zum 60. Geburtstag
von Wolffried Stucky

TEUBNER-TEXTE zur Informatik

Herausgegeben von

Prof. Dr. Johannes Buchmann, Darmstadt
Prof. Dr. Udo Lipeck, Hannover
Prof. Dr. Franz J. Rammig, Paderborn
Prof. Dr. Gerd Wechsung, Jena

Als relativ junge Wissenschaft lebt die Informatik ganz wesentlich von aktuellen Beiträgen. Viele Ideen und Konzepte werden in Originalarbeiten, Vorlesungsskripten und Konferenzberichten behandelt und sind damit nur einem eingeschränkten Leserkreis zugänglich. Lehrbücher stehen zwar zur Verfügung, können aber wegen der schnellen Entwicklung der Wissenschaft oft nicht den neuesten Stand wiedergeben.

Die Reihe "TEUBNER-TEXTE zur Informatik" soll ein Forum für Einzel- und Sammelbeiträge zu aktuellen Themen aus dem gesamten Bereich der Informatik sein. Gedacht ist dabei insbesondere an herausragende Dissertationen und Habilitationsschriften, spezielle Vorlesungsskripten sowie wissenschaftlich aufbereitete Abschlußberichte bedeutender Forschungsprojekte. Auf eine verständliche Darstellung der theoretischen Fundierung und der Perspektiven für Anwendungen wird besonderer Wert gelegt. Das Programm der Reihe reicht von klassischen Themen aus neuen Blickwinkeln bis hin zur Beschreibung neuartiger, noch nicht etablierter Verfahrensansätze. Dabei werden bewußt eine gewisse Vorläufigkeit und Unvollständigkeit der Stoffauswahl und Darstellung in Kauf genommen, weil so die Lebendigkeit und Originalität von Vorlesungen und Forschungsseminaren beibehalten und weitergehende Studien angeregt und erleichtert werden können.

TEUBNER-TEXTE erscheinen in deutscher oder englischer Sprache.

Angewandte Informatik und Formale Beschreibungsverfahren

Festschrift zum 60. Geburtstag
von Wolffried Stucky

Herausgegeben von
Prof. Dr. Georg Lausen
Albert-Ludwigs-Universität Freiburg

Prof. Dr. Andreas Oberweis
Johann Wolfgang Goethe-Universität Frankfurt am Main

Prof. Dr. Gunter Schlageter
FernUniversität Hagen

 B.G.Teubner Stuttgart · Leipzig 1999

Gedruckt auf chlorfrei gebleichtem Papier.

Die Deutsche Bibliothek – CIP-Einheitsaufnahme
Ein Titelsatz für diese Publikation ist bei
Der Deutschen Bibliothek erhältlich

Das Werk einschließlich aller seiner Teile ist urheberrechtlich geschützt. Jede Verwertung außerhalb der engen Grenzen des Urheberrechtsgesetzes ist ohne Zustimmung des Verlages unzulässig und strafbar. Das gilt besonders für Vervielfältigungen, Übersetzungen, Mikroverfilmungen und die Einspeicherung und Verarbeitung in elektronischen Systemen.
© 1999 B.G.Teubner Stuttgart · Leipzig
Printed in Germany
Druck und Binden: Präzis-Druck GmbH, Karlsruhe

Vorwort

Mit großer Freude haben wir diesen Band zusammengestellt - mit Freude deshalb, weil wir die Arbeit mit Blick auf einen herausragenden Wissenschaftler geleistet haben, dem wir selbst, dem darüber hinaus aber auch die Universität Karlsruhe und vor allem die Informatik in Deutschland viel zu verdanken haben: Wolffried Stucky.

Dieser Band ist im Grunde nicht dem Umstand gewidmet, daß Wolffried Stucky 60 Jahre alt wird: vielmehr ist dies der vordergründige Anlaß, dem breiten Wirken eines unermüdlichen und unbeirrbaren Geistes eine besondere Aufmerksamkeit zu erweisen.

Dieser Band spiegelt in der fachlichen Vielfalt seiner Beiträge die ungewöhnliche Spannweite der Interessen und Forschungsthemen von Wolffried Stucky wider. Fest fundiert in den Grundlagen und der Theorie der Informatik ist Wolffried Stucky weit hinausgegangen in die Wirtschaftsinformatik und in die praktischen Anwendungen bis hin zu ganz konkreten Projekten in Unternehmen.

Dies ist nicht der Ort für eine Laudatio – die Art und Zahl der Beiträge, allesamt von "Jüngern" des Instituts für Angewandte Informatik und Formale Beschreibungsverfahren, das mit dem Namen Stucky auf das engste verknüpft ist, spricht jedoch für sich. Die Liste der Autoren macht zugleich deutlich, wie sehr dieses Institut über die Karlsruher Universität hinaus gewirkt und die deutschsprachige Informatikszene mitgestaltet hat.

Freiburg, Frankfurt/Main, Hagen
im November 1999

Georg Lausen
Andreas Oberweis
Gunter Schlageter

Inhalt

Jürgen Albert:

Bild- und Videogenerierung mit Varianten endlicher Automaten 9

Michael Bartsch:

Das Jahr-2000-Problem und die Haftung aus Softwarepflegeverträgen 21

Anne Brüggemann-Klein, Rolf Klein, Britta Landgraf:

BibRelEx: Erschließung bibliographischer Datenbasen durch Visualisierung von annotierten inhaltsbasierten Beziehungen 33

Jörg Desel:

Formaler Umgang mit semi-formalen Ablaufbeschreibungen 45

Birgit Feldmann-Pempe, Rudolf Krieger, Gunter Schlageter:

Herausforderung an künftige Bildungssysteme: Lernerzentrierung und Praxisnähe 61

Volkmar H. Haase:

"Active Scorecard" (Unternehmen als Regelkreis) 78

Peter Haubner:

Usability Engineering – Integration von Software-Ergonomie und Systementwicklung 93

Inhalt

Lutz J. Heinrich, Gustav Pomberger:

Entwickeln von Informatik-Strategien – Vorgehensmodell und Fallstudien 108

Peter Jaeschke, Frank Schönthaler:

Modellbasiertes Business Management im Unternehmen des
21. Jahrhunderts 128

Paul-Th. Kandzia, Thomas Ottmann:

Wie real ist die Virtuelle Hochschule Oberrhein? 141

Hermann Maurer:

60 Thesen 153

Thomas Mochel:

Data-Warehousing: Chancen für die Telekommunikationsbranche 172

Reinhard Richter:

Management von Informatikprojekten: Zutaten für ein
Laborpraktikum 185

Volker Sänger:

Aufbau und Einsatz einer Software Architektur 198

Frank Schlottmann, Detlef Seese:

Die Skalierung der Preisschwankungen an einem virtuellen Kapitalmarkt
mit probabilistischen und trendverfolgenden Agenten 212

Hartmut Schmeck:

Elektronische Zahlungssysteme 223

Hans-Werner Six, Mario Winter:

Kopplung von Anwendungsfällen und Klassenmodellen in der
objektorientierten Anforderungsanalyse 235

Hans-Georg Stork:

Braucht der Cyberspace eine Regierung? 249

Rudi Studer, Andreas Abecker, Stefan Decker:

Informatik-Methoden für das Wissensmanagement 263

Lutz Wegner:

Datenbankgestützte Kooperation im Web 275

Peter Widmayer:

Die Konkurrenz selbstsüchtiger Computer: Ein ökonomisches Problem? 287

Anhang I: Wolffried Stuckys wissenschaftliche Familie 299
zusammengestellt von Mohammad Salavati und Hans-Georg Stork

Anhang II: Adressen der Autoren und Herausgeber 308

Bild- und Videogenerierung mit Varianten endlicher Automaten

Jürgen Albert

Abstract

Mehrere Varianten abstrakter endlicher Automaten werden inzwischen erfolgreich bei der Bildgenerierung eingesetzt. Damit können beliebige Schwarz/Weiß-, Grauwert- und Farbbilder – auch in Videosequenzen – in Automaten kodiert werden. Da in diesen Automaten jedem Zustand ein Teilbild zugeordnet ist, lassen sich durch die Zustandsübergänge leicht Selbstähnlichkeiten im Bildmaterial bei Kompressionsverfahren ausnutzen. Diese fraktale Vorgehensweise ergibt deutliche Vorteile gegenüber den Standardverfahren JPEG oder MPEG. Selbst im Vergleich mit den neuesten Low Bit-Rate-Video-Standards, die besonders für WWW-Anwendungen ausgelegt wurden, stellen die Automaten-Varianten ebenbürtige Alternativen dar und übertreffen diese auch teilweise, je nach Bildcharakteristik, Auflösung und Bewegungsanteilen. Nachfolgend wird der aktuelle Entwicklungsstand und eine neue Verbindung zu den Iterierten Funktionensystemen aufgezeigt.

1. Einführung

Endliche Automaten und Maschinen gehören zum Repertoire jedes Grundstudiums der Informatik und jedes einführenden Textbuches, z.B. auch bei Sander, Stucky, Herschel [SSH92]. Die gängigen Beispiele endlicher Automaten orientieren sich vor allem an der Analyse und Verarbeitung von Strings, die als Zeichenketten von Ein-/ Ausgabesymbolen auftauchen. Beliebt sind die Übungsaufgaben zur Prüfungen regulärer Textmuster und die Anwendungen in UNIX-Tools wie grep, lex, u.a.m. Auf "numerischem Gebiet" wird zwar meist die endliche Maschine zur Addition beliebig langer Binärzahlen präsentiert, ([SSH92], p. 52 ff.), aber wegen des Pumping-Lemmas sind die numerischen Fähigkeiten von endlichen Maschinen bekanntermaßen sehr beschränkt: "Es gibt keine endliche Maschine M, die Paare von beliebig langen Binärzahlen miteinander multiplizieren kann." ([SSH92], p. 57). Wie knapp jedoch diese Fähigkeit durch gewöhnliche endliche Maschinen nur verfehlt wird, macht das Beispiel in Abschnitt 3 deutlich.

Durch eine andere Sicht auf die Ein-/ Ausgabesequenzen und eine leichte Verallgemeinerung der endlichen Automaten auf solche mit reellwertigen Gewichten in den Zuständen und an den Übergängen läßt sich die Reichhaltigkeit der erzeugbaren Funktionalität beträchtlich erhöhen. Dies wird in den nächsten Abschnitten demonstriert und auch das sog. inverse Problem für gewichtete endliche Automaten angesprochen, also die Erzeugung "kleiner" Automaten zur Approximation gegebener Werteverteilungen.

2. Eingabestrings als Adressen

Die einfachste Verwendung endlicher Automaten ist wohl die als Akzeptoren über gegebenem Alphabet Σ. Wir beschränken uns meist auf $\Sigma = \{0, 1\}$, die Erweiterung auf größere Symbolmengen ist i.a. trivial.

Zur Erläuterung betrachten wir den endlichen Automaten $A = (Q, \Sigma, M, q, F)$ mit der Zustandsmenge $Q = \{q_1, q_2, q_3\}$, dem Eingabealphabet $\Sigma = \{0, 1\}$, dem Startzustand $q = q_1$, der Menge der Finalzustände $F = \{q_1\}$ und der Übergangsfunktion M, die wir in die beiden Übergangsmatrizen M_0, M_1 für die Eingabesymbole $0, 1$ auftrennen, mit der Notation 1 für eine vorhandene Transition, 0 für deren Fehlen:

$$M_0 = \begin{pmatrix} 0 & 1 & 0 \\ 1 & 0 & 0 \\ 1 & 0 & 0 \end{pmatrix}, M_1 = \begin{pmatrix} 0 & 0 & 1 \\ 1 & 0 & 0 \\ 0 & 0 & 0 \end{pmatrix}.$$

Die akzeptierte Sprache dieses endlichen Automaten ist $L(A) = \{00, 01, 10\}^*$, wie man sich leicht am Graphen des Automaten überzeugen kann (vgl. Abb. 1).

Für eine räumliche Interpretation der Eingabestrings betrachten wir zunächst den eindimensionalen Fall. Im halboffenen Einheitsintervall $[0, 1)$ wird die Eingabe $x = b_1 \, b_2 \, b_3 \, b_4 \ldots b_r, b_i \in \{0, 1\}$, identifiziert mit dem halboffenen Intervall $[0. \, b_1 \, b_2 \, b_3 \, b_4 \ldots b_r, 0. \, b_1 \, b_2 \, b_3 \, b_4 \ldots b_r + 2^{-r})$ der Länge 2^{-r}. Somit adressiert der Eingabestring 1011 das Intervall $[11/16, 12/16)$. Nachdem dieser String durch A nicht akzeptiert wird, kann man der charakteristischen Funktion für das Intervall $[11/16, 12/16)$ den Wert 0 zuweisen und das Intervall als nicht markiert (weiß)

Bild- und Videogenerierung mit Varianten endlicher Automaten

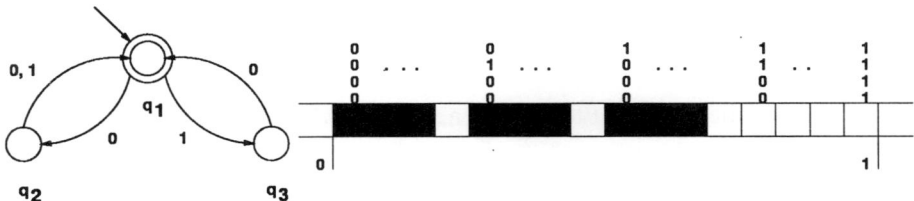

Abbildung 1: Graph von A und Eingabesequenzen der Länge 4

darstellen. Dagegen wird die Folge 1000 akzeptiert, die charakteristische Funktion hat in $[8/16, 9/16)$ den Wert 1 und das Intervall wird als schwarz dargestellt (vgl. Abb. 1). Durch Eingabesequenzen der Länge r werden Intervalle der Länge 2^{-r} adressiert. Einer Verlängerung der Eingabesequenz um ein Symbol entspricht daher ein Zoom in eine der Hälften des aktuellen Intervalls.

Diese hierarchische Form der Adressierung ist ohne Probleme vom Einheitsintervall auf das Einheitsquadrat $[0, 1) \times [0, 1)$, allgemein auf jeden d-dimensionalen Einheitswürfel $[0, 1)^d$ mit $d \geq 1$ übertragbar. Man benützt hierzu meist die sog. Morton- oder Z-Ordnung, wie in Abb. 2 für das Einheitsquadrat und die Adressenlängen 2, 4 und 8 dargestellt.

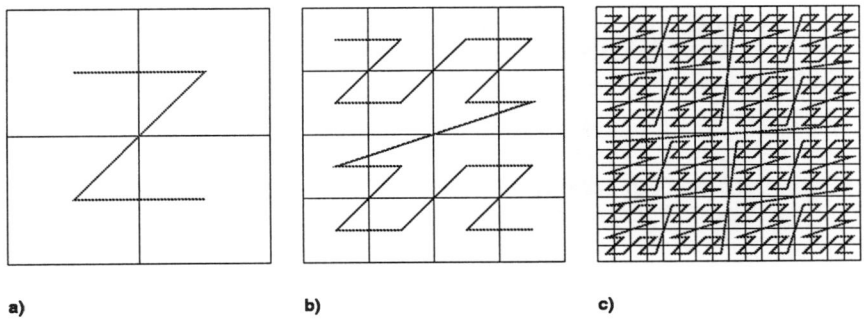

Abbildung 2: Morton-Ordnung (Z-Order)

Nun adressiert im Einheitsquadrat eine Folge der Länge $2r$ ein Quadrat der Fläche $2^{-r} \times 2^{-r}$, eine Folge der Länge $2r + 1$ ein Rechteck der Größe $2^{-r} \times 2^{-r-1}$, wie in

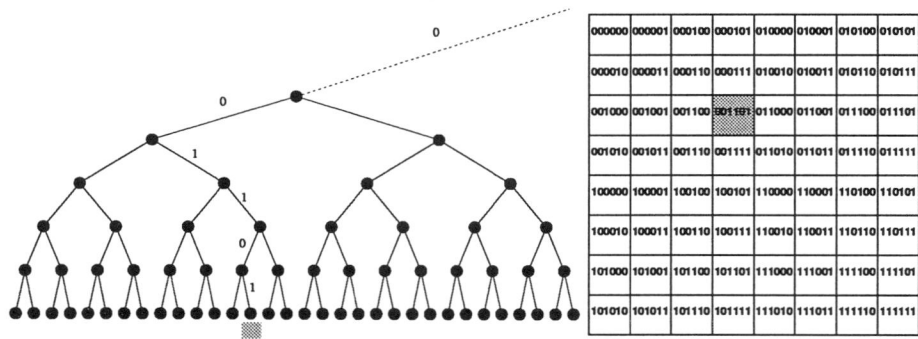

Abbildung 3: Hierarchische Adressierung mit Bintrees

Abb. 3 für $r = 6$ veranschaulicht. Die implizite Verwendung von Bintrees an Stelle der häufiger anzutreffenden Quadtrees (Octtrees, u.s.w.) erweist sich bei der Bild- und Videokompression als erheblicher Vorteil.

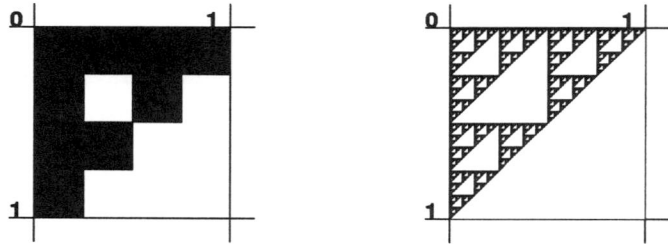

Abbildung 4: Von A generierte Bilder der Auflösungsstufen 4×4 und 256×256

Die zweidimensionale Interpretation unseres Beispiels ist ohne Änderung des Automaten möglich. Die Sequenz 1011 führt in das weiße Quadrat $[3/4, 1) \times [1/4, 1/2)$, analog 1000 in das schwarze Quadrat $[1/2, 3/4) \times [0, 1/4)$. Die zugehörigen Darstellungen des Einheitsquadrats für die Eingabesequenzen der Längen 4 bzw. 16 zeigt die Abb. 4. Dies entspricht den Bildauflösungen von $2^2 \times 2^2$ bzw. $2^8 \times 2^8$ Pixeln. Unser Beispiel erzeugt also gerade das bekannte Sierpinski-Dreieck.

3. Gewichtete endliche Automaten

Mit einer "rein numerischen" und reellwertigen Darstellung hätten wir den endlichen Automaten A für das Sierpinski-Dreieck aus dem vorangegangenen Abschnitt äquivalent auch folgendermaßen beschreiben können:
Für die Zustände q_1, q_2, q_3 und das Eingabealphabet $\Sigma = \{0, 1\}$ definiert man nun statt Start- und Finalzuständen eine Initialverteilung $I = (1.0, 0.0, 0.0)$ und eine Finalverteilung $F^T = (1.0, 0.0, 0.0)$ sowie Gewichtsmatrizen M_0, M_1 für die Symbole 0, 1 mit

$$M_0 = \begin{pmatrix} 0.0 & 1.0 & 0.0 \\ 1.0 & 0.0 & 0.0 \\ 1.0 & 0.0 & 0.0 \end{pmatrix}, M_1 = \begin{pmatrix} 0.0 & 0.0 & 1.0 \\ 1.0 & 0.0 & 0.0 \\ 0.0 & 0.0 & 0.0 \end{pmatrix}.$$

Das Akzeptieren oder Verwerfen z.B. des Eingabestrings 1011 wird nun über die Berechnung eines reellwertigen Produkts von Vektoren und Matrizen beschrieben:

$$f_A(1011) = I \times M_1 \times M_0 \times M_1 \times M_1 \times F$$

Ein Ergebniswert $f_A(w) = 0$ bedeutet dabei Verwerfen der Eingabesequenz w (weiß), ein Wert $f_A(w) > 0$ Akzeptieren von w (schwarz). Der Schritt zu gewichteten endlichen Automaten ist nun denkbar klein (vgl. [CuK93]). Alle Komponenten in den oben angesprochenen Vektoren und Matrizen können jetzt außer 0.0 oder 1.0 auch beliebige andere reelle Werte enthalten und das Resultat des Produkts wird als Grauwert des Pixels an der gegebenen Adresse (der Eingabesequenz) interpretiert:

Ein Quintupel $A = (Q, \Sigma, M, I, F)$ heißt gewichteter endlicher Automat (Weighted Finite Automaton, kurz WFA), falls für gewisse $n, k \in N$ gilt:
$Q = \{q_1, \ldots, q_n\}$ ist die Zustandsmenge,
$\Sigma = \{0, 1, \ldots, k\}$ ist das Eingabealphabet,
$M = (M_0, M_1, \ldots, M_k)$ sind die Gewichtsmatrizen,
zum Eingabesymbol $i \in \{0, 1, \ldots, k\}$ gehört $M_i \in R^{n \times n}$,
$I \in R^n$ ist die Initialverteilung (ein Zeilenvektor),
$F \in R^n$ ist die Finalverteilung (ein Spaltenvektor).
Für $w = a_1 a_2 \ldots a_r$ mit $a_i \in \Sigma$ berechnet sich $f_A(w)$ (der Grauwert des Bildpunktes an der Adresse w) zu: $f_A(w) = I \times M_{a_1} \times M_{a_2} \times \ldots \times M_{a_r} \times F$

Abbildung 5: $f_A(w) = x \times y$ und mit gespreizten Höhenlinien

In klassischen Werken zur Automatentheorie finden sich schon früh Definitionen endlicher Automaten, bei denen Transitionen mit reellen Zahlen markiert sind. Doch war dort das Interesse auf das probabilistische Verhalten von Akzeptoren gerichtet [Eil74] oder es wurden z.B. formale Potenzreihen studiert [SaS78]. Unabhängig voneinander erschienen dann später Varianten endlicher Automaten zur Generierung reeller Funktionen und digitaler Bilder in [BeN89] und [CuK93].

Nun soll jedoch die Bemerkung aus der Einführung aufgegriffen werden, daß es keine endliche Maschine gibt, die Paare von beliebig langen Binärzahlen multiplizieren kann ([SSH92], p. 57). Wir betrachten dazu den WFA A mit vier Zuständen, Eingabealphabet $\Sigma = \{0, 1\}$, Initialverteilung $I = (0.0, 0.0, 0.0, 1.0)$, Finalverteilung $F^T = (1.0, 0.5, 0.5, 0.25)$ und den Gewichtsmatrizen

$$M_0 = \begin{pmatrix} 1.0 & 0.0 & 0.0 & 0.0 \\ 0.0 & 0.0 & 0.5 & 0.0 \\ 0.0 & 1.0 & 0.0 & 0.0 \\ 0.0 & 0.0 & 0.0 & 0.5 \end{pmatrix}, M_1 = \begin{pmatrix} 1.0 & 0.0 & 0.0 & 0.0 \\ 0.5 & 0.0 & 0.5 & 0.0 \\ 0.0 & 1.0 & 0.0 & 0.0 \\ 0.0 & 0.5 & 0.0 & 0.5 \end{pmatrix}$$

Für beliebiges $r \geq 0$ und $x = 0.\, x_1\, x_2 \ldots x_r,\, y = 0.\, y_1\, y_2 \ldots y_r$ mit $x_i, y_i \in \{0, 1\}$ wird bei Eingabe von $w = x_1\, y_1\, x_2\, y_2 \ldots x_r\, y_r$, $f_A(w) = x \times y$ berechnet. Die Abb. 5 zeigt $f_A(.)$ als Grauwertverteilung über dem Einheitsquadrat und mit zyklisch gespreizten Höhenlinien.

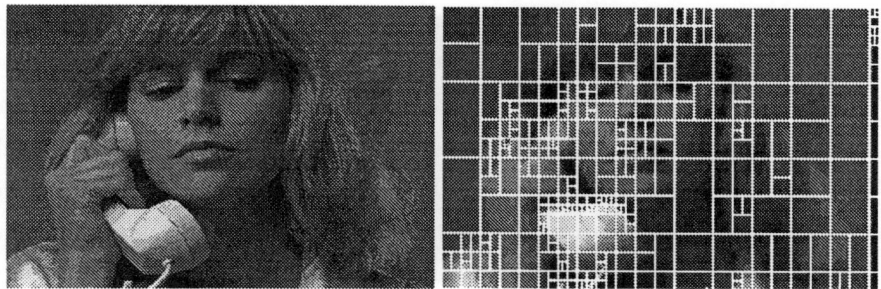

Abbildung 6: Bintree-Partition des Originalbildes

Mit $x \times y$ wurde eine spezielle Funktion einer Klasse vorgestellt, nämlich der Polynome mehrerer Veränderlicher, die alle mit WFA berechnet werden können; genauer gesagt können die Polynome durch WFA-Berechnungen beliebig genau approximiert werden. Andererseits sind Polynome aber auch nachweislich die einzigen glatten (also beliebig oft differenzierbaren) WFA-berechenbaren Funktionen (siehe [CKh94] und [DKLT96]).

4. Bild- und Videokompression

Das inverse Problem zur Bildgenerierung mit WFA ist für ein einzelnes Grauwertbild die Optimierungsaufgabe, nach Vorgabe eines Quotienten (tolerierter Bildfehler zu Größe der komprimierten Datei) einen möglichst kleinen WFA zur Approximation zu liefern. Bereits in [CuK93] wird ein WFA-Inferenz-Algorithmus beschrieben, der in seiner Leistungsfähigkeit durch Nutzung von Selbstähnlichkeiten in den Bildteilen an JPEG heranreicht und teilweise übertrifft.

In der Abb. 6 kann jedes markierte Rechteck als Komponente einer Linearkombination verwendet werden, mit der ein späterer Bildausschnitt approximiert wird. Dabei ist die Anzahl der vom gerade betrachteten Ausschnitt referenzierten früheren Bildteile meist sehr klein. Dies führt zu dünn besetzten Gewichtsmatrizen, die sich auch gut für komprimierte Speicherung eignen ([AlH98], [HAFU98], [Haf99]).

Diese Rückgriffe auf bereits generierte Bildteile lassen sich in natürlicher Weise auf

Videosequenzen übertragen. Auch der Ansatz, Pixelblöcke durch kleinere Parallelverschiebungen aus früheren Frames in neue Frames zu übertragen, folgt demselben Schema. Eine Anpassung z.B. der Verfahren zur Bewegungserkennung und -kompensation kann einfach Ansätze aus MPEG, H.263 u.a. übertragen, da auch diese Selbstähnlichkeiten von Bildteilen beinhalten. Der Inferenz-Algorithmus stellt sich wegen der lokalen Kontrolle des tolerierten Bildfehlers von selbst auf lokal unterschiedliche Bildcharakteristika ein (starke Kontraste / sanfte Grauwertverläufe). In Abb. 7 sind einzelne Momentaufnahmen aus bekannten Testsequenzen der Typen "Head-and-Shoulder" und "Action" abgebildet.

Abbildung 7: Video sequences Susie (320×240) und Football (320×240)

Die Resultate in Abb. 8 betreffen die obigen kompletten Testsequenzen. Die x-Achse markiert dabei die Kompressionsrate für die gesamte Sequenz im Intervall von [0.05, 0.3] Bit/Pixel, also bei der üblichen 8-Bit-Repräsentation pro Grauwert Kompressionsfaktoren von 160 bis 24, dazu gehören die y-Werte der erzeugten durchschnittlichen Bildfehler in Form des "Peak Signal to Noise Ratio", PSNR, der in Dezibel (db) angegeben ist([Haf99]).

Bild- und Videogenerierung mit Varianten endlicher Automaten

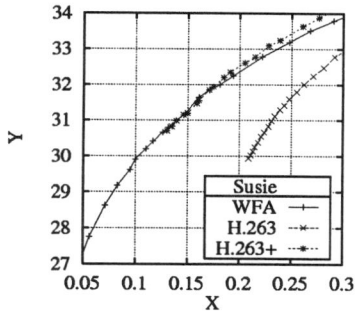 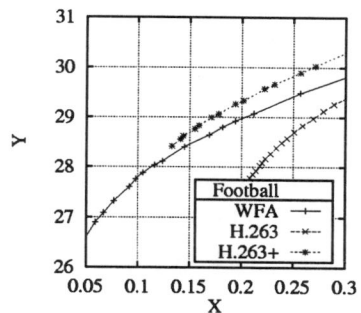

Abbildung 8: WFA, H.263 und H.236+ für 0.05 bis 0.3 Bit/Pixel

5. Parametrische gewichtete endliche Automaten

Eine der Konsequenzen, daß die Polynome die einzigen glatten von WFA generierbaren Funktionen sind, ist beispielsweise der merkwürdige Umstand, daß die Quadratwurzel von WFA nicht generiert werden kann, wohingegen in [DKLT96] aber auch gezeigt wird, daß es einen einfachen WFA gibt, dessen Funktionswerte unendlich oft mit denen der Quadratwurzel zusammenfallen. Diese Anomalität und andere Überlegungen führten in [AlK99] zu einer Erweiterung der gewichteten endlichen Automaten, den sog. Parametric Weighted Finite Automata, kurz PWFA, die nun aus der funktionalen Abhängigkeit zwischen Pixeladresse und Grauwert eine reellwertige Relation über Eingabeparametern (den bisherigen Adressen) machen.

Anstatt einen einzigen reellen Wert zu einer Eingabesequenz w zuzuordnen, erlauben PWFA nun die Zuordnung eines reellwertigen Vektors, also eines Punktes in einem höherdimensionalen Raum R^d. Dazu können d Initialverteilungen $I_1, I_2, \ldots, I_d$ spezifiziert werden. Alle weiteren Komponenten der WFA-Definition bleiben unverändert.

Für $w = a_1 a_2 \ldots a_r$ mit $a_i \in \Sigma$ berechnet sich der Wert der j-ten Komponente $f_A(w)_j$ zu:

$$f_A(w)_j = f_A(a_1 a_2 \ldots a_r)_j = I_j \times M_{a_1} \times M_{a_2} \times \ldots \times M_{a_r} \times F$$

Bei der Interpretation dieses reellen Werts $f_A(w)_j$ besteht nun eine Vielfalt, die zur überraschenden Mächtigkeit dieser einfachen Strukturen führt. Man kann jede dieser Komponenten wahlweise als Wert einer räumlichen Koordinate, der Zeitachse, eines Grauwerts oder eines Farbanteils (z.B. Rot, Grün, Blau) verwenden. Zweidimensionale PWFA können z.B. als Relationen der x- und y-Koordinatenwerte angesehen werden und ergeben Schwarz-/Weiß-Bilder. Dreidimensionale PWFA beschreiben z.B. dreidimensionale Punktemengen oder zweidimensionale Grauwertbilder oder auch zeitliche Veränderung zweidimensionaler Schwarz-/Weiß-Bilder. Zeitliche Sequenzen von Farbbildern sind somit über sechsdimensionale PWFA beschreibbar.

Man überlegt sich leicht, daß die PWFA-Mächtigkeit echt größer als die der WFA ist (vgl. Ende des Abschn. 3). Hinzu kommen dabei z.B. auch alle mit Hilfe von Polynomen definierten parametrischen Kurven und Hyperflächen in R^d. In [AlK99] wurde gezeigt, daß durch PWFA außer Polynomen weitere glatte Kurven wie Kreise, Sinus-Kurven, Exponential- und Logarithmus-Funktionen auf fraktale Weise erzeugt werden können. Der nachfolgende Abschnitt vergleicht die Mächtigkeit der PWFA mit dem prominentesten Vertreter fraktaler Generatoren, den Iterierten Funktionensystemen von M. Barnsley ([Bar88]) .

6. Simulation von Iterierten Funktionensystemen

Wir wollen das Prinzip der Simulation zuächst an einem sehr einfachen Beispiel demonstrieren. Der bekannte "Dragon" wird als IFS durch zwei (kontrahierende) affine Transformationen t_0, t_1 erzeugt:

$$t_0(x,y) = \begin{pmatrix} 0.45 & -0.5 \\ 0.40 & 0.55 \end{pmatrix} \times \begin{pmatrix} x \\ y \end{pmatrix} ; t_1(x,y) = \begin{pmatrix} 0.45 & -0.5 \\ 0.40 & 0.55 \end{pmatrix} \times \begin{pmatrix} x \\ y \end{pmatrix} + \begin{pmatrix} 1.0 \\ 0.0 \end{pmatrix}$$

Die Simulation durch PWFA kommt mit einem Automaten mit drei Zuständen aus (für die Konstante 1 und die Koordinatenwerte x und y), den Eingabesymbolen 0, 1, den Initialverteilungen $I_1 = (0.0, 1.0, 0.0)$, $I_2 = (0.0, 0.0, 1.0)$, der Finalverteilung $F^T = (1.0, 0.0, 0.0)$ und den Gewichten zu den Transitionen wie in Abb. 9 gezeigt. Beim allgemeinen Fall von $k \geq 1$ affinen Transformationen konstruiert man einen PWFA A wiederum mit drei Zuständen für $1, x, y$ wie oben und mit einem eigenen Eingabesymbol i für jede affine Transformation t_i. In den Gewichtsmatrizen erhalten die Übergänge gerade die jeweiligen Koeffizienten von t_i ([AlK99]).

Bild- und Videogenerierung mit Varianten endlicher Automaten

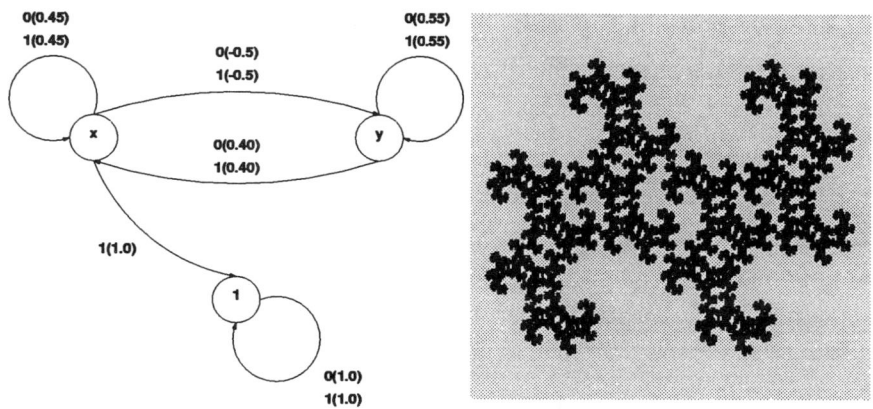

Abbildung 9: Transitionen und Gewichte zu "Dragon"

Sind im Iterierten Funktionensystem den affinen Transformationen jeweils spezielle Wahrscheinlichkeiten zugeordnet, so kann auch dies für jede endliche Bildauflösung durch entsprechend große Eingabealphabete in den PWFA simuliert werden. An der Simulation noch umfassenderer IFS-Familien durch die PWFA wird zur Zeit gearbeitet. Weitere Anstrengungen werden unternommen, einen PWFA-Inferenz-Algorithmus analog zur WFA-Inferenz zu erstellen und den WFA-Algorithmus auch auf neue Bildtypen wie z.B. Cartoons oder gezeichnete Animationen anzupassen.

Im "magischen Dreieck" der Anforderungen von hoher Kompressionsrate, geringem Fehler im rekonstruierten Bild und hoher Geschwindigkeit des Decoders werden in unserer Arbeitsgruppe vielfältige Varianten der WFA und ihrer sekundären Kompression implementiert und getestet. Der aktuelle WFA-Decoder (Binaries für LINUX) zusammen mit WFA-Beispielen, sonstigen Ergebnissen, Literaturangaben, findet sich unter http://www2.informatik.uni-wuerzburg.de/wfa/

Literatur

[Eil74] S. Eilenberg: Automata, Languages and Machines, Vol. A. Academic Press, New York, 1974.

[SaS78] A. Salomaa, M. Soittola: Automata-Theoretic Aspects of Formal Power Series. Springer-Verlag, Berlin, 1978.

[Bar88] M. Barnsley: Fractals Everywhere. Academic Press, 1988.

[BeN89] J. Berstel, A. Nait Abdullah: Quadtrees generated by finite automata. In *AFCET 61-62*, p. 167–175, 1989.

[SSH92] P. Sander, W. Stucky, R. Herschel: Automaten, Sprachen, Berechenbarkeit. Grundkurs Angewandte Informatik IV, Teubner-Verlag, Stuttgart, 1992.

[CuK93] K. Culik, J. Kari: Image compression using weighted finite automata. *Computers and Graphics*, 17(3) p. 305–313, 1993.

[CKh94] K. Culik, J. Karhumäki: Finite automata computing real functions. *SIAM J. Comput.*, 23(4) p. 789–814, 1994.

[DKLT96] D. Derencourt, J. Karhumäki, M. Latteux, A. Terlutte: On the computational power of weighted finite automata. *Fund. Informaticae*, 25, p. 285–293, 1996.

[AlH98] J. Albert, U. Hafner: Nondeterminism and Motion Compensation with Weighted Finite Automata. In Proc. GI '98, Magdeburg, LNCS p. 248–255, 1998.

[HAFU98] U. Hafner, J. Albert, S. Frank, M. Unger: Weighted finite automata for video compression. *IEEE Journal on Selected Areas in Communications*, 16(1) p. 108–119, January 1998.

[Haf99] U. Hafner: Low Bit Rate Image and Video Coding with Weighted Finite Automata. Dissertation, Informatik II, Universität Würzburg, 1999.

[AlK99] J. Albert, J.J. Kari: Parametric Weighted Finite Automata and Iterated Function Systems. In Proc. Fractals in Engineering '99, Delft, INRIA, p. 248–255, 1999.

Das Jahr-2000-Problem und die Haftung aus Softwarepflegeverträgen

Michael Bartsch

Einleitung

Wer für die benutzte Software einen Pflegevertrag mit dem Softwarehaus hat, erwartet die Lösung des Jahr-2000-Problems im Rahmen dieses Pflegevertrages. Was soll aber gelten, wenn der Pflegevertrag weiträumig vor dem 01.01.2000 endet? Anhand dieser praxisrelevanten Frage wird ein Einblick in Rechte, Pflichten und Haftungsstruktur der Softwarepflegeverträge gegeben. Der Unterschied zwischen latenten und aktuellen Mängeln erweist sich hier als wichtig.

Der Mangel des Gesetzes, für moderne Wirtschaftsgüter und moderne Vertragstypen keine Regelungen zu bieten, wird durch Modularisierung ausgeglichen; das Gesetz wird zur Toolbox, deren einzelne Werkzeuge situativ eingesetzt werden.

1 Y2K - Das teuerste Problem der Technikgeschichte

1.1 Einleitung

Daß Kalenderdaten in Hard- und Software mit nur zwei Stellen für das Jahr notiert wurden, hat sich zum Thema Nr. 1 der Informatik-Geschichte entwickelt.

Das im Kern technische Problem ist in der letzten Stufe ein juristisches Problem mit einer Vielzahl von Fragen, darunter: Wer muß für die Sanierungskosten aufkommen? Wer haftet wann für eintretende Schäden?

Mit dem vorliegenden Beitrag möchte ich für eine praxisrelevante Stelle die Erörterung fortsetzen, die ich mit der von Herrn Professor Dr. Stucky betreuten Dissertation "Software und das Jahr 2000 - Haftung und Versicherungsschutz für ein technisches Großproblem"[1] begonnen habe und die inzwischen zu einer umfangreichen juristischen Diskussion geführt hat[2].

1.2 Ausgangsfall

Die denkbaren Vertrags- und Fallgestaltungen beim Abschluß eines Vertrages über den Erwerb von Software und eines Vertrages über die Pflege sind zu vielgestaltig, um sie komplett abzubilden. Hier wird deshalb ein relativ einfacher Fall als Muster erörtert. Bei anderen Konstellationen muß im Einzelfall geprüft werden, wie weit das hier dargestellte Lösungsprinzip anwendbar ist oder der andere Sachverhalt andere Lösungswege erfordert.

Ausgangsfall:

Der Kunde schließt auf Anfang 1996 mit dem Softwarehaus einen Kaufvertrag über Standardsoftware und einen Pflegevertrag für diese Software. Der Pflegevertrag ist zum 31.12.1998 kündbar. Die Software ist nicht 2000-fest. Besondere vertragliche Regelungen zu dieser Frage fehlen. Das Softwarehaus liefert auch im Rahmen der Pflege keinen 2000-festen Programmstand, obwohl der Kunde dies im Herbst 1998 dringend anmahnt, und kündigt zum 31.12.1998. Die Software funktioniert bis 31.12.1999 dennoch fehlerfrei und ist erst ab dem 01.01.2000 unbenutzbar.

Das Softwarehaus vertritt die Meinung, die Gewährleistungszeit für die Software (nach § 477 BGB nur sechs Monate) sei abgelaufen, auch der Pflegevertrag sei abgelaufen, ohnehin hätte man aus dem Pflegevertrag nur die Pflicht gehabt, die Software während der Vertragslaufzeit betriebstauglich zu halten, und das sei schließlich geschehen.

Der Kunde will sich damit nicht zufriedengeben. Welche Rechte hat er?

---

[1] [Bar98]; vgl. http://www.bartsch-partner.de/personen /mb/buch_sw_2000/.

[2] Vgl. die Auflistung bei http://www.bartsch-partner.de/personen/mb/buch_sw_2000/ergaenzungen/ergaenzungen.cgi.

2 Rechte aus dem Kaufvertrag

2.1 Das gesetzliche Konzept

Das Gesetz gibt dem Käufer nur geringe Gewährleistungsrechte. Er kann verlangen, daß der Kauf rückgängig gemacht wird (Wandelung). Also bekommt er sein Geld zurück. Allerdings muß er sich dem Wert der aus der Kaufsache bis zur Rückgabe gezogenen Nutzungen anrechnen lassen, was das Wandelungsrecht nach einiger Zeit erheblich schmälert. Er kann die Reduktion des Kaufpreises verlangen (Minderung). Von einer Neulieferung hat er nichts, denn der Fehler haftet ja der ganzen Gattung an und nicht nur dem konkreten Gegenstand[3].

Schadensersatz hat der Käufer nach dem gesetzlichen Konzept nur in den Sonderfällen der Zusicherung (die es nach dem Sachverhalt hier nicht gibt) und der Arglist, die hier nicht problematisiert werden soll.

2.2 Mangel und Stand der Technik

Die entscheidende Vorfrage ist, ob die Kaufsache bei Übergabe mangelhaft war. § 459 BGB verweist auf außerjuristisches Wissen: Die Sache darf nicht "mit Fehlern behaftet sein, die den Wert oder die Tauglichkeit zu dem gewöhnlichen oder dem nach dem Vertrage vorausgesetzten Gebrauch aufheben oder mindern". Zu klären ist also die technische Vorfrage nach dem zu diesem Zeitpunkt korrekten Zustand. Hier ist der Sachverhalt äußerst widersprüchlich:

- Einerseits liegt das Problem seit jeher auf der Hand. Seit der Einführung des Kalenders steht der Kalenderwechsel zum 01.01.2000 fest. Achtstellige Kalenderdaten werden seit 1988 durch ISO 8601, seit 1992 durch EN 28601 und seit

---

[3] Die Einzelheiten sind bei [Bar98] S. 67 ff. erläutert.

1993 als DIN 5008 vorgeschrieben[4]. Es gibt seit mehr als 15 Jahren keinen technischen Grund mehr, Kalenderdaten nur sechsstellig anzugeben[5].

Das erste Buch zum Thema erschien 1984; der Aufsatz von Peter de Jager, der in USA dem Thema die große Öffentlichkeit bescherte, 1993[6]. Die großen Anwender kennen das Thema seit langem (z. B. die Allianz seit 1988, die Dresdner Bank seit Ende 1996).

- Andererseits haben andere Normen sechsstellige Kalenderdaten vorgegeben, und die US-amerikanische Regierung hat mit solcher Vorgabe bis spät in die 90er Jahre die EDV-Produkte beschafft.

Die Wahrnehmung des Problems durch die maßgeblichen technischen Institutionen liegt spät. Die Zeitschrift "Informatik Spektrum" veröffentlichte erst 1997 eine Nachricht zu diesem Thema. Die Technischen Überwachungsvereine scheinen erst Anfang 1997 auf das Problem aufmerksam geworden zu sein. Und die EDV-Sachverständigen haben sich erst auf einer Sitzung Anfang 1998 mit dem Thema beschäftigt, und zwar, wie berichtet wird, zur Überraschung einiger Kollegen, die von dem Problem bis dahin nichts gewußt hatten, obwohl das Thema seit Anfang 1997 auch in der Tagespresse stand[7].

Nimmt man als "Regeln der Technik" das, was die "herrschende Auffassung unter den technischen Praktikern" ist[8], dann muß man konstatieren, daß die meisten Praktiker das Thema wohl erst seit Ende 1997/Anfang 1998 kennen.

---

4 http//www.din.de/gremien/nas/ni/aktuell/2000.html.

5 [Hil98]; http://www.bartsch-partner.de/themen/sw_2000/cr_4_98_2.de.html.

6 Alle Nachweise bei [Bar98] S. 34.

7 http://www.jahr2000.dgri.de/veranstaltungen/bericht_19981204.de.html. Mit der Anmerkung von Streitz [WLS99] Rdnr. 34, daß die Problematik seit 1990 "bewußt gewesen sein muß" ist nichts anzufangen; das ist nur nachträgliche Hoffnung. Die Behauptung von v. Westphalen [WLS99] Rdnr. 396, das Thema sei "spätestens seit 1990 allgemein bekannt", ist gewiß falsch.

8 [BVG79] S. 362.

Beim "Stand der Technik" jedoch geht es um die "Front der technischen Entwicklung", da die allgemeine Anerkennung und die praktische Bewährung allein für den Stand der Technik nicht ausschlaggebend sind"[9]. Daß nach dieser Vorgabe die 2000-Festigkeit Anfang/Mitte 1995 geschuldet war, liegt schon aufgrund der DIN 5008 auf der Hand.

Die Hersteller von hochtechnischen Produkten sind nicht nur an den biederen Regeln der Technik, sondern am ingenieurtechnischen Stand der Technik zu messen. Der Hauptgrund hierfür liegt im werblichen Auftreten dieser Unternehmen, die stets darstellen, daß sie Lieferungen und Leistungen nach neuesten Erkenntnissen erbringen. Das ist mit dem, was bei den Praktikern üblich, aber nach dem Stand der Technik vielleicht unrichtig ist, nicht zu vereinbaren.

Legt man also den Stand der Technik an, dann mußte Standardsoftware 1996 2000-fest sein. Die Lieferung war also mangelhaft.

Hoene hat zurecht darauf verwiesen, daß die fehlende 2000-Festigkeit bis zu dem Zeitpunkt, zu welchem technische Störungen eintreten, nur ein latenter Mangel ist[10]. Das ist richtig, bietet aber kaufrechtlich keine andere Wertung, denn latente und aktuelle Mängel werden gleich behandelt. Auch die Eigenschaft einer Sache, die nur eventuell, nur in besonderen Konstellationen oder erst in Zukunft zu Funktionseinbußen führt, ist heute schon ein Mangel[11].

2.3 Verjährung und Ergebnis

Die Gewährleistungsansprüche verjähren binnen sechs Monaten[12]. Auf den ersten Blick sind Ansprüche also verjährt[13].

---

[9] [BVG79] S. 362.
[10] [Hoe99].
[11] [SoH91] § 459 Rdnr. 87 m. w. Nachw.
[12] Das Verjährungsproblem ist ein Hauptproblem; vgl. [Bar98] S. 90 ff. m. w. Nachw.
[13] Zum zweiten Blick vgl. 4.

Die Rechte des Kunden sind also kläglich schlecht. Der Kunde bekommt bestenfalls seinen Kaufpreis zurück (gekürzt um Nutzungsentgelt), hat aber typischerweise auch für Standardsoftware bis zum Betrieb der operativen Nutzung hohe Zusatzkosten. Obendrein werden die Gewährleistungsrechte verjährt sein.

3 Rechte aus dem Softwarepflegevertrag

3.1 Leistungsinhalt

Wer ein Investitionsgut kauft, braucht alle die Lieferungen und Leistungen, die für den Erhalt der Nutzbarkeit des Gegenstandes während seiner Nutzungsdauer notwendig sind. Für Hardware sind die Vorgänge in DIN 31051 als Instandhaltung normiert. Dieses Leistungsspektrum läßt sich nicht nützlich auf Software übertragen. Um dauerhafte Nutzbarkeit von Software zu sichern, braucht man typischerweise folgende Leistungen:

- Fehlerbeseitigung: Gerade weil Software in besonderem Maße fehlerhaltig ist, ist die laufende Beseitigung von Fehlern notwendig.
- Neue Programmstände: Software muß an geänderte Umweltbedingungen technischer, organisatorischer und rechtlicher Art angepaßt werden. Software soll modernisiert und fortentwickelt werden.
- Hotline: Auch fehlerfreie Software bietet Bedienungsprobleme, zu deren Bewältigung der Anwender einen direkten Zugang zum Fachmann braucht.

Ein Überblick über die Softwarepflegeverträge großer und kleiner Anbieter und eine Durchsicht der Fachliteratur[14] zeigt, daß dieses Leistungsbündel üblich ist.

3.2 Wirksame Vertragsbeendigung?

Der Vertrag ist nur beendet, wenn die Kündigung seitens des Softwarehauses wirk-

---

[14] [Leh89] S. 50; [Tra96] S. 209.

sam war. Hierzu hat das LG Köln[15] in einem verblüffenden Urteil entschieden, daß das Softwarehaus nach "Treu und Glauben" zwingend verpflichtet sei, die Software bis fünf Jahre nach Ende des Lebenszyklus (der wohl mit dem Ende der Vertriebstätigkeit zusammenfällt) durchzuführen; zuvor sei die Kündigung rechtsmißbräuchlich und damit unwirksam. Jaeger, der Vorsitzende Richter am OLG Köln ist und dort den für EDV-Streitigkeiten zuständigen Senat leitet, hat das Urteil für richtig erklärt[16].

Ich meine, daß das Urteil nur die Sachferne der Justiz kennzeichnet. Die technischen Realitäten, Kalkulationen und Risiken, Marktüblichkeiten usw. sind dort nur schemenhaft bekannt.

Daß Kündigungen rechtsmißbräuchlich und damit unwirksam sein können, wird damit nicht in Zweifel gezogen. Das Kriterium ist der Schutz der Kundenerwartung auf Redlichkeit des Lieferanten[17]. Was in der Branche ohne Beanstandung üblich ist (nämlich daß Produkte relativ kurzfristig vom Markt genommen werden), ist grundsätzlich nicht unredlich. Der Kunde (zumal der Vollkaufmann) mag sich beim Abschluß des Pflegevertrages einen hinreichenden Zeitvorrat zusichern lassen.

Eine andere Wertung liegt dort nahe, wo das Softwarehaus nur kündigt, um den Konsequenzen des eigenen Vertragsverstoßes (keine Lieferung 2000-fester Software) zu entgehen und damit dem Kunden einen angemessenen Amortisationszeitraum für seine Software-Investition verkürzt[18]. In unserem Fall war die Kündigung also wohl wirksam, da eine dreijährige Amortisationszeit nicht den Vorwurf des Rechtsmißbrauchs verdient und weil der Kunde sich mit einer Sicherung dieser Amortisationszeit zufriedengegeben hat.

---

[15] [Lgk99].

[16] [Jae99].

[17] [Bar98] S. 128 m. w. Nachw.

[18] Redeker, der ein guter Kenner der Materie ist, will es generell bei dem vertraglichen Konzept belassen und hält die Kündigung für prinzipiell wirksam; http://www.jahr2000.dgri.de/ veranstaltungen/bericht_19981204.de.html.

3.3 Ansprüche aus dem laufenden Pflegevertrag

In unserem Ausgangsfall hatte der Kunde noch bei bestehendem Pflegevertrag die Lieferung von 2000-fester Software angefordert. Hatte er hierauf einen Anspruch? Die Frage läßt sich auf die Frage zurückführen, ob aus dem Pflegevertrag nur Anspruch auf Beseitigung aktueller Mängel oder auch Anspruch auf Beseitigung latenter Mängel besteht (vgl. 2.2 a. E.).

Das nächstliegende gesetzliche Beispiel ist der Mietvertrag. Dort wird der Vermieter nur aktuelle Mängel beseitigen müssen. Mit den latenten Mängeln kann er sich Zeit lassen, bis sie aktuell werden[19]. Wenn Softwarepflege lediglich die Benutzbarkeit des Gegenstandes während der Vertragsdauer sichern soll, gilt dieses Argument auch hier.

Es kann einer vernünftigen Softwarepflegepolitik entsprechen, einen latenten Mangel erst später und nur bei Bedarf zu beseitigen. Das richtige Kriterium wird es sein, die Vorgaben einer vernünftigen Wirtschaftsweise zu beachten (vgl. § 542 a BGB). Dies bedeutet, daß das Wirtschaftsgut so zu bewirtschaften ist, wie der eigenverantwortliche Inhaber dies nach den Regeln einer geordneten Wirtschaftsweise täte. Zur ordnungsgemäßen Wirtschaftsdauer gehört eine angemessene Amortisationsdauer des Produktes[20].

Die Aktualität des Mangels beginnt spätestens, wenn bei ordnungsmäßiger Wirtschaftsweise nun mit den Maßnahmen zur Mangelbeseitigung begonnen würde. Dieser Zeitpunkt liegt, je nach Größe des Systems und Umfang des Projektes, vor oder nach dem 31.12.1998. Der Sachverhalt gestattet keine endgültige Antwort in dieser Frage.

3.4 Ansprüche nach Ende des Pflegevertrages

Nehmen wir an, daß in unserem Fall ein aktueller Mangel vorlag. Dann hatte der

---

[19] [WoE95] Rdnr. 228 m. w. Nachw.

[20] Dies entspricht dem Grundgedanken [Lgk99].

Das Jahr-2000-Problem und die Haftung aus Softwarepflegeverträgen

Kunde aus dem laufenden Pflegevertrag Anspruch auf Fehlerbeseitigung, sei es durch Sanierung der Software, sei es durch Zusendung eines neuen, 2000-festen Programmstandes.

Anders als bei einem Mietvertrag (wo der Mieter nach Rückgabe der Mietsache kein Interesse mehr an deren Instandsetzung hat), bleibt der Kunde des Pflegevertrages an dieser Instandsetzung interessiert. Er verliert deshalb seinen Anspruch nicht mit dem Argument des Zweckfortfalls. Offen sind folgende Fragen:

a) Inhalt des Anspruchs

Die Leistungen aus Softwarepflege werden üblicherweise werkvertraglich eingestuft. Diese Einstufung ist auch dann richtig, wenn das Softwarehaus die Fehlerbeseitigung oder Fortentwicklung der Software nicht durch eine Leistung beim Kunden oder durch Zusendung von Patches organisiert, sondern einen neuen Programmstand liefert. Diese technischen Unterschiede liefern keine Wertungsunterschiede, sondern dokumentieren nur die Ermessensfreiheit des Werkunternehmers, wie er seine Pflicht erfüllt.

Die Konsequenz ist, daß der Kunde wegen des Fehlers die werkvertraglichen Rechtsbehelfe hat, also nach Fristsetzung mit Ablehnungsandrohung auch Anspruch auf Schadensersatz (§ 635 BGB). Zu diesem Schaden gehören auch Aufwendungen für Beschaffung und Installation des Wirtschaftsgutes[21].

b) Verjährung

Redeker[22] hat die Behauptung vertreten, der verbleibende Anspruch des Kunden im Pflegevertrag verjähre erst in 30 Jahren. Dem hat Heussen[23] zurecht widersprochen. Das Softwarehaus hat in solchen Fällen seine Pflicht schlecht erfüllt. Also ist es richtig, die für Schlechterfüllung geltenden Regeln und damit auch die sechsmonatige Verjährungsfrist des § 638 BGB anzuwenden.

---

21 [Bar98] S. 134 m. w. Nachw.
22 http://www.jahr2000.dgri.de/veranstaltungen/bericht_19981204.de.html.
23 An gleicher Fundstelle.

§ 638 BGB erfaßt übrigens nicht nur Gewährleistungsansprüche, sondern auch den Nachbesserungsanspruch, der ein nachträglicher Erfüllungsanspruch ist. Das Gesetz unterstellt gewährleistungsnahe Erfüllungsansprüche der kurzen Verjährung (vgl. auch § 480 BGB).

4 Nochmals: Ansprüche aus dem Kaufvertrag

Setzen wir nun voraus, daß die Software zum Ende des Pflegevertrages nur einen latenten Mangel hatte. Dann bestand zum Ende des Softwarepflegevertrages aus diesem Vertrag kein Anspruch auf 2000-feste Software. Der Kunde ist aber auch in dieser Konstellation nicht schutzlos. Man darf die gleichzeitig abgeschlossenen Verträge über Kauf und Pflege der Software als eine vertragliche Einheit betrachten:

- Einerseits hatte der Kunde aus dem Kaufvertrag sechs Monate lang Anspruch darauf, daß auch latente Fehler beseitigt werden (vgl. oben 2).
- Andererseits will das Softwarehaus aus dem Pflegevertrag latente Fehler nur im Rahmen einer ordnungsmäßigen Release-Politik angehen und nicht zum frühestmöglichen, von einem der vielen Kunden gewünschten Zeitpunkt.

Bei diesem Konzept werden die Pflichten aus dem Kaufvertrag in bezug auf latente Mängel zunächst nicht fällig. Weil die Verjährung eines Anspruches erst mit seiner Fälligkeit beginnt (§ 198 BGB), beginnt der Verjährungszeitraum erst nach dem letzten Tag, bis zu welchem das Softwarehaus die Beseitigung des latenten Mangels hinausschieben durfte, also erst mit dem Ende des Pflegevertrages. In der Konsequenz hat der Kunde also nun, nach Ende des Pflegevertrages, die bis dahin aufgeschobenen Gewährleistungsansprüche.

Allzu viel darf er sich von diesen Ansprüchen allerdings nicht versprechen. Laut § 467, § 346 Satz 2 BGB muß er sich für die Nutzung der Sache den entsprechenden Wert vergüten lassen. Setzt man eine Amortisationsdauer von sechs Jahren an, so bekommt der Kunde 50 % seines Kaufpreises zurück.

5 Rückblick

Was hier vorgeschlagen wurde, hat nur noch wenig gemeinsam mit dem alten schulmäßigen Prüfschema, wonach ein Leistungsaustausch sich nach einem gesetzlichen Vertragstyp zu richten hat und die dort im Gesetz abgehandelten Einzelregeln durchzuprüfen sind. Dieses Prüfschema ist ungenügend, weil das Gesetz ungenügend ist. Es definiert den Gewerbebetrieb vornehmlich mit Begriffen aus Grimms Märchen ("Mühle, Schmiede, Brauhaus"), regelt das Eigentum unterschiedlich für den selbsterzeugten und den nicht selbsterzeugten Dung und hat Detailvorschriften für Berufsstände, die es nicht mehr gibt, z. B. den Lohnkutscher und den Taglöhner[24].

Die heutigen Gegenstände des Wirtschaftslebens jedoch sind nicht erfaßt. Auch die heutigen Vertragstypen kennt das Gesetz nicht. Weite Teile des Haftungsrechts hat die Rechtsprechung außerhalb des Gesetzes, recht besehen, gegen die Grundwertungen des BGB von 1900 installiert, vor allem unter den Stichworten "Verschulden bei Vertragsabschluß" und "positive Vertragsverletzung"[25].

Es ist deshalb richtig und notwendig, das Gesetz zu modularisieren, es als ein Regelungsgefüge zu begreifen, dessen Einzelwerkzeuge je einzeln Gerechtigkeitsgehalt haben, der situativ genutzt werden kann.

Wenn das Zivilrecht für das heute vorhandene Leben nützlich sein will, muß es dieses Leben wahrnehmen und ernstnehmen.

Literatur

[Bar98]   M. Bartsch: Software und das Jahr 2000. Haftung und Versicherungsschutz für ein technisches Großproblem, Nomos Verlag, Baden-Baden, 1. Auflage, 1998

[BVG79]   Bundesverfassungsgericht: "Kalkar-Beschluß", Neue Juristische Wochenschrift 1979, S. 362

---

[24] § 98, § 196 BGB.

[25] [Bar98] S. 77.

[Hil98]   D. Hildebrand: Das Jahr 2000-Problem - technische Hintergründe, Computer und Recht 1998, 248 ff.

[Hoe99]   T. Hoene: Software und das Jahr-2000-Problem, Computer und Recht 1999, S. 281

[Jae99]   L. Jaeger: Grenzen der Kündigung von Softwarepflegeverträgen über langlebige Industrie-Software, Computer und Recht 1999, S. 209 ff.

[Kno97]   G. Knolmayer: INFORMATIK/INFORMATIQUE: User Groups zur Lösung des Jahr-2000-Problems, 1997, S. 11

[Leh89]   F. Lehner: Nutzung und Wartung von Software, Carl Hanser Verlag, Wien 1989, S. 50

[Lgk99]   LG Köln: Urteil vom 16.10.1997 (83 O 26/97), Computer und Recht 1999, S. 218

[SoH91]   H. T. Soergel, U. Huber: Kommentar zum BGB, Kohlhammer Verlag, Stuttgart, 12. Auflage, 1991

[StE96]   J. v. Staudinger, V. Emmerich: Kommentar zum Bürgerlichen Gesetzbuch, Sellier Verlag, Berlin, 13. Auflage, 1996

[Tra96]   H. Trauboth: Software-Qualitätssicherung, R. Oldenbourg Verlag, München, 2. Auflage, 1996, S. 209

[WLS99]   F. v. Westphalen, T. Langheid, S. Streitz, Der Jahr 2000 Fehler, Haftung und Versicherung, Verlag Dr. Otto Schmidt KG, Köln, 1999

[WoE95]   E. Wolf, H.-G. Eckert: Handbuch des gewerblichen Miet-, Pacht- und Leasingrechts, RWS Verlag Kommunikationsforum GmbH, Köln, 7. Auflage, 1995

BibRelEx: Erschließung bibliographischer Datenbasen durch Visualisierung von annotierten inhaltsbasierten Beziehungen

Anne Brüggemann-Klein, Rolf Klein und Britta Landgraf

Abstract

Herkömmliche Retrievalmethoden wie Stichwortsuche und Browsing in bibliographischen Datenbasen ermöglichen aufgrund der rapide steigenden Zahl wissenschaftlicher Publikationen keine ausreichend effiziente Unterstützung des Benutzers bei der Literaturrecherche. Ziel unseres Projektes *BibRelEx* ist, eine neue Erschließungsmethode basierend auf der Visualisierung inhaltlicher Beziehungen zwischen Dokumenten wie *zitiert, ist Nachfolgearbeit von* oder *verallgemeinert* und deren Nutzung bei der Recherche bereitzustellen und am Beispiel einer Fachbibliothek zu erproben. Zusätzlich soll durch Aggregation von Expertenwissen eine Einsicht in das betreffende Gebiet entstehen, die das in den Dokumenten enthaltene Fachwissen ergänzt.

1. Einleitung

Es ist allgemein bekannt, wie schwierig es ist, Literatur mit den herkömmlichen Retrievalmethoden zu finden. Oft benötigt man eine Übersichtsarbeit, mit der man sich in ein bestimmtes Sachgebiet einarbeiten kann, oder zentrale Arbeiten in einem Gebiet. Hier können **inhaltsbasierte Beziehungen** zwischen Dokumenten wie etwa die **Zitierrelation** hilfreich genutzt werden. Übersichtsarbeiten erkennt man beispielsweise daran, daß sie viele Arbeiten in einem Gebiet zitieren, wohingegen zentrale Arbeiten von vielen anderen Arbeiten zitiert werden. Auch thematisch verwandte Dokumente lassen sich mit Hilfe der Zitierrelation leicht bestimmen. Sie sind daran zu erkennen, daß sie in etwa zu denselben Dokumenten in Zitierrelation stehen.

Im Prinzip lassen sich die Ergebnisse von Anfragen zu inhaltsbasierten Beziehungen in Textform als Listen darstellen. Der zusätzliche Wert einer **graphischen**

Darstellung von Beziehungsgeflechten wird offensichtlich, wenn man Fragen, wie *Welche Arbeiten sind von einer gegebenen Veröffentlichung A beeinflußt worden?* betrachtet. Stellt man – wie in Abbildung 1 gezeigt – die Arbeiten, die direkt oder indirekt A zitieren, als Knoten dar und verbindet sie durch Kanten gemäß der Zitierrelation, so ist mit einem Blick der Einflußbereich von A ersichtlich.

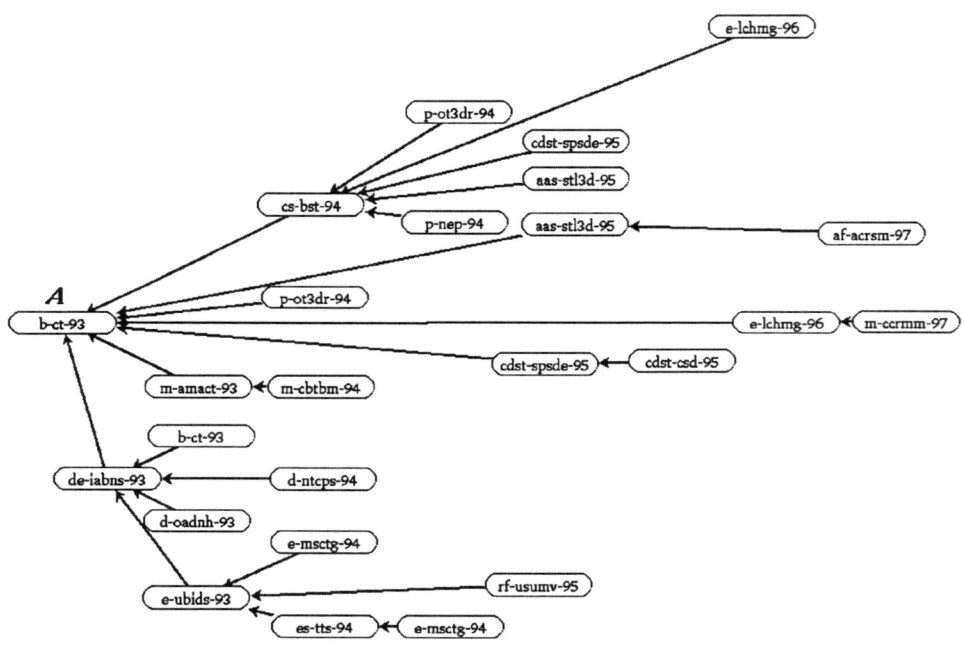

Abbildung 1: Einfluß einer Veröffentlichung

Durch die Verwendung der Zitierrelation werden die Arbeiten nach Wissensgebieten angeordnet, ohne auf Titel oder Schlüsselworte zurückzugreifen. Damit werden zwei wesentliche Probleme, die bei der Informationssuche mit Hilfe der klassischen Retrievalmethoden auftreten, vermieden: die Wahl geeigneter Suchbegriffe und die Berücksichtigung des Kontextes.

Häufig hilft einem auch der Rat von einem Experten im jeweiligen Sachgebiet weiter. Doch was tun, wenn niemand zur Verfügung steht? Hilfreich wäre, wenn solches Expertenwissen in die Datenbasis integriert ist. Hierfür bieten sich

öffentliche Annotationen an Dokumenten oder an Relationen zwischen Dokumenten an, die von Experten in die Datenbasis eingebracht werden. Annotationen können auch genutzt werden, um inhaltliche Beziehungen, die nicht automatisch aus den Dokumenten gewonnen werden können, in die Datenbasis einzubringen. Exemplarisch betrachte man das Einfügen eines neuen Dokumentes B, das eine Verallgemeinerung eines bereits in der Datenbasis vorhandenen Dokumentes A ist. Abbildung 2 zeigt, wie diese Information in die Datenbasis eingebracht werden kann.

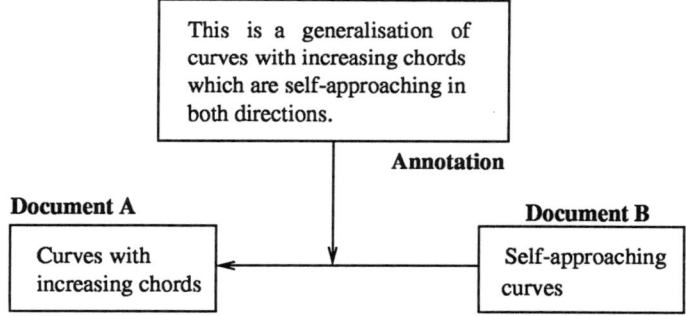

Abbildung 2: Einbringen einer Verallgemeinerungsbeziehung in die Datenbasis

Wer aktiv in einem Wissensgebiet arbeitet, wird darüberhinaus seine eigene Sicht des Informationsraums durch **private Information** ergänzen wollen. Dies kann zum Beispiel durch Aufnahme weiterer Publikationen in den Bestand geschehen, die in den eigenen Arbeiten zitiert werden, oder durch subjektive Annotationen wie

- Das Zitat von Dokument Y in Dokument X ist relevant.
- Dokument X enthält eine besonders gute Darstellung von Technik B.

Es existiert eine Vielzahl individueller Lösungen für die einzelnen Aspekte Visualisierung, Annotationen und Informationsaustausch. Mit dem Projekt BibRelEx werden wir erstmals alle diese Techniken in einem System integrieren. Mit BibRelEx können inhaltsbasierte Beziehungen zwischen Dokumenten wie etwa *zitiert*, *ist Folgearbeit zu* oder *verbessert in Bezug auf* grafisch dargestellt und für eine effizientere Exploration genutzt werden. Darüberhinaus wollen wir Benutzer in die Lage versetzen und ermutigen, eigene Annotationen an Dokumenten oder an Relationen zwischen Dokumenten anzubringen. Solche Annotationen können privat oder öffentlich sein. Durch Aggregation von öffentlichen Annotationen, die von Experten beigesteuert werden, entsteht eine Einsicht in das betreffende Gebiet, die das in den Dokumenten enthaltene Fachwissen übersteigt.

Um unsere Ideen an einer realen Anwendung prüfen zu können, verwenden wir für BibRelEx die international frei verfügbare Literaturdatenbank *geombib* für Algorithmische Geometrie als Datenbasis für den Informationsbestand. Näheres zu geombib findet sich in Abschnitt 3. Die Einschränkung auf ein einzelnes Fachgebiet ermöglicht uns – zusätzlich zur Zitierrelation – auch die inhaltlichen Beziehungen erfassen zu können, die auf dem Einbringen von Expertenwissen beruhen. Obwohl wir damit den Schwerpunkt auf eine spezielle Datenbasis eines Fachgebiets gelegt haben, wird BibRelEx so entwickelt, daß es leicht auf andere Wissensgebiete und Datenbasen oder auch in digitalen Bibliotheken angewendet werden kann.

2. Andere Ansätze

Den Referenzen in wissenschaftlichen Arbeiten nachzugehen, war schon immer ein wesentlicher Teil systematischen Studierens. Es ist daher nicht überraschend, daß es verschiedene Systeme und Projekte gibt, die diese Aktivität auf unterschiedliche Weise unterstützen wollen.

Einschlägig bekannt ist der *Science Citation Index (SCI)* [ISI], der zu jedem Dokument alle Literaturhinweise nennt. Ergänzend zu den üblichen Literaturdatenbanken bietet der SCI zusätzliche Suchvarianten. Es gibt ein Register der zitierten Autoren ("Zitierindex"), der eine Art "vorwärtsgerichtete" Recherche ermöglicht: Man kann fragen, in welchen Arbeiten ein ausgewählter Autor zitiert wird. Neben den bibliographischen Angaben einer Arbeit wird auch die vom Autor verfaßte Literaturliste wiedergegeben. Damit ist auch eine "Rückwärtssuche" möglich.

Ein Projekt, daß sich mit dem Aufbau eines WWW-Zitiernetzwerk befaßt ist das Hypertext Bibliography Project. Zu jedem Dokument wird eine Web-Seite mit Links auf Arbeiten, die dieses Dokument zitieren, angelegt. Jones [Jon95] hat damit begonnen, die Zitierverweise für einige zentrale Publikationen der theoretischen

Informatik zu erfassen. Derzeit wird nur die Suche nach Autoren und Worten im Titel und Abstract unterstützt.

Im Zusammenhang mit diesem Projekt ist auch die Trierer Informatik-Bibliographie DBLP zu nennen. Zur Verbreiterung der Datenbasis hat Ley [Ley97] Teile der Datenbestände mit dem Hypertext Bibliography Project ausgetauscht. In der DBLP wurden bisher Verweislisten für die Tagungen PODS, SIGMOND, VLDB, für die Zeitschrift *The Data Engeneering Bulletin* und teilweise für die Zeitschrift TODS erfaßt.

Cameron [Cam97] schlägt vor, eine internet-basierte *Universal Citation Database* aufzubauen, die alle jemals geschriebenen Veröffentlichungen und alle Verweise zwischen ihnen enthält. Er diskutiert ein verteiltes Modell für eine solche Datenbank, bei dem Dokumente aus verschiedenen Quellen wie Zeitschriften, Tagungsbänden und Technischen Berichten auf verschiedenen Servern verwaltet werden, die jeweils den Quellen zugeordnet sind. Um eine möglichst effiziente Suche über das Internet zu ermöglichen, soll jeder Server sowohl die bibliographischen Daten als auch die Zitierverweise von und zu den gespeicherten Veröffentlichungen verwalten.

Zur Realisierung von Beziehungsgeflechten bieten sich Hypertextsysteme wie *HyperWave* [Mau96] an, das sowohl Annotationen ermöglicht als auch Beziehungen zwischen Dokumenten verwalten kann.

Unseres Wissens nach gibt es zur Zeit nur ein System, das eine globale, auf Literaturverweisen beruhende Übersicht ermöglicht. Bei *VxInsight* von Sandia [DHJ$^+$98] werden Wissensgebiete als Landschaften dargestellt, über die der Benutzer hinwegfliegen kann. Je tiefer man fliegt, um so mehr Teilgebiete werden sichtbar. Auf unterster Ebene sind die Titel der einzelnen Arbeiten dargestellt. Die Darstellung basiert auf einer Clusterung nach Zitierhäufigkeit. Die Zitierdaten sind gegen eine hohe Lizenzgebühr aus dem oben erwähnten Science Citation Index übernommen worden.

3. Die bibliographische Datenbasis geombib

Die bibliographische Datenbasis geombib enthielt ca. 8700 bibliographische Einträge aus dem Bereich Algorithmische Geometrie, als unser Projekt startete. Sie referenziert Zeitschriftenartikel, Tagungsbeiträge und Technische Berichte. Als Format wird BibTeX verwendet; dies trägt mit zur großen Beliebtheit von geombib bei, denn die Produktion eigener Literaturverzeichnisse in LaTeX-Dokumenten wird hierdurch sehr erleichtert.

Geombib wird gegenwärtig von B. Jones an der University of Saskatchewan unterhalten [EJS] und in gemeinschaftlicher Aktivität aktualisiert. Üblicherweise wird die Datenbasis, die aus einer einzelnen Datei besteht, von den Benutzern via FTP geladen. Zu einer Kopie dieser lokalen Version können die Benutzer nun neue Einträge verschiedener Publikationen zufügen oder unvollständige oder fehlerhafte Einträge korrigieren. Nach vier Monaten wird die so entstandene Datei mit der Originaldatei verglichen und die Unterschiede via Email an den Administrator gesendet. Aus allen so eingegangenen Aktualisierungsvorschlägen wird eine neue Version von geombib erstellt und etwa einen Monat später verteilt.

Dank der Aktivität der Computational Geometry Community ist so in den letzten Jahren eine sehr aktuelle und reichhaltige Literaturdatenbank entstanden.

4. BibRelEx

4.1 BibConsist und BibManage

Aus der Entscheidung, eine existierende Datenbasis für BibRelEx zu verwenden, ergaben sich direkt zwei Konsequenzen für die Entwicklung von BibRelEx. Zum einen muß geombib in seiner ursprünglichen Form mit BibRelEx koexistieren können. Zum anderen müssen ausreichend viele Zitierinformationen und Annotationen bereitgestellt werden, damit die Geometriegemeinschaft die neue Erschließungsmethode vorteilhaft nutzen kann. In geombib sind bereits für jedes Dokument optional die Felder *cites, precedes, succeeds* und *annote* vorgesehen. Bisher wurden aber nur in weniger als 10 Prozent der Datensätze diese Felder genutzt.

Wir haben deshalb damit begonnen, alle Literaturverweise zu erfassen, die in den Proceedings der großen Tagungen (SoCG, CCCG etc.) vorkommen. Für die meisten Arbeiten existierten bereits Datensätze in geombib; ein Großteil der zitierten Arbeiten war dagegen bisher nicht in geombib berücksichtigt. Zur aktuellen Version von geombib haben wir 1500 neue Einträge und 4850 Verweise beigesteuert.

Beim Einfügen neuer Datensätze stießen wir auf folgendes Problem: In geombib wird jeder Eintrag über einen Schlüssel identifiziert, der nach festen Regeln aus den Zunamen der Autoren, dem Titel und dem Erscheinungsjahr generiert wird. Geombib selbst kann zwar neue Einträge zurückweisen, wenn dadurch ein doppelter Schlüssel entstünde; es kommt aber vor, daß Eingabefehler zu Duplikaten führen, deren Schlüssel verschieden sind, etwa dann, wenn die Autorennamen vertauscht wurden, oder bei falscher Schreibweise des Titels.

Um solche Inkonsistenzen erkennen zu können, haben wir das Programm *BibConsist* [Lan97] entwickelt. Es gibt zu einem gegebenen Eintrag alle ähnlichen Einträge aus, d. h. alle solchen, bei denen die Mehrheit der korrespondierenden Felder ähnlich ist. Dabei wird eine Modifikation von Knuth's Soundex-Algorithmus [Knu73] verwendet, um die phonetische Ähnlichkeit von Wörtern zu erkennen. Mit Hilfe dieses Werkzeugs wurden viele doppelte Einträge entdeckt, die schon in geombib vorhanden waren.

Betrachtet man den Aktualisierungszyklus von geombib, lassen sich zwei Einsatzmöglichkeiten von BibConsist lokalisieren. Zum Ersten kann der Administrator beim Einmischen aller Akualisierungsvorschläge Duplikate aufspüren und so die Konsistenz der neuen geombib-Version sicher stellen. Zum anderen kann BibConsist beim Benutzer eingesetzt werden, um die Eingabe fehlerhafter Datensätze von vornherein zu vermeiden.

Häufig verwalten die Benutzer neben der Kopie von geombib eine ergänzende lokale Bibliographie oft zitierter Arbeiten, die nicht unbedingt aus dem Gebiet der algorithmischen Geometrie stammen und damit nicht für geombib selbst relevant sind. Um diese Bibliographie konsistent mit geombib verwenden zu können, entwickeln wir derzeit das Programm BibManage. Bei jeder Aktualisierung von geombib überprüft BibManage, ob alle Änderungs- und Ergänzungswünsche des Benutzers in die neue geombib-Version übernommen wurden und ob Einträge aus der persöhnlichen Bibliographie aufgrund von Vorschlägen anderer Benutzer nun in geombib enthalten sind. Solche Einträge werden dann aus der persöhnlichen Bibliographie entfernt. Bei nicht berücksichtigten Aktualisierungsvorschlägen kann der Benutzer wählen, ob diese bei der nächsten Aktualisierung wieder eingereicht werden sollen, ob sie gelöscht oder in die persöhnliche Bibliographie übernommen werden sollen. Darüberhinaus ermöglicht BibManage transparentes Arbeiten mit den verschiedenen Datenbasen, d. h. der Benutzer hat den Eindruck als ob er mit einer einzigen Datenbasis arbeitet. Dabei überdecken die Einträge aus der persöhnlichen Bibliographie und die Änderungsvorschläge die Einträge aus der geombib-Version. Mit BibManage kann der Benutzer automatisch die für das Einreichen von Aktualisierungsvorschlägen notwendige Datei erstellen lassen. Zusätzlich wird eine einheitliche Benutzeroberfläche zum Editieren und Erstellen von bibliographischen Einträgen, Annotationen und Beziehungen bereitgestellt.

Insgesamt unterstützt BibManage den Aktualisierungsprozeß von geombib in den folgenden drei Situationen:

- Einbinden einer neuen geombib-Version,

- Unterstützung des Benutzers beim Arbeiten mit geombib und eigenen bibliographischen Datenbasen,

- Automatische Erstellung der Datei mit Aktualisierungsvorschlägen.

Abbildung 3 zeigt die Verwendung von BibConsist und BibManage im Aktualisierungszyklus von geombib.

4.2 Visualisierung

Wir haben eine Reihe von Visualisierungssystemen untersucht, um ein geeignetes System für die Realisierung von BibRelEx zu finden. Ein solches System sollte die dreidimensionale Darstellung von Beziehungsgeflechten ermöglichen und komfortable Navigationsmöglichkeiten bieten. Neben diesen recht allgemeinen Anforderungen sind noch einige anwendungsspezifische Wünsche zu berücksichtigen. So sollte es möglich sein, Knoten und Kanten per Mausklick auszuwählen und zugehörige Informationen wie den bibliographischen Eintrag selbst und ggf. zugehörige Annotationen in einem Textfenster anzuzeigen.

Als Plazierungstechnik bietet sich ein kräftebasiertes Verfahren wie der Spring Embedder an. Dieses Verfahren basiert auf der Simulation eines mechanischen Prozesses. Dabei werden Knoten als sich abstossende Objekte interpretiert und Kanten wirken wie anziehende Federn zwischen den Knoten. Ausgehend von

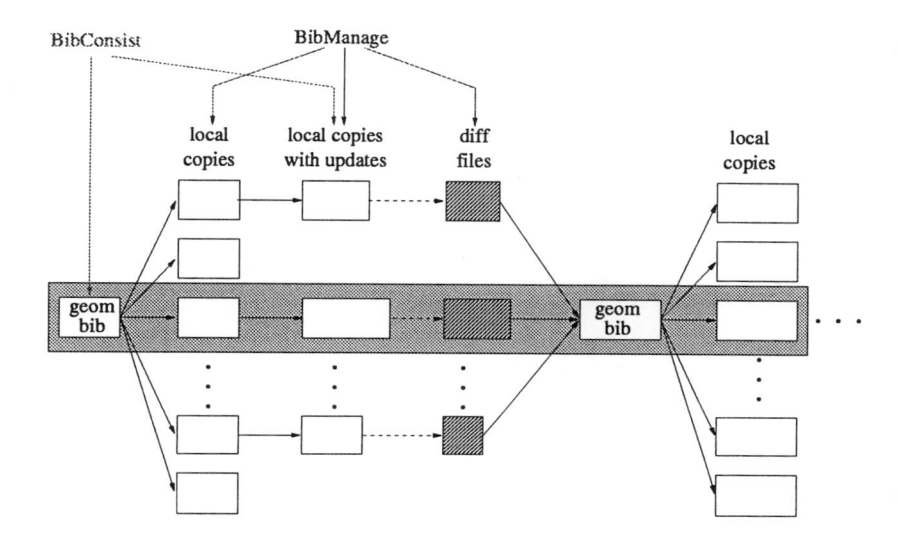

BibRelEx: Erschließung bibliographischer Datenbasen 41

Abbildung 3: Aktualisierungszyklus von geombib

einer zufälligen Anordnung der Knoten im Raum strebt ein solches System einen stabilen energiearmen Zustand an. Die resultierende Darstellung hat den Vorteil, daß in Beziehung stehende Knoten räumlich nah zueinander angeordnet werden. Auf Zitiergeflechte angewendet bedeutet dies, daß Cluster von Knoten Dokumente repräsentieren, die ähnliche Referenzen haben. Damit kann der Benutzer inhaltlich zusammenhängende Dokumente leicht erkennen.

Der Spring Embedder führt in seiner ursprünglichen Form nur bei kleineren Graphen zu guten Resultaten. Bei großen Graphen müssen Heuristiken verwendet werden, um ein akzeptables Laufzeitverhalten zu erreichen. Gute Ergebnisse erreicht man mit dem GEM3D-Algorithmus [BF95], der zusätzlich eine virtuelle Temperatur zur Justierung der Knotenverschiebung verwendet.

Weiterhin soll das Visualisierungsystem einfach mit BibManage zusammenarbeiten können, um die klassischen Retrievalmöglichkeiten, die BibManage bietet, mit der visuellen Erforschung des Informationsraumes kombinieren zu können.

Leider hat es sich herausgestellt, daß derzeit kein Sytem existiert, daß alle unsere Anforderungen erfüllt. Wir haben uns für die Verwendung der LEDA-Bibliothek entschieden, mit der wir einen großen Teil der oben beschriebene Funktionalität implementieren können. LEDA bietet uns notwendige Basisdatenstrukturen für Graphen, zahlreiche geometrische Algorithmen und Komponenten für die Erstellung einer Benutzerschnittstelle. Ausserdem läßt LEDA sich erweitern. Abbildung 4, die wir mit LEDA erzeugt haben, zeigt einen Ausschnitt des derzeit in geombib enthaltenen Zitiergeflechts. Dargestellt wurden Arbeiten mit dem Stichwort "Voronoi" im Titel. Dabei wurden nur solche Arbeiten berücksichtigt, die wieder auf andere Arbeiten verweisen. In der Abbildung läßt sich leicht "cd-vdbcd-85" als eine zentrale Arbeit erkennen.

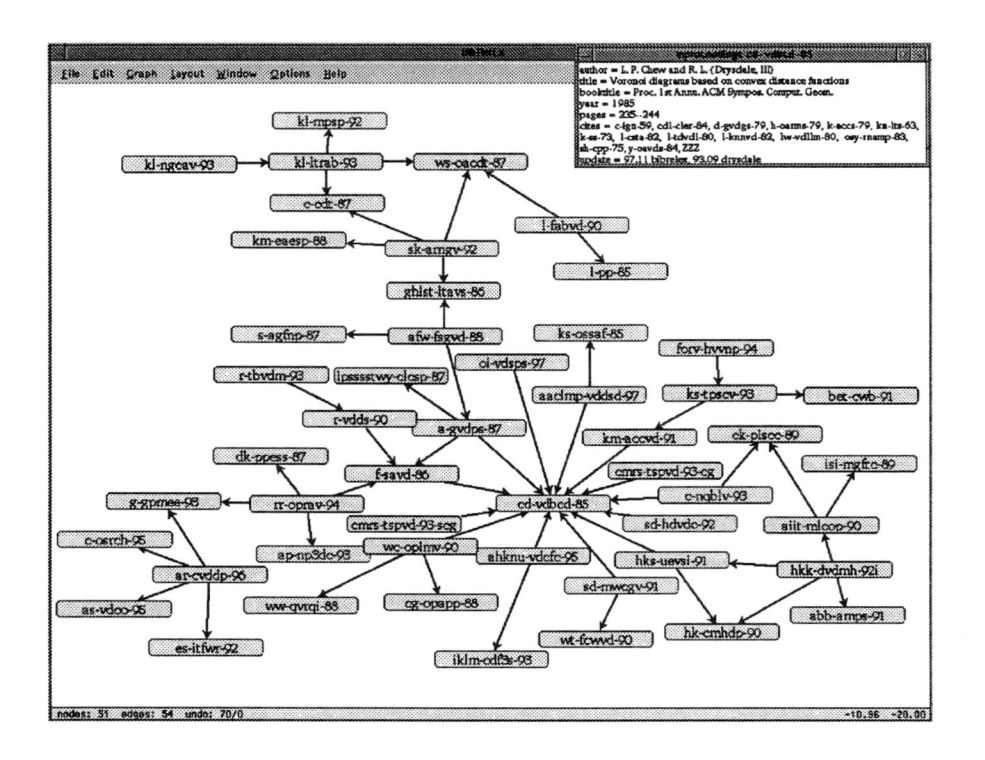

Abbildung 4: Darstellung des Zitiergeflechts mit LEDA

4.3 Weitere Vorgehensweise

Die Unterstützung für dreidimensionale Darstellungen ist in LEDA noch nicht sehr weit fortgeschritten. Ein dreidimensionaler Spring Embedder ist zwar vorhanden, ist

BibRelEx: Erschließung bibliographischer Datenbasen 43

aber sehr langsam. Die Navigationsmöglichkeiten sind eingeschränkt. Als nächsten Schritt werden wir daher mit der Erweiterung der grafischen Darstellungsmöglichkeiten beginnen. Beispielsweise werden wir einen schnelleren Layoutalgorithmus, z. B. GEM3D einbinden. Um bessere Navigationsmöglichkeiten zu haben, ist auch zu überlegen, ob es sinnvoll ist, das von LEDA erzeugte Layout in eine VRML-Datei umzuwandeln und dann einen frei verfügbaren VRML-Viewer, z. B. VRwave, zu nutzen. Da wir die visuelle Darstellung mit klassischen Retrievalmethoden nutzen wollen, ist zu prüfen ob wir mit dieser Methode ein hinreichend dynamisches Layout möglich ist.

Parallel zu diesen Implementierungsarbeiten soll die Datenbasis so erweitert werden, daß eine kritische Masse vorhanden ist, die die Benutzung von BibRelEx für Geometer lohnend macht. Durch unsere bisherigen Ergänzungen stehen zur Zeit etwa 13.000 Referenzen in geombib zur Verfügung, sicherlich genug, um das System zu erproben. Es kommt uns aber auch auf die Visualisierung weiterer inhaltlicher Relationen an. Daher werden wir in einem überschaubaren Teilgebiet die vorhandene Literatur sichten und die Arbeiten zueinander in Beziehung zu setzen und mit Annotationen versehen.

Eine weitere interessante Frage ist, wie man den Datenbankinhalt über die Zeit verwalten soll. Wir glauben, daß diese Aufgabe nicht mehr Freiwilligen überlassen werden sollte. Statt dessen schlagen wir vor, daß die Autoren selbst, zusammen mit ihrer Arbeit, einen Vorschlag für einen annotierten Eintrag in BibRelEx einreichen. Für die Gutachter der Arbeit ist es nach der Lektüre recht einfach festzustellen, ob der vorgeschlagene Eintrag korrekt und vollständig ist. Wird die Arbeit akzeptiert, so wird der Eintrag in BibRelEx übernommen. Dieser Ansatz, der auch von Cameron [Cam97] vorgeschlagen worden ist, ist auch im Interesse der Autoren.

Literatur

[BF95] I. Bruß and A. Frick. Fast interactive 3-D graph visualization. In *Proceedings of the 3rd International Symposium on Graph Drawing (GD'95)*. Springer Lecture Notes in Computer Science 1027, pages 99–110, 1995.

[Cam97] R.D. Cameron. A universal citation database as a catalyst for reform in scholarly communication. *First Monday*, 2(4), 1997. http://www.firstmonday.dk/issues/issue2_4/cameron/index.html.

[DHJ+98] G. S. Davidson, B. Hendrickson, D.K. Johnson, Ch. E. Meyers, and B. N. Wylie. Knowledge mining with VxInsight: Discovery through interaction. *Journal of Intelligent Information Systems, Integrating Artificial Intelligence and Database Technologies*, 11(3):259–285, 1998.

[EJS] J. Erickson, B. Jones, and O. Schwarzkopf. More information about the database.
http://www.cs.duke.edu/~jeffe/compgeom/geombib/geombib_1.html.

[ISI] Institute for Scientific Information. *Science Citation Index*.
http://www.isinet.com/products/citation/citsci.html.

[Jon95] D.M. Jones. The hypertext bibliography project.
http://theory.lcs.mit.edu/~dmjones/hbp/info.html, 1995.

[Knu73] D.E. Knuth. *The Art of Computer Programming*, volume 3: Sorting and Searching. Addison-Wesley, Reading, Massachussetts, 1973.

[Lan97] B. Landgraf. BibConsist: A program to check BibTeX files for inconsistencies, 1997. Fachbereich Informatik, FernUniversität Hagen.

[Ley97] M. Ley. Die Trierer Informatik-Bibliographie DBLP. Technical report, Universität Trier, FB 4, 1997.

[Mau96] H. Maurer, editor. *HyperWave: The Next Generation Web Solution*. Addison Wesley Longman, Reading, Massachusetts, 1996.

Formaler Umgang mit semi-formalen Ablaufbeschreibungen

Jörg Desel

Abstract

Semi-formale Ablaufbeschreibungen bestehen aus formalen Teilen, in denen gewisse Aspekte der beschriebenen Abläufe präzise festgelegt sind, und informellen Teilen, die meist aus natürlichsprachlichen Anschriften bestehen. So beschreibt die Struktur unmarkierter Petrinetze (Kanal/Instanz-Netze) elementare Beziehungen zwischen Systemkomponenten wie Nacheinanderausführung, Wiederholung, UND- und ODER-Verzweigungen, während Details und Interpretationen der Netzelemente nicht formal beschrieben sind. In diesem Beitrag werden Transformationen wie Vergröberung, Faltung oder Komposition für unmarkierte Petrinetze definiert, die durch die Struktur vorgegebenen Eigenschaften respektieren. Diese Transformationen basieren auf speziellen Klassen von Netzmorphismen, die systematisch unterschieden werden.

1. Einleitung

Beim Entwurf komplexer Systeme werden vielfältige konzeptuelle Modelle verwendet. Dieser Beitrag konzentriert sich auf konzeptuelle Modelle des Systemverhaltens, das durch die Abläufe eines Systems gegeben ist. Derartige konzeptuelle Ablaufmodelle beschreiben ein System teilweise formal mit festgelegter Syntax und Semantik und teilweise informell durch zusätzliche natürlichsprachlichen Ergänzungen. Deshalb werden sie auch semi-formal genannt.

Weil eine wesentliche Aufgabe der konzeptuellen Modellierung in der Kommunikation mit Auftraggebern, Fachexperten, Anwendern oder Mitgliedern eines Entwurfsteams besteht, sind Verständlichkeit, Klarheit, Präzision und Übersichtlichkeit wichtige Qualitätskriterien für Modellierungssprachen. Da-

her werden zumeist Modellierungssprachen vorgeschlagen, deren formale Aspekte mit Graphen beschrieben sind. Für diese gibt es graphische Repräsentationen, deren Komponenten mit weiteren Anschriften versehen sein können.
Wesentliche strukturelle Eigenschaften von Ablaufmodellen und ihren Komponenten sind aus ihrer formalen graphischen Struktur ableitbar und aus ihrer graphischen Repräsentation leicht ablesbar. Dazu gehören elementare Ablaufstrukturen wie Hintereinanderausführung (Sequenz), Wiederholung (Iteration), UND-Verzweigung (Distribution und Synchronisation), und ODER-Verzweigung (Alternative). Petrinetze [Rei85, DeO96] erlauben eine direkte Repräsentation derartiger Strukturen, aber auch andere Beschreibungssprachen erlauben die Darstellung dieser Strukturen durch spezielle graphische Symbole. So haben ereignisgesteuerte Prozessketten (EPKs) (siehe [Sch94]) spezielle Knoten für UND- und ODER-Verzweigungen. Für Workflow-Sprachen sieht die Workflow Management Coalition Konstrukte für diese Strukturen vor [WfM98].
Der Entwurf eines komplexen Modells verwendet meist mehrere Zwischenstufen. Beim modularen Aufbau werden Modelle aus kleineren Modellen zusammengefügt. Abstraktionsmechanismen erlauben den Übergang zwischen verschiedenen Detaillierungsebenen. Derartige Transformationen stellen Beziehungen zwischen Elementen verschiedener Modelle her. Wieder lassen sich zwei Aspekte unterscheiden: Beziehungen zwischen formal dargestellten Aspekten zweier Modelle und Beziehungen, die den informellen Teil betreffen. Wenn ein Modell in seiner formalen Struktur bereits Eigenschaften festlegt, sollten diese Eigenschaften bei der Transformation respektiert werden, um entsprechende Aussagen für die transformierten Modelle zu erhalten.
Die Transformationen von semi-formalen Modellen werden oft nur informell angegeben, so dass keine formalen Aussagen über respektierte strukturelle Eigenschaften getroffen werden können. Die Petrinetz-Theorie stellt mit dem Konzept der Petrinetz-Morphismen einen Mechanismus zur formalen Beschreibung von Beziehungen zwischen Petrinetzen zur Verfügung. Spezielle Petrinetz-Morphismen erlauben die Übertragung von Aussagen über ein Petrinetz-Modell auf ein anderes Modell. In dieser Arbeit wird ein abgeleitetes Konzept zur formalen Beschreibung von Transformationen beschrieben, die jeweils wesentliche

formale Strukturen und Eigenschaften erhalten bzw. respektieren.

In der Literatur finden sich unterschiedliche Definitionen von Morphismen für Petrinetze. Die vorliegende Arbeit bezieht sich auf das ursprünglich von C. A. Petri vorgeschlagene Konzept [Pet73]. Spätere Publikationen bezeichnen mit Petrinetz-Morphismen Abbildungen zwischen markierten Petrinetzen, die statt struktureller Eigenschaften dynamische Eigenschaften wie die Menge der Schaltfolgen erhalten bzw. respektieren [Win87, MeM90]. Diese Morphismen sind hier nicht einsetzbar, weil auf konzeptueller Ebene das operationale Verhalten nicht formal definiert ist.

Im folgenden zweiten Kapitel werden Petrinetz-Morphismen anhand eines Beispiels illustriert. Das dritte Kapitel liefert formale Definitionen von Petrinetzen und Petrinetz-Morphismen. Im vierten Kapitel werden Transformationskonzepte betrachtet. Umgebungserhaltende Petrinetz-Morphismen werden im fünften Kapitel definiert. Schließlich werden im sechsten Kapitel spezielle Teilstrukturen von Petrinetzen, S- und T-Komponenten, betrachtet.

Dieser Beitrag basiert auf Vorarbeiten von J. Desel, A. Merceron und W. Stucky [DeM91, Des91, DeM96, DeS97]. Für Beweise, die hier fehlen, siehe [DeM96].

2. Ein Beispiel

Petrinetze sind Graphen mit zwei Knotentypen: Stellen, dargestellt durch Kreise, repräsentierten passive Systemelemente wie Datenspeicher, Kanäle, Bedingungen, und Transitionen, dargestellt durch Rechtecke, repräsentieren aktive Elemente wie Aktionen, Transformationen, Transporte. Jede Aktivität eines aktiven Systemelements verändert, benötigt oder bewegt Informationen, Dokumente, Güter, Wahrheitswerte o.ä. (kurz Items) passiver Systemelemente. Entsprechend sind zu jeder Transition Vorbereichsstellen definiert, die die konsumierten oder benötigten Items enthalten, sowie Nachbereichsstellen für die produzierten oder benötigten aber nicht veränderten Items. In der graphischen Darstellung geben gerichtete Kanten die Vorbereiche (eingehende Kanten) und Nachbereiche (ausgehende Kanten) einer Transition an.

In Abbildung 1 sind Petrinetz-Modelle eines Sender/Empfänger-Systems in

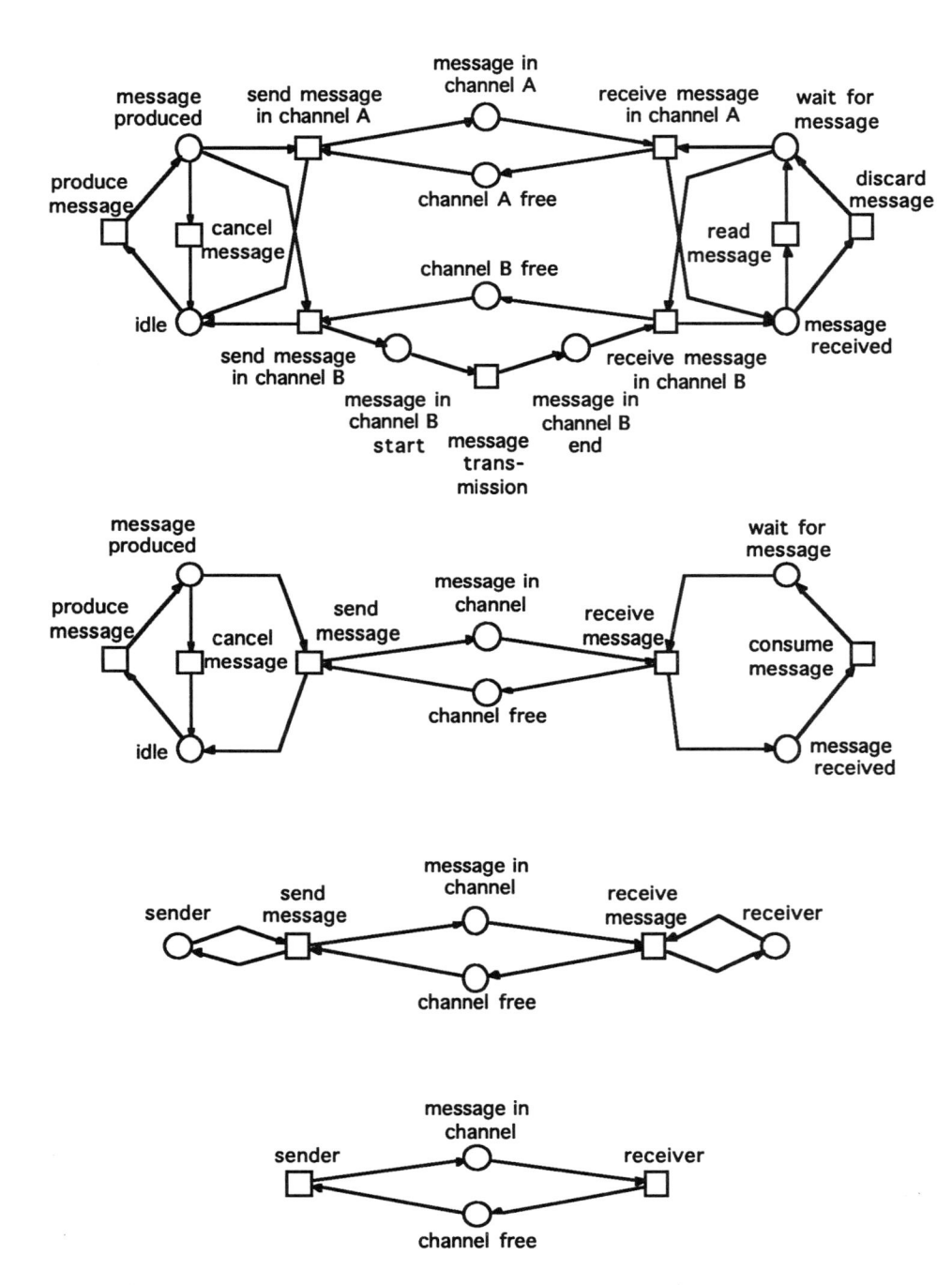

Abbildung 1: *Vier Abstraktionsebenen eines Sender/Empfänger-Modells*

vier Abstraktionsstufen angegeben. Die Beziehung zwischen diesen Modellen kann formal durch Abbildungen zwischen Elementen der Modelle angegeben werden. So ist z.B. die Stelle *message in channel* des zweiten Modells im ersten Modell durch die Stelle *message in channel A* und das Teilsystem aus den Stellen *message in channel B start*, *message in channel B end* sowie die dazwischenliegende Transition *message transmission* verfeinert dargestellt. Alle diese Netzelemente werden durch einen entsprechenden Petrinetz-Morphismus auf die Stelle *message in channel* des zweiten Modells abgebildet.

Petrinetz-Morphismen respektieren die Struktur eines Netzes. Der Begriff "respektieren" ist dabei eine Abschwächung von "erhalten", denn bei einer Abstraktion gehen naturgemäß strukturelle Informationen verloren. Wie an dem Beispiel deutlich wird, bleiben aber gewisse strukturelle Eigenschaften erhalten. So wird z.B. jeder Pfad eines Netzes abgebildet auf eine Sequenz von Elementen, die bis auf eventuelle Elementwiederholungen wieder ein Pfad ist.

Eine weitere Anwendung von Petrinetz-Morphismen ist die Komposition von Teilnetzen. Petrinetze unterstützen im wesentlichen zwei zueinander duale Kompositionstechniken: Komposition durch Verschmelzung von Transitionen (Synchronisation) und Komposition durch Verschmelzung von Stellen (Fusion). Abbildung 2 zeigt, wie ein Modell durch verschiedene Kompositionen aus Teilmodellen zusammengesetzt werden kann. Die Verschmelzung von Netzelementen wird formal durch eine Abbildung definiert: Zu identifizierende Elemente werden auf das gemeinsame Element des zusammengesetzten Modells abgebildet.

Umgebungserhaltende Petrinetz-Morphismen sind eine Klasse von Morphismen, die durch Einschränkungen der Bilder lokaler Umgebungen von Petrinetz-Elementen definiert sind. Während allgemeine Petrinetz-Morphismen Konzepte wie "alternative Zweige" nicht respektieren, berücksichtigen umgebungserhaltende Petrinetz-Morphismen auch die durch verzweigende Stellen (ODER-Verzweigungen) oder verzweigende Transitionen (UND-Verzweigungen) gegebenen strukturellen Informationen. Z.B. ist eine Synchronisation umgebungserhaltend für Stellen, da sie die Umgebung von Stellen nicht berührt, und damit respektiert sie auch alle ODER-Verzweigungen.

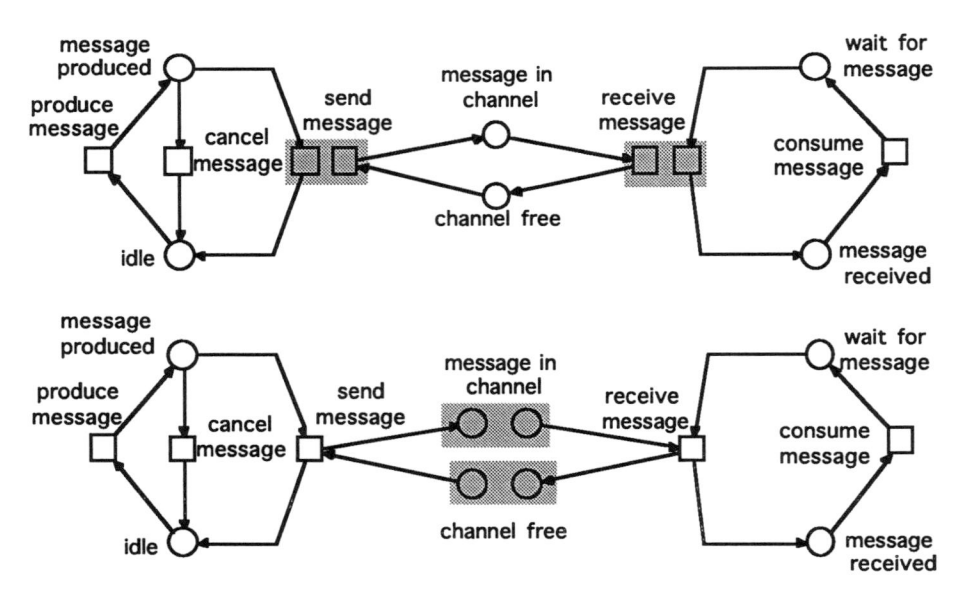

Abbildung 2: *Synchronisation und Fusion von Netzen*

Die Sicht auf einzelne Systemkomponenten, Daten oder Dokumente und ihren Fluss durch ein Petrinetzmodell wird durch die Definition der S-Komponenten des Modells unterstützt. Eine S-Komponente ist ein Teilnetz, in dem jede Transition genau eine Vorbereichs- und genau eine Nachbereichsstelle besitzt, während die Stellen wie im vollständigen Modell verzweigen. Als Beispiel sei das erste Modell aus Abbildung 1 angegeben, hier beschreibt die S-Komponente mit den Stellen *idle*, *message produced* und den Transitionen *produce message*, *cancel message*, *send message in channel A*, *send message in channel B* den Sender. Ähnlich beschreiben T-Komponenten, in denen nur Transitionen verzweigen, eine aktivitätsbasierte Sicht des Modells. Hier ist ein Beispiel durch alle Elemente des ersten Modells aus Abbildung 1 gegeben, die nicht *channel A* betreffen. Petrinetze, die von S- und T-Komponenten überdeckt werden, lassen sich auf verschiedene Weise zerlegen, abhängig von der gewünschten Sichtweise. Die gemeinsame Zugehörigkeit zweier Elemente zu einer Komponente stellt eine wesentliche Information über ihre Beziehung dar. Wir werden hinreichende Bedingungen dafür angeben, dass umgebungserhaltende Petrinetz-Morphismen S- und T-Komponenten respektieren.

3. Petrinetze und Petrinetz-Morphismen

Wir unterscheiden im folgenden Netze und Petrinetze. Letztere sind spezielle Netze, ihre Definition ist aus technischen Gründen und für die spezielle Anwendung der konzeptuellen Ablaufmodellierung eingeschränkt.

Netze

Ein Netz $N = (S, T, F)$ ist gegeben durch eine Stellenmenge S, eine Transitionenmenge T, und eine Flussrelation $F \subseteq (S \cup T) \times (S \cup T)$, die $F \cap (S \times S) = F \cap (T \times T) = \emptyset$ erfüllt. Die Menge der *Knoten* oder *Elemente* von N ist $S \cup T$. Zu jedem Knoten x von N bezeichnet $^\bullet x$ den *Vorbereich* $\{y \mid (y,x) \in F\}$ und $x^\bullet$ den *Nachbereich* $\{y \mid (x,y) \in F\}$. Mit $^\circ x$ wird die *Vorumgebung* $\{x\} \cup {}^\bullet x$ und mit x° die *Nachumgebung* $\{x\} \cup x^\bullet$ von x bezeichnet.

Ein *Pfad* von N ist eine Sequenz $x_1 x_2 \ldots x_n$ ($n \geq 1$) von Knoten mit der Eigenschaft $(x_1, x_2), \ldots, (x_{n-1}, x_n) \in F$. Das Netz N wird *stark zusammenhängend* genannt, wenn für je zwei Knoten x und y ein Pfad $x \ldots y$ existiert. Es ist *schwach zusammenhängend*, wenn für je zwei Knoten x und y eine Sequenz $x_1 x_2 \ldots x_n$ ($n \geq 1$) existiert, so dass $x = x_1$, $y = x_n$ und, für $1 \leq i < n$, $(x_i, x_{i+1}) \in F$ oder $(x_{i+1}, x_i) \in F$.

Falls $S_1 \subseteq S$, $T_1 \subseteq T$ und $F_1 = F \cap ((S_1 \cup T_1) \times (S_1 \cup T_1))$, so ist (S_1, T_1, F_1) das von $S_1 \cup T_1$ generierte *Teilnetz* von N. Sein *Rand* besteht aus der Menge aller seiner Elemente x, die nicht $^\bullet x \cup x^\bullet \subseteq S_1 \cup T_1$ erfüllen (Punkt-Notation bezgl. N). Es ist *stellenberandet (transitionenberandet)*, wenn sein Rand nur Stellen (Transitionen) besitzt.

Petrinetze und Petrinetz-Morphismen

Ein *Petrinetz* ist ein Netz $N = (S, T, F)$ mit wenigstens einer Stelle und wenigstens einer Transition, dessen Knoten jeweils wenigstens eine ein- oder ausgehende Kante besitzen.

Seien N und N' Petrinetze mit $N = (S, T, F)$ und $N' = (S', T', F')$. Ein *Petrinetz-Morphismus* $\varphi \colon N \to N'$ ist eine Abbildung $\varphi \colon (S \cup T) \to (S' \cup T')$ mit folgender Eigenschaft für jede Kante (x, y) aus F, die $\varphi(x) \neq \varphi(y)$ erfüllt: $(\varphi(x), \varphi(y)) \in F'$, und es gilt genau dann $x \in S$ wenn $\varphi(x) \in S'$.

Eine Abbildung φ ist also kein Petrinetz-Morphismus, wenn zwei durch eine Kante verbundenen Knoten auf getrennte nicht verbundene Knoten abgebildet werden oder wenn die Elementtypen (Stelle oder Transition) durch φ vertauscht werden. In folgender Abbildung sind zulässige und unzulässige Bilder einer Stelle s und einer Nachbereichstransition t angegeben.

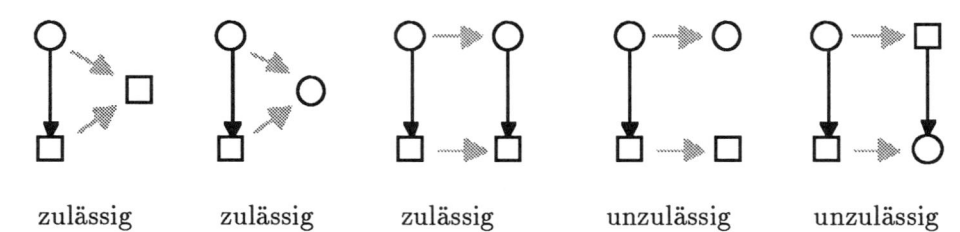

| zulässig | zulässig | zulässig | unzulässig | unzulässig |

Ein *Petrinetz-Isomorphismus* ist ein bijektiver Petrinetz-Morphismus, dessen Umkehrabbildung ebenfalls ein Petrinetz-Morphismus ist. Bildlich gesprochen ist ein Isomorphismus als Umbenennung der Netzelemente zu verstehen.

Die in folgenden Lemmata angegebenen Eigenschaften von Petrinetz-Morphismen folgen unmittelbar aus der Definition

Lemma 1. Sei $\varphi: N \to N'$ ein Petrinetz-Morphismus. Falls $x_1 \ldots x_n$ ein Pfad von N ist, dann existiert ein Pfad von $\varphi(x_1)$ nach $\varphi(x_n)$, der durch Streichen aller Elemente mit identischem Vorgänger aus $\varphi(x_1) \ldots \varphi(x_n)$ entsteht.

Lemma 2. Sei $\varphi: N \to N'$ ein Petrinetz-Morphismus, und sei x' eine Stelle (eine Transition) von N'. Dann generiert die Menge $\{x \in S \cup T \mid \varphi(x) = x'\}$ ein stellenberandetes (transitionenberandetes) Teilnetz von N.

Petrinetz-Quotienten

Die Definition von Petrinetz-Morphismen ist sehr allgemein und erlaubt die Formalisierung einer großen Klasse von Abbildungen zwischen Petrinetzen. Da wir an der Transformation und damit der Konstruktion von Netzen via Morphismen interessiert sind, beschränken wir uns im folgenden auf surjektive Morphismen, die auch bezüglich der Kanten surjektiv sind.

Ein *Petrinetz-Quotient* ist ein surjektiver Petrinetz-Morphismus $\varphi: N \to N'$ mit der Eigenschaft, dass für jede Kante (x', y') von N' eine Kante (x, y) von N existiert mit $\varphi(x) = x'$ und $\varphi(y) = y'$.

Für Petrinetz-Quotienten gilt i.a. die Umkehrung von Lemma 1 nicht gilt, denn durch Verschmelzung von Knoten können zusätzliche Pfade entstehen.

4. Transformationen von Petrinetzen

Petrinetz-Morphismen erlauben die formale Beschreibung der Beziehung zwischen zwei Netzen. Bei Netztransformationen sind ein Netz und weitere Informationen über die Art der Transformation gegeben, während das transformierte Netz erst konstruiert werden soll. Die Beziehung des ursprünglichen Netzes zu diesem Netz wird durch einen Morphismus dargestellt. Die genannten Informationen über die Art der Transformation lassen sich als Eigenschaften dieses Morphismus angeben, wie im folgenden gezeigt wird.

Im Falle von Verschmelzugen von Netzelementen zur Vergröberung oder Komposition von Netzen ist der beschreibende Morphismus ein Petrinetz-Quotient. Die benötigte Information zur Transformation beschränkt sich in diesem Fall auf die Angabe, welche Elemente zusammen abgebildet werden sollen. Allerdings führt nicht jede derartige Äquivalenzrelation auf den Netzelementen zu einer möglichen vergröbernden Transformation.

Sei $\varphi: N \to N'$ ein Petrinetz-Quotient. Für zwei Knoten x und y von N mit $\varphi(x) = \varphi(y)$ schreiben wir $x \sim_\varphi y$. Jede Äquivalenzklasse von $\sim_\varphi$ generiert entweder ein stellenberandetes Teilnetz (wenn ihre Elemente auf eine Stelle abgebildet werden) oder ein transitionenberandetes Teilnetz von N (wenn ihre Elemente auf eine Transition abgebildet werden). Nach Definition eines Petrinetzes hat jedes Element von N' einen nichtleeren Vorbereich oder einen nichtleeren Nachbereich. Deshalb ist der Rand keines durch eine Äquivalenzklasse generierten Teilnetzes leer, keines dieser Teilnetze ist also sowohl stellen- als auch transitionenberandet.

Lemma 3. Sei $\varphi: N \to N'$ ein Petrinetz-Quotient. Sei X_S die Menge der Äquivalenzklassen von $\sim_\varphi$, die stellenberandete Teilnetze von N generieren, und sei X_T die Menge der Äquivalenzklassen von $\sim_\varphi$, die transitionenberandete Teilnetze generieren. Dann ist N' isomorph zum Petrinetz

$$N/\sim_\varphi := (X_S, X_T, \{([x]_{\sim_\varphi}, [y]_{\sim_\varphi}) \mid (x,y) \in F \wedge x \not\sim_\varphi y\}.$$

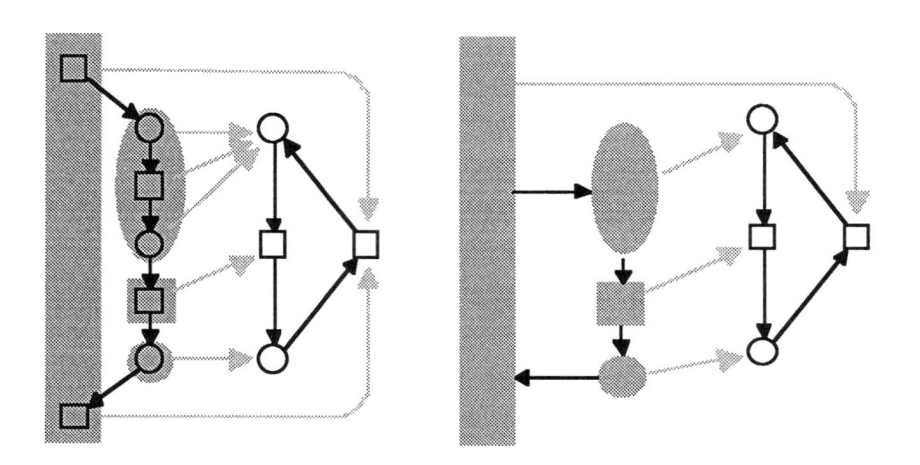

Abbildung 3: *Links ist ein Petrinetz-Quotient* $\varphi: N \to N'$ *mit Äquivalenzklassen von* $\sim_\varphi$ *und rechts der Isomorphismus* $N/\sim_\varphi \to N'$ *dargestellt.*

Umgekehrt lässt sich ein Petrinetz-Quotient aus den Äquivalenzklassen bis auf Isomorphie konstruieren:

Lemma 4. *Sei N ein Petrinetz, und sei $\sim$ eine Äquivalenzrelation auf der Menge der Netzelemente von N derart, dass jede Äquivalenzklasse entweder ein stellenberandetes oder ein transitionenberandetes Teilnetz generiert und keine Äquivalenzklasse ein Teilnetz mit leerem Rand generiert. Sei $N/\sim$ wie in Lemma 3 (mit $\sim$ statt $\sim_\varphi$) definiert. Dann ist die natürliche Projektion $x \to [x]_\sim$ ein Petrinetz-Quotient von N nach $N/\sim$.*

Durch Äquivalenzen auf den Elementen eines Netzes lassen sich also die hier betrachteten Transformationen bis auf Isomorphie charakterisieren. In den folgenden Beispielen werden daher oft nur diese Äquivalenzklassen angegeben.

Spezielle Quotienten beschreiben eingeschränkte Transformationen: Eine *Vergröberung* ist ein Petrinetz-Quotient, bei dem jede Äquivalenzklasse ein zusammenhängendes Teilnetz generiert. Eine *Faltung* ist ein Petrinetz-Quotient, bei dem jede Äquivalenzklasse entweder nur aus Transitionen oder nur aus Stellen besteht. Eine *Synchronisation* ist ein Petrinetz-Quotient, bei dem jede Äquivalenzklasse entweder nur aus Transitionen oder nur aus einer Stelle besteht. Eine *Fusion* ist ein Petrinetz-Quotient, bei dem jede Äquivalenzklasse

Formaler Umgang mit semi-formalen Ablaufbeschreibungen 55

entweder nur aus Stellen oder nur aus einer Transition besteht. Die in der Einleitung beschriebenen Transformationen (Abbildung 1) sind Vergröberungen. Abbildung 2 zeigt oben eine Synchronisation und unten eine Fusion. Beispiele für Faltungen werden im Zusammenhang mit S-Komponenten im sechsten Kapitel angegeben.

5. Umgebungserhaltende Petrinetz-Morphismen

Petrinetz-Quotienten erlauben die Verschmelzung der Nachbereichstransitionen einer Stelle, was zu dem in folgendem Bild dargestellten Effekt führen kann:

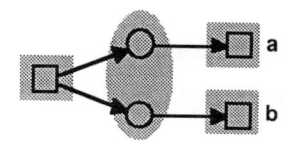

Während im ursprünglichen Netz die Transitionen a und b auf Zweigen liegen, die mit einer verzweigenden Transition beginnen (UND), besteht im transformierten Netz eine Alternative (ODER) zwischen diesen Transitionen. Das Problem entsteht dadurch, dass Stellen zusammengefasst werden, deren Nachbereiche aber getrennt werden. Dadurch hat die Stelle im transformierten Netz einen Nachbereich, der keinem der Nachbereiche ihrer Urbilder entspricht. Bei umgebungserhaltenden Petrinetz-Morphismen wird daher zusätzlich gefordert, dass Vor- und Nachbereiche erhalten bleiben.

Ein Petrinetz-Morphismus $\varphi: N \to N'$ ist *stellenumgebungserhaltend* (*transitionenumgebungserhaltend*) wenn für jede Stelle (Transition) x von N gilt:

$$\varphi(^\circ x) = {}^\circ(\varphi(x)) \text{ oder } \varphi(^\circ x) = \{\varphi(x)\} \quad \text{und}$$

$$\varphi(x^\circ) = (\varphi(x))^\circ \text{ oder } \varphi(x^\circ) = \{\varphi(x)\}.$$

Der Petrinetz-Morphismus φ ist *umgebungserhaltend* wenn er sowohl stellen- als auch transitionenumgebungserhaltend ist.

Analog zur Definition allgemeiner Petrinetz-Morphismen werden auch in dieser Definition jeweils zwei Fälle unterschieden: Entweder ist der Vorbereich eines

Elements x ganz mit x verschmolzen, oder alle Elemente des Vorbereichs von $\varphi(x)$ haben Urbilder im Vorbereich von x. Entsprechendes gilt für den Nachbereich.

Alle in Abbildung 1 angedeuteten Quotienten sind umgebungserhaltend. Synchronisationen sind Transformationen, die die Umgebungen von Stellen nicht verändern. Jede Synchronisation ist also ein stellenumgebungserhaltender Quotient. Entsprechend ist jede Fusion transitionenumgebungserhaltend.

Für zwei Knoten eines Netzes ist nicht nur die Abhängigkeit, dargestellt durch einen verbindenden Pfad, eine wichtige strukturelle Eigenschaft, sondern auch die Unabhängigkeit, also das Fehlen eines bestimmten Pfades. Im Falle stark zusammenhängender Netze besagt das folgende Lemma, dass für umgebungserhaltende Petrinetz-Quotienten eine Umkehrung von Lemma 1 existiert.

Lemma 5. Sei N ein stark zusammenhängendes Netz und sei $\varphi: N \to N'$ ein umgebungserhaltender Petrinetz-Quotient. Falls $x'_1 \ldots x'_n$ ein Pfad von N' ist, dann existiert ein Pfad $x_1 \ldots x_n$ von N, so dass $x'_1 \ldots x'_n$ durch Streichen aller Elemente mit identischem Vorgänger aus der Sequenz $\varphi(x_1) \ldots \varphi(x_n)$ entsteht.

Starker Zusammenhang impliziert zwar die Existenz irgendeines verbindenden Pfades, die Aussage des Lemmas gibt aber einen engen Bezug zwischen den Pfaden $x'_1 \ldots x'_n$ in N' und $x_1 \ldots x_n$ in N an. Abbildung 3 zeigt einen umgebungserhaltenden Petrinetz-Quotienten, für den die Aussage von Lemma 5 nicht gilt. Das Netz N aus der Abbildung ist nicht stark zusammenhängend, sondern hat eine "Anfangs-" und eine "Endtransition". Im transformierten Netz sind diese Knoten verschmolzen, was einer möglichen wiederholten Ausführung desselben Ablaufs entspricht.

6. Transformation von S- und T-Komponenten

Ein stark zusammenhängendes transitionenberandetes Teilnetz N_1 eines Netzes N ist eine *S-Komponente* von N, wenn jede Transition t aus N_1 genau eine Vorbereichsstelle und genau eine Nachbereichsstelle aus N_1 besitzt. *T-Komponenten* sind entsprechend definiert.

Im Netz aus Abbildung 4 gehört jedes Element zu einer S-Komponente und zu

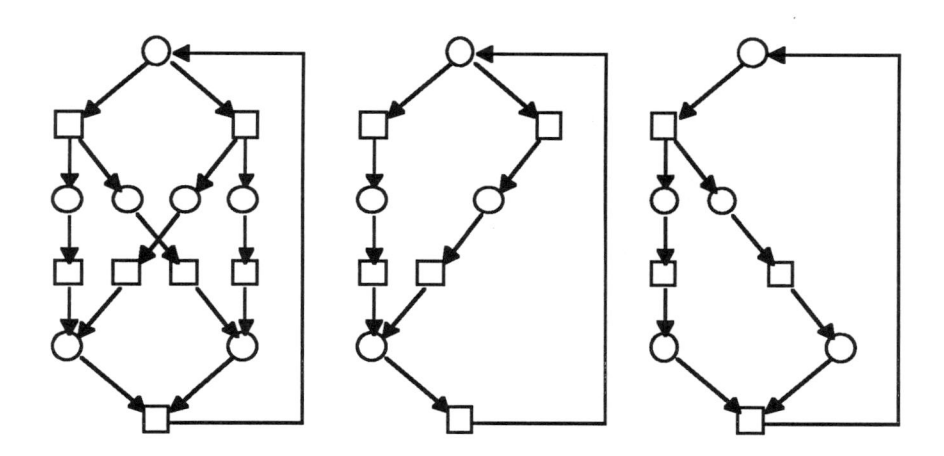

Formaler Umgang mit semi-formalen Ablaufbeschreibungen 57

Abbildung 4: *Ein Netz mit einer seiner beiden S-Komponenten und einer seiner beiden T-Komponenten*

einer T-Komponente. Das gesamte Netz lässt sich durch Faltung seiner beiden S-Komponenten erzeugen. Dieser Quotient ist stellenumgebungserhaltend, da jede Stelle einer S-Komponente dieselben Vor- und Nachbereichstransitionen hat wie diese Stelle im gesamten Netz. Entsprechend lässt sich das Netz durch transitionenumgebungserhaltende Faltung seiner T-Komponenten erzeugen.

Seien $N = (S, T, F)$, $N' = (S', T', F')$ Netze und sei $\varphi \colon N \to N'$ ein Petrinetz-Morphismus. $N_1 = (S_1, T_1, F_1)$ sei ein Teilnetz von N, und $X_1 := S_1 \cup T_1$ bezeichne die Menge der Elemente von N_1. Das Netz

$$\varphi(N_1) := (\varphi(X_1) \cap S', \varphi(X_1) \cap T', \{(\varphi(x), \varphi(y)) \mid (x, y) \in F_1 \wedge \varphi(x) \neq \varphi(y)\})$$

wird *Bild* von N_1 genannt. Die Abbildung $\varphi_{N_1} \colon X_1 \to \varphi(X_1)$ bezeichnet die Restriktion von φ auf X_1 mit entsprechend eingeschränktem Bildbereich. Sie ist also per Definition surjektiv. Das Bild $\varphi(N_1)$ eines Teilnetzes N_1 ist nicht notwendigerweise ein Teilnetz von N' (siehe Abbildung 5).

Lemma 7. *Sei $\varphi \colon N \to N'$ ein stellenumgebungserhaltender Petrinetz-Morphismus, und sei N_1 eine S-Komponente von N. Definiere $N_1' = \varphi(N_1)$. Falls N_1' mehr als ein Element enthält und $\varphi_{N_1} \colon N_1 \to N_1'$ transitionenumgebungserhaltend ist, dann ist N_1' eine S-Komponente von N'.*

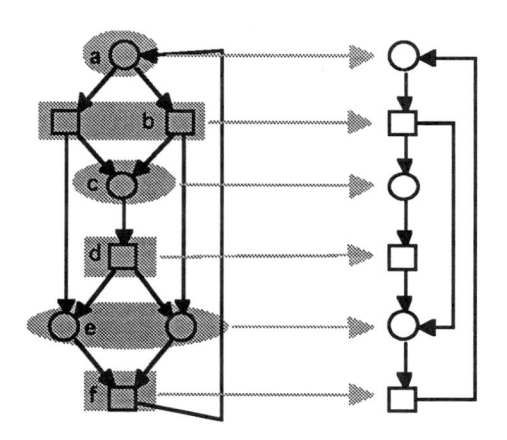

Abbildung 5: *Das Bild des Teilnetzes mit den Elementen $\{a,b,c,d,e,f\}$ ist kein Teilnetz, da die Bilder von b und von e durch eine Kante verbunden sind.*

Aus diesem Lemma folgt insbesondere, dass ein Netz, das von S-Komponenten überdeckt wird, mit Hilfe eines wie im Lemma angegebenen Morphismus in ein Netz abgebildet wird, das ebenfalls von S-Komponenten überdeckt wird.

Abbildung 6 illustriert das Lemma. Beide Quotienten dieses aus Abbildung 4 bekannten Netzes bilden die S-Komponenten auf S-Komponenten ab. Abbildung 7 zeigt für dasselbe Netz, dass ein stellenumgebungserhaltender Quotient eine S-Komponente nicht erhält, wenn seine Restriktion auf diese S-Komponente nicht transitionenumgebungserhaltend ist. Sei N_1 die S-Komponente, die die Stelle b enthält. Das Bild von N_1 ist das gesamte rechts dargestellte Netz. Der Nachbereich der Transition a in N_1 ist $\{b\}$. Es gilt

$$\varphi_{N_1}(a^\odot) = \varphi_{N_1}(\{a,b\}) = \{u,w\} \neq \{\varphi_{N_1}(a)\} = \{u\} \text{ und}$$

$$\varphi_{N_1}(a^\odot) = \varphi_{N_1}(\{a,b\}) = \{u,w\} \neq (\varphi_{N_1}(a))^\odot = u^\odot = \{u,v,w\}.$$

Da alle betrachteten Konzepte vollkommen analog für Stellen und Transitionen formuliert sind, gilt eine entsprechende Aussage für T-Komponenten:

Lemma 8. *Sei $\varphi: N \to N'$ ein transitionenumgebungserhaltender Petrinetz-Morphismus und sei N_1 eine T-Komponente von N. Definiere $N_1' = \varphi(N_1)$. Falls N_1' mehr als ein Element enthält und $\varphi_{N_1}: N_1 \to N_1'$ stellenumgebungserhaltend ist, dann ist N_1' eine T-Komponente von N'.*

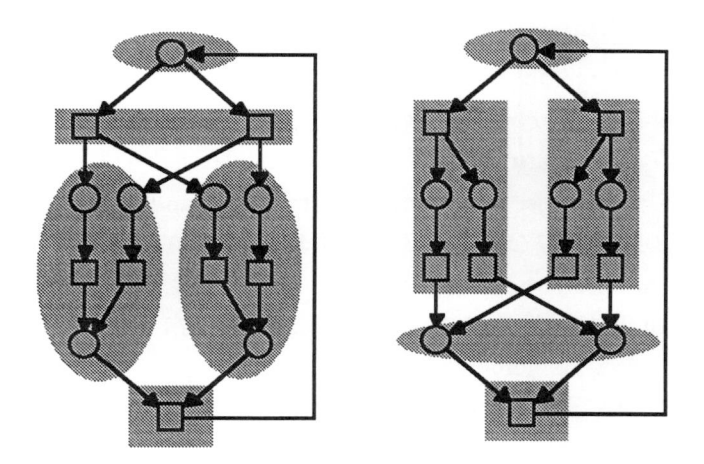

Abbildung 6: *Stellenumgebungserhaltende Quotienten, deren Restriktion auf S-Komponenten transitionenumgebungserhaltend sind*

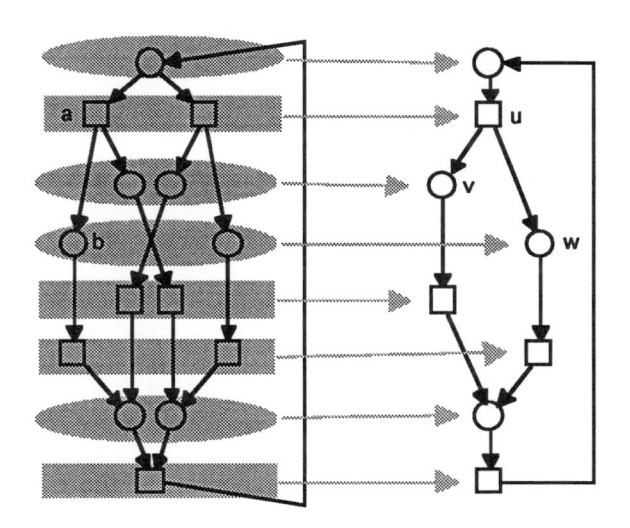

Abbildung 7: *Ein stellenumgebungserhaltender Quotient, dessen Restriktion auf eine S-Komponente nicht transitionenumgebungserhaltend ist*

Literatur

[DeM91] J. Desel, A. Merceron: Vicinity respecting net morphisms.
Advances in Petri Nets 1990, LNCS Vol. 483, S. 165-185,
Springer-Verlag, Heidelberg, 1991

[DeM91] J. Desel, A. Merceron: Vicinity respecting homomorphisms for abstracting system requirements.
Bericht 337 des Instituts AIFB, Universität Karlsruhe, 1996

[DeO96] J. Desel, A. Oberweis: Petri-Netze in der Angewandten Informatik.
WIRTSCHAFTSINFORMATIK Band 4, S. 359-367, 1996

[Des91] J. Desel: On abstractions of nets.
Advances in Petri Nets 1991, LNCS Vol. 524, S. 78-92,
Springer-Verlag, Heidelberg, 1991

[DeS97] J. Desel und W. Stucky: Informationsmodelle als Instrument der Wirtschaftsinformatik. Im Tagungsband *Wirtschaftsinformatik und Wissenschaftstheorie*, Universität Münster, Oktober 1997

[MeM90] J. Meseguer und U. Montanari: Petri nets are monoids.
Information and Computation Vol. 88, S. 105-155, 1990

[Pet73] C.-A. Petri: Concepts of net theory.
Proceedings of MFCS, High Tatras, September 1973

[Rei85] W. Reisig: Systementwurf mit Netzen.
Springer Compass, Spinger-Verlag, Heidelberg, 1985

[Sch94] A.-W. Scheer: Wirtschaftsinformatik. Referenzmodelle für industrielle Geschäftsprozesse. Springer-Verlag, Heidelberg, 4. Auflage, 1994

[WfM98] Workflow Management Coalition: Interface 1. Process definition interchange process model. WfMC TC-1016-P, http://www.aiim.org/wfmc/standards/docs/if19811r3.pdf, 1998

[Win87] G. Winskel: Petri nets, algebras, morphisms and compositionality.
Information and Computation Vol. 72, S. 197-238, 1987

Herausforderung an künftige Bildungssysteme: Lernerzentrierung und Praxisnähe

Birgit Feldmann-Pempe, Rudolf Krieger, Gunter Schlageter

1 Bildungssysteme im Umbruch

Die Erwartungen der heutigen Arbeitswelt und der Informationsgesellschaft an unsere künftigen Bildungssysteme führen zu gravierenden Veränderungen in zwei Dimensionen:

- Bildungssysteme müssen bedarfsgerechte, praxisnahe Angebote offerieren.
- Bildungssysteme müssen flexibles Lernen ermöglichen, also statt lehrer- müssen sie lernerzentriert sein nach dem Prinzip *my needs, my time, my place*.

Vielfältige Aktivitäten im Bereich virtuelles Lernen und praxisnahe Ausbildung demonstrieren bereits heute den Wandel der Bildungssysteme. Insbesondere in den USA, Canada und England sehen Bildungsanbieter aller Couleur (Universitäten, Firmen, Corporate Universities) einen lukrativen Markt bei Internet-basierten Bildungssystemen und plazieren entsprechend aggressiv ihre Angebote. Business Schools im angelsächsischen Bereich haben den Wandel zu sehr praxisnaher Ausbildung – sofortige Anwendbarkeit des Gelernten auf die konkrete Situation im Unternehmen – in vielen Bereichen vollzogen. Auch in anderen Fächern wird von Berufsanfängern und Berufstätigen neben den reinen Fachinhalten mehr und mehr Medien-, Methoden- und Sozialkompetenz verlangt.

Lernerzentrierung läßt sich nur durch systematischen Einsatz von Informations- und Kommunikationstechnologie realisieren: der Lernende erreicht seine Universität mit allen für ihn relevanten Funktionen über das Internet, wird über das Netz betreut, arbeitet mit anderen über das Netz zusammen. Diese "virtuellen Universitäten" sind das eine Ende eines ganzen Spektrums von Bildungseinrichtungen, wie sie entstehen werden. Am anderen Ende werden auch in Zukunft Institutionen sein, die ihre gesamte Ausbildung auf dem Campus durchführen. Dazwischen wird es jede beliebige Mischform von Online-Lernen und Präsenzunterricht geben.

Bei der zweiten Dimension, die Praxisorientierung, hat es in Deutschland bislang kaum innovative Entwicklungen gegeben. Ansätze, die mit den Business Schools vergleichbar wären, gibt es nicht. Einen besonderen Weg gehen allerdings die Berufsakademien (BA) in Baden-Württemberg – lange Zeit wenig wahrgenommen außerhalb des Landes. Hier werden in einzigartiger Weise berufliche Tätigkeit im Unternehmen und Lernen an der Hochschule miteinander verknüpft. Der Erfolg dieses Ansatzes zeigt sich an der Nachfrage nach Absolventen aus der Industrie und durch die Übernahme des Konzeptes durch andere Bundesländer. Die Berufsakademien wagen es jetzt, ihre sehr praxisnahe Ausbildung in einen virtuellen Hochschulverbund einzubringen.

Dieser Beitrag beschreibt die beiden Dimensionen künftiger Bildungssysteme anhand zweier Beispiele: Die konsequente Lernerzentrierung am Beispiel der Virtuellen Universität an der FernUniversität Hagen, die konsequente Praxisnähe am Beispiel der Berufsakademien in Baden-Württemberg. Mit der harmonischen Integration dieser beiden Ansätze gelänge ein Beispiel für ein Bildungssystem mit ausgesprochener Praxisnähe und zugleich konsequenter Lernerzentrierung.

2 Das neue Paradigma: Lernerzentrierung

2.1 Ein Beispiel: Die virtuelle Universität Hagen

Die virtuelle Universität der FernUniversität Hagen ist Deutschlands erste vollständige virtuelle Universität. Sie ist ein typisches Beispiel für ein lernerzentriertes Bildungssystem der Zukunft. Seit 1996 werden Online-Lehrformen und räumlich sowie zeitlich flexibles, individualisiertes und bedarfsorientiertes Lernen durch konsequente Nutzung neuer Medien (Multimedia- und Kommunikationstechnologie) praktiziert. Im Mittelpunkt steht der Studierende mit seinen individuellen Bedürfnissen. Die verschiedenen Funktionalitäten orientieren sich aus dem tatsächlichen Bedarf und nicht am organisatorischen Aufbau einer Universität. Mehr als 6000 Nutzer schon in der Pilotphase demonstrieren den Erfolg.

Das Projekt wurde vom Land Nordrhein-Westfalen finanziert, Sponsoring kam von Sun Microsystems, Sybase und Oracle.

2.1.1 Aktives Lernen: Information und Kommunikation

Beim Bearbeiten des Lehrstoffs können die Studierenden "per Mausklick" im gesamten Angebot nach weiteren Informationen, z. B. Literatur, Newsgruppen zum Thema, etc. suchen.

Die Informationsseiten der Universität geben Auskunft zu Fragen des Curriculums, der Prüfungsordnungen usw. Betreuer können sich mit Hilfe der netzbasierten Kommunikationswerkzeuge den individuellen Problemen der Studierenden widmen; dieser "persönlichere" Kontakt ist ein wesentliches Element, um das Gefühl der Isolation und der emotionalen Distanz beim Fernstudium zu verringern.

Eine ganz entscheidende Rolle spielt die Kommunikation. Lernende können mit Hilfe netzbasierter Kommunikationsmittel für unterschiedlichste Zwecke Kontakt aufnehmen (Erfahrungsaustausch untereinander, Hilfe durch den Tutor, usw.). Für Themenfelder privater wie fachlicher Art entstehen verschiedenste Diskussionsgruppen. Die Kontaktaufnahme kann entweder zeitgleich (synchron) oder zeitverschoben (asynchron) stattfinden. Über elektronische Netze werden Arbeitsgruppen gebildet, werden in Teamarbeit Probleme gelöst, Praktika durchgeführt, Seminare vorbereitet, Software entwickelt, Berichte erstellt usw. Wesentliche Komponenten sind nicht nur *electronic mail*, sondern auch *voice mail*, Groupware für *Teamsupport*, *Tele-* und *Videoconferencing*.

Die Bedeutung gerade der kommunikativen Komponente zeigt sich vor allem an der hohen Nachfrage der Studierenden nach kommunikations- und diskussionsintensiven Veranstaltungen, wie z. B. dem virtuellen Seminar (auf einen Seminarplatz kommen ca. 3 Anmeldungen).

2.1.2 Neue Lehrformen

Neue Lehrformen entstehen durch den kommunikativen Umgang und die Möglichkeiten der neuen Medien. Aktuelle Informationen können ohne Verzögerungen in das Material integriert werden, aus dem Lehrmaterial heraus können Diskussionsprozesse angeregt werden. Multimediale Elemente, virtuelle Labore, etc. erleichtern das Begreifen komplexer Zusammenhänge.

Abbildung 1: Kommunikation in der virtuellen Universität

Zudem lernen die Studierenden *on-the-job*, sich in kooperativen verteilten Prozessen zu bewegen und solche selbst zu organisieren.

Sie haben direkten Zugang zu umfangreichem Hintergrundmaterial: z. B. digitalisierte Bücher, Zeitschriften, Videos.

Neben Praktika, Online-Übungsstunden und andere Veranstaltungsformen werden interaktives Übungsmaterial (s. Abb.2.), virtuelle Labore und virtuelle Seminare angeboten.

Beispiel 1: Reale Systeme im virtuellen Labor
Ein besonders eindrucksvolles Beispiel für die angesprochenen neuen Lehrformen ist das Roboterlabor, ein Kooperationsprojekt der FernUniversität mit anderen nord-

Herausforderung an künftige Bildungssysteme 65

rheinwestfälischen Universitäten. Im Falle eines Roboterpraktikums ist es jetzt möglich, über das Internet einen realen Roboter virtuell zu steuern und damit regelungstechnische Experimente zu machen, ohne tatsächlich das Labor besuchen zu müssen. Die Studierenden können die Bewegungen des Roboters über Video verfolgen, und erhalten so auch einen plastischen Eindruck vom Geschehen.

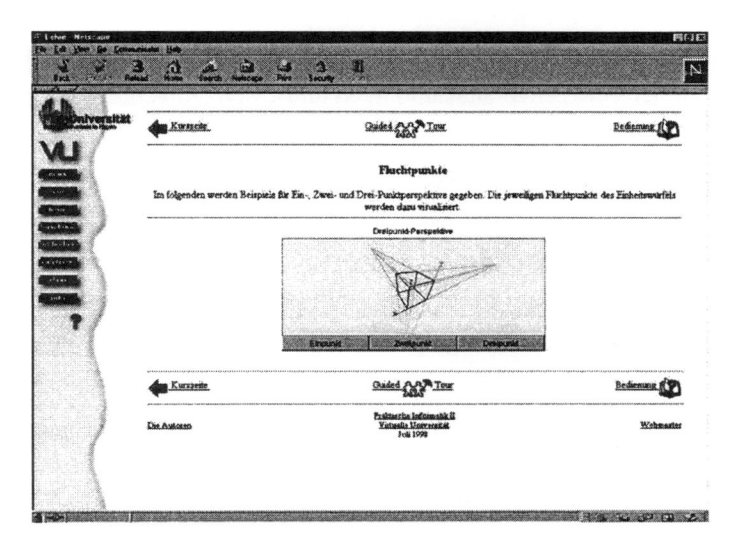

Abbildung 2: Interaktives Übungsmaterial

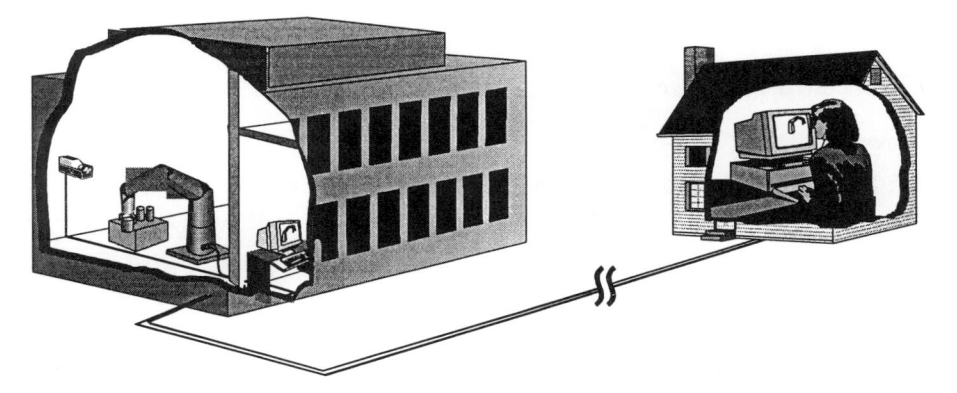

Abbildung 3: Reale Systeme im virtuellen Labor

Diese Möglichkeiten des Lernens und Experimentierens aus der Ferne sind in besonderer Weise auch geeignet für Weiterbildung, Technologietransfer und Kooperation mit industriellen Partnern. Ferndiagnose und Fernwartung werden zukünftig mehr und mehr Arbeitsalltag werden.

Beispiel 2: Virtuelle Seminare

Ein anderes Beispiel sind die virtuellen Seminare. Im Gegensatz zum bisherigen Präsenzseminar an der FernUniversität und auch an Präsenzuniversitäten ermöglicht der Einsatz virtueller Seminare erstmals für Betreuer und Studierende einen kontinuierlichen Kommunikations- und Diskussionsprozeß. Betreuer und die Kommilitonen haben mit Hilfe verschiedener Kommunikationsmittel die Möglichkeit durchgehend Einblick in den Arbeitsprozeß der Studierenden und deren Ergebnisse zu nehmen. Das bedeutet von der gemeinsamen Themenwahl über die Bildung von Lerngruppen bis hin zur gemeinsamen Ausarbeitung und Diskussion der Seminarbeiträge.

Die Diskussionen können dabei zeitgleich (z. B. in einem Chat oder per Videokonferenz) oder zeitversetzt (Newsgroup, Groupware) stattfinden. Typischerweise bevorzugen Studierende die größere Unabhängigkeit über asynchrone Kommunikationstechniken.

2.2 Die Funktionen (Benutzeroberfläche)

Die Elemente der Benutzeroberfläche sind:

- **News**
  Im News-Bereich finden die Benutzer über die VU-interne Nachrichtenverwaltung aktuelle system-, fachbereichs- oder kursbezogene Nachrichten. Zudem werden hier alle Newsguppen der belegten Kurse angezeigt.

- **Büro**
  Hier erhält der Benutzer Zugang zu den administrativen Funktionen der Univer-

sität. Z. B. Belegung von Kursen, Rückmeldung, Änderung von persönlichen Daten usw.

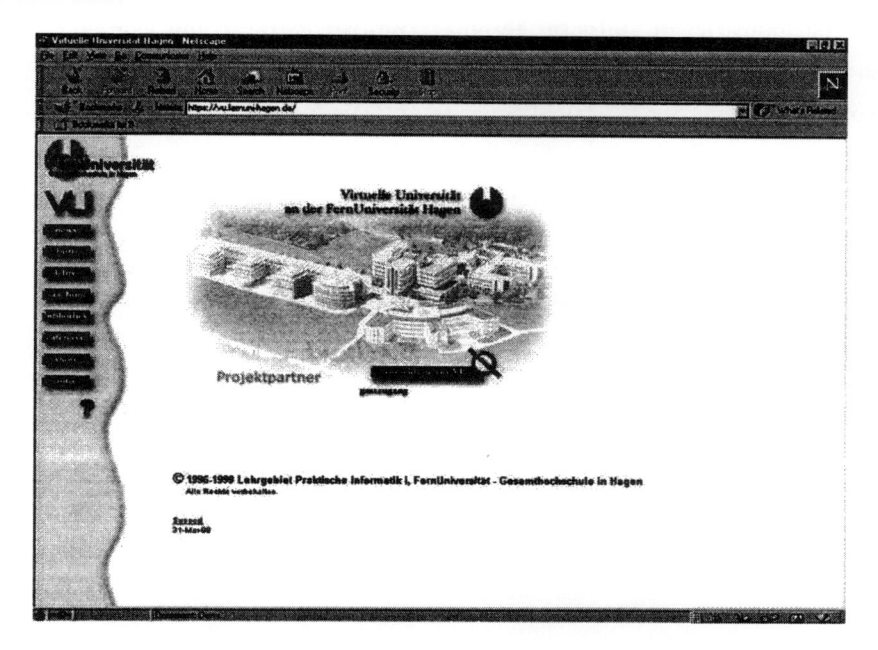

Abbildung 3: Die Benutzeroberfläche der virtuellen Universität

- **Lehre**
Hier finden die Studierenden Zugang zu den Lehrveranstaltungen. In einem individuellen Überblick, unabhängig von Fachbereichen, wird eine Liste aktuell belegter Lehrveranstaltungen generiert. Selbstverständlich kann hier auf Wunsch auch das komplette Lehrveranstaltungsangebot eingesehen werden.

- **Forschung**
Forschungsergebnisse können hier veröffentlicht, Fragen zu Forschungsgebieten diskutiert und die Forschungsinteressen einzelner Fachgebiete präsentiert werden. Diese Funktion ist nicht nur wichtig für die Forschenden der Universität, sondern auch für Diplomanden, Doktoranden, Projektgruppen usw.

- **Bibliothek**
  Über die Bibliothek wird ein bequemer Zugang zu traditionellen und digitalen Bibliotheken realisiert. Für die Hochschulbibliothek steht eine Schnittstelle zur Verfügung, über die Recherchen durchgeführt sowie Bücher vorgemerkt bzw. bestellt werden können. Auch Zugänge zu weiteren Online-Bibliotheken werden hier angeboten. Über die Bibliothek können auch in digitaler Form verfügbare Bücher oder Artikel eingesehen und auf das lokale System übertragen werden.

- **Cafeteria**
  Die virtuelle Cafeteria bietet ein Forum für soziale Kontakte unter den Studierenden. Es können hier Fragen zum Studium oder Dinge des täglichen Lebens diskutiert werden. Zusätzlich werden schwarze Bretter angeboten, an denen Studierende Aushänge anbringen können, etwa zur Suche von Mitfahrgelegenheiten, zur Bildung von Arbeitsgruppen oder zur Wohnungssuche.

- **Shop**
  Im Shop kann der Benutzer alle Materialien durchstöbern, abrufen oder bestellen, die gegen Gebühr abgegeben werden. Dies betrifft vor allem die Weiterbildung. Dieses Angebot ist von speziellem Interesse für das Training on-the-job - jederzeit kann auf das benötigte Material aus einer beruflichen Situation heraus zugriffen werden.

- **Information**
  Die Information ist zentrale Anlaufstelle für jegliche Fragen. Hier können sowohl Informationen zur FernUniversität und zum Studium allgemein als auch zum Umgang mit dem System Virtuelle Universität abgerufen werden. Darüber hinaus findet der Benutzer im Info-Bereich auch Ansprechpartner zu verschiedenen Fragen und eine Übersicht über die Studienzentren der FernUniversität.

- **Hilfe**
  Im Hilfebereich werden detaillierte Bedienungsanleitungen zu den verschiedenen Funktionalitäten der Virtuellen Universität angeboten.

Über diese für die Studierenden relevanten Funktionen hinaus bietet das System natürlich umfangreiche **Funktionalitäten für Administratoren und Betreuer**.

2.3 Praktische Erfahrungen und aktueller Stand

Seit dem Start der Virtuellen Universität im Wintersemester 1996/97 haben mehr als hundert verschiedene Lehrveranstaltungen stattgefunden. Die Erfahrungen sind durchweg positiv. Eine erste Benutzerumfrage ergab, daß die Mehrheit der Studierenden die Intensität der Kontakte und der Diskussionen als sehr sinnvoll bewertet (Mittrach, 1998). Ähnliche Ergebnisse liegen bei der Bewertung der netzbasierten Lern- und Arbeitsgruppen vor.

Ein anderer Trend ist die Verringerung der Ausfallquote bei Veranstaltungen. Beispielsweise ist die Zahl der Abbrecher in virtuellen Seminaren aufgrund des fortdauernden Diskussions*prozesses* zwischen den Teilnehmern deutlich geringer als in vergleichbaren Präsenzseminaren.

Die virtuelle Universität wird zur Zeit von über 6000 Studierenden genutzt und bietet Lehrveranstaltungen aus fast allen Fachbereichen an.

2.4 Das ViKar-Projekt Virtueller Hochschulverbund Karlsruhe

Einen ganz anderen Ansatz verfolgt das Projekt ViKar, das insbesondere Synergieeffekte für die Lehre zwischen verschiedenen Institutionen schaffen soll. Unter anderem soll auf diesem Weg mehr Flexibilität für den Lernenden und zugleich mehr Flexibilität in der Produktion von Lehrangeboten erreicht werden. ViKar ist ein Projekt im Rahmen des Programms "Virtuelle Hochschule Baden-Württemberg", das vom Land Baden-Württemberg 1998 initiiert und mit einem Fördervolumen von insgesamt 50 Millionen Mark ausgestattet wurde. Im Vordergrund steht bei diesem Programm die Förderung von Projekten zwischen Hochschulen an unterschiedlichen Standorten oder unterschiedlicher Hochschuleinrichtungen. Eines dieser Projekte ist die Virtuelle Hochschule Oberrhein (VIROR), ein überregionaler Verbund gleichartiger Hochschulen, nämlich der Universitäten Freiburg, Heidelberg und Mannheim. In Karlsruhe haben sich unterschiedliche Hochschulen zu einem regionalem Verbund, dem Virtuellen Hochschulverbund Karlsruhe (ViKar) zusammengeschlossen. Neben der Universität sind daran die Berufsakademie, die Fachhochschule, die

Hochschule für Gestaltung und das Zentrum für Kunst und Medientechnologie, die Staatliche Hochschule für Musik und die Pädagogische Hochschule beteiligt. Das Projekt gliedert sich in drei Projektbereiche:

1. **Technische, strukturelle und organisatorische Komponenten.**
   Dieser Bereich soll die technische und organisatorische Infrastruktur bereitstellen.
2. **Wissensgebiete.**
   In vier Teilprojekten werden ausgewählte Gebiete wie "Informations- und Kommunikationstechniken", "Kultur-Kunst-Techniken", "Vorlesung Datenbanksysteme", "Mathematik für Nichtmathematiker" bearbeitet.
3. **Metastruktur, Didaktische Konzepte und Evaluation.**
   Dieser Bereich soll didaktische Konzepte erarbeiten und das Gesamtprojekt prozessbegleitend evaluieren.

Am Teilprojekt multimediale Aufbereitung einer Datenbankvorlesung, sind die Professoren Lockemann und Stucky (Sprecher des Teilprojektes) von der Universität Karlsruhe, Gremminger von der Fachhochschule und Krieger von der Berufsakademie, die alle das Gebiet "Datenbanksysteme" in der Lehre vertreten, beteiligt. Die jeweiligen Lehrveranstaltungen an den einzelnen Bildungseinrichtungen überschneiden sich thematisch in Kernbereichen, unterscheiden sich jedoch in der Behandlung von Randgebieten. Um diesen unterschiedlichen Anforderung zu entsprechen, wird die Lehrveranstaltung in Module gegliedert, die bedarfsgerecht zusammengestellt werden können. Es wird Basisbausteine geben, daneben aber auch Bausteine, die den Stoff in eine bestimmte Richtung vertiefen oder durch praktische Beispiele veranschaulichen. Damit hat nicht nur der Dozent die Möglichkeit, die Vorlesung seinen Vorstellungen entsprechen zu gestalten, sondern auch die Studierenden können die Vorlesung selbständig erweitern oder zusätzliche Übungen in ihren Lernprozess einbauen. Es wird auch daran gedacht, Module für verschiedene Lehrformen bereitzustellen. Es sollten einerseits Bausteine vorliegen, die in Präsenzveranstaltungen eingesetzt werden, den Stoff multimedial aufbereiten, aber Raum lassen für Erläute-

Herausforderung an künftige Bildungssysteme 71

rungen durch den vortragenden Dozenten. Andererseits sollen Module entwickelt werden, die den Stoff so ausführlich behandeln, daß sie von Studierenden im Selbststudium (z. B. auch in der Weiterbildung) genutzt werden können.

Da das Projekt noch in den Anfängen steht, kann noch nicht über praktische Erfahrungen berichtet werden. Die Projektarbeit verläuft ausgesprochen vielversprechend, da hier neue Formen der didaktischen Aufbereitung des Lehrstoffes erprobt werden und Projektpartner aus unterschiedlichen Hochschulen beteiligt sind, die ihre unterschiedlichen Lehrerfahrungen und Vorstellungen einbringen.

3 Praxisorientierung: Der andere Weg der Berufsakademien

3.1 Das Konzept der Berufsakademien in Baden-Württemberg

Eine Institution, die von vornherein die Praxisnähe der Ausbildung zu ihrem Kernkonzept erklärt hat, ist die Baden-Württembergische Berufsakademie. In enger Kooperation mit der Industrie erwerben Studierende nach drei Jahren ein Diplom, das dem Diplom der Fachhochschulen gleichgestellt ist. Mit Einrichtung der Berufsakademien hat man hier Studium und Ausbildung im Betrieb verknüpft. Die Initiative hierzu war 1972 von der privaten Wirtschaft ausgegangen[1]. Das Land Baden-Württemberg wollte mit Gründung der Berufsakademien eine wissenschaftsbezogene und zugleich praxisnahe Bildungseinrichtung für Abiturienten schaffen. Angesichts stark steigender Abiturienten- und Studentenzahlen schien es notwendig, eine Alternative zum klassischen Hochschulstudium anzubieten.

"Bei einer Übernahmequote der Abiturienten in den Hochschulbereich von mehr als 90% zeichnete sich für die Betriebe die Gefahr ab, daß durch Überbetonung der theoretischen, bei gleichzeitiger Vernachlässigung der praktischen Ausbil-

---

[1] Die Firmen Daimler-Benz AG, Robert Bosch GmbH und Standard Elektrik Lorenz hatten in Kooperation mit der Württembergischen Verwaltungs- und Wirtschaftsakademie (VWA) das sogenannte "Stuttgarter Modell" entwickelt, aus welchem 1974 die Berufsakademien hervorgegangen sind.

dungskomponente die Rekrutierung für anspruchsvollere dispositiv-operative Funktionen erheblich erschwert würde" (Zabeck/Deißinger, S. 1).

Der Erfolg der Berufsakademien zeigt sich durch die Übernahme des Konzeptes durch andere Bundesländer (Sachsen, Berlin, Thüringen). Auch die Anzahl der Absolventen und der Studierenden ist für die kurze Zeit des Bestehens beachtlich. In Baden-Württemberg haben bis zum Jahre 1998 insgesamt 43 000 Abiturienten das Studium in den drei Ausbildungsbereichen (Wirtschaft, Technik, Sozialwesen) abgeschlossen; derzeit sind rund 12 000 Studierende an den acht Standorten eingeschrieben. Die Regierung des Landes Baden-Württemberg hat auf die ständig steigende Nachfrage nach Studienplätzen an den Berufsakademien reagiert und beträchtliche Mittel für den Ausbau der Akademien bereitgestellt.

Obwohl die Berufsakademie (BA) dem tertiären Bildungsbereich zugeordnet ist, gehört sie nicht zu den klassischen Hochschulen, da institutionelle und strukturelle Eigenschaften nicht mit dem Hochschulrahmengesetz vereinbar sind.

"Die BA existiert nicht als Institution im eigentlichen Sinne: Sie ist Inbegriff des funktionellen Zusammenwirkens zweier Lernorte bzw. Ausbildungsträger" (Zabeck/Deißinger, S. 4):

Der eine Ausbildungsträger ist die Staatliche Studienakademie, eine nichtrechtsfähige Anstalt des Landes, die dem Ministerium für Wissenschaft, Forschung und Kunst untersteht, der andere der Ausbildungsbetrieb. Die Ausbildungsbetriebe sind über gemeinsame Organe beratend in die Entscheidungen der BA´s eingebunden. Zentral (für alle BA´s) geschieht dies über die Mitwirkung im Kuratorium und die Fachkommissionen für die einzelnen Ausbildungsbereiche. Die Fachkommissionen, die sich aus hauptamtlichen Lehrkräften und Vertretern der Wirtschaft zusammensetzen, sind zuständig für die Studienpläne der einzelnen Fachrichtungen. An den Studienorten der einzelnen BA´s gibt es Koordinierungsausschüsse, die mit Vertretern der Studienakademien, der Studierenden und der Ausbildungsfirmen besetzt sind. Dieses Gremium sorgt unter anderem für die Firmenzulassungen und die Besetzung von Prüfungsausschüssen.

3.2 Das Studium an der Berufsakademie

Voraussetzungen für das Studium sind das Abitur (das BA-Gesetz sieht Sonderregelungen für qualifizierte Berufstätige vor) und ein Ausbildungsvertrag mit einem an der Berufsakademie zugelassenen Ausbildungsbetrieb. Dieser zahlt während der gesamten Studienzeit eine Ausbildungsvergütung. Die Studierenden befinden sich während der Theoriephasen (sechs mal zwölf Wochen) an der Staatlichen Studienakademie, in der übrigen Zeit werden sie im Betrieb praktisch ausgebildet. Das Studium selbst ist zweistufig aufgebaut. Stufe 1 endet nach vier Semestern mit der Assistentenprüfung, dem ersten berufsqualifizierenden Abschluß. Allerdings beendet nur ein ganz geringer Anteil der Studierenden das Studium von sich aus mit diesem Zertifikat. Stufe 2, das dritte Studienjahr, beinhaltet die verbleibenden zwei Semester und die Diplomarbeit, die überwiegend in der Praxisphase erstellt wird. Die Studierenden studieren in kleinen Gruppen (maximal 30 Teilnehmer je Kurs). Sie haben Präsenzpflicht bei allen Pflichtveranstaltungen. Da der Lehrstoff, der am Ende der Semester in Klausuren geprüft wird, sehr umfangreich ist, ergibt sich für die Studierenden eine hohe Belastung (bis zu vierzig Vorlesungs- und Übungsstunden wöchentlich). Sowohl das Assistentenzeugnis wie auch das Diplomzeugnis enthalten neben den Klausurergebnissen (bzw. der Diplomarbeitsnote) auch die Note einer mündlichen Praxisprüfung, die vor einem Prüfungsausschuß, bestehend aus Praxisvertretern und einem Mitglied des hauptamtlichen Lehrkörpers, abgelegt werden muß.

Die kurze Studiendauer macht es erforderlich, den Stoff der Vorlesungen an der praktischen Relevanz zu orientieren. Ein BA-Absolvent wird z. B. eher in der Entwicklung von Anwendungssystemen als von Datenbankmanagementsystemen tätig sein. Daher wird man den Studienplan der Fachrichtung Wirtschaftsinformatik auf diese berufliche Tätigkeit hin ausrichten. Die Fülle des zu bewältigenden Stoffes macht es auch notwendig, die einzelnen Vorlesungen möglichst gut aufeinander abzustimmen. Als Richtlinie hierfür dienen die Studienpläne, die von Kommissionen unter Mitwirkung hauptamtlicher Lehrkräfte und Fachleuten der Wirtschaft für alle BA´s verbindlich erarbeitet werden.

Neben der fachlichen Ausbildung wird an den Berufsakademien auch Wert darauf gelegt, daß die Studierenden Kenntnisse und Erfahrungen hinsichtlich Methoden- und Sozialkompetenz erwerben. Da sie während des Studiums in den Betrieb eingebunden sind, können sie bereits während der Studienzeit entsprechende praktische Erfahrungen sammeln. Weiter gefördert wird der Erwerb solcher Kompetenzen durch ein zusätzliches Lehrangebot an der Staatlichen Studienakademie, wie z.B. durch Übungen in Rhetorik, Präsentations-, und Verhandlungstechnik, in Planspielen und Projektarbeit.

Die Lehrveranstaltungen der Berufsakademien werden von Professoren und von nebenamtlichen Lehrkräften, die überwiegend aus der beruflichen Praxis, von Hochschulen oder aus dem Bereich der Schulen kommen, durchgeführt.

3.3 Beurteilung des Studiums an der Berufsakademie

Eine Befragung von Studierenden und Absolventen der Berufsakademie nach den Gründen ihrer Studienentscheidung ergab folgende Antwortverteilung:

"Bei der Entscheidung für das Studium an der BA standen eindeutig konzeptionelle Eigenarten des BA-Studiums bzw. die damit korrespondierenden Neigungen der Befragten im Vordergrund. Insgesamt nennen 72% die Verbindung von Theorie und Praxis bzw. die Praxisorientierung des Studiums, 60% die kurze Ausbildungsdauer und 50% die Ausbildungsvergütung als Gründe für ihre Entscheidung." (Zimmermann, S.72).

Die Praxisorientierung steht auch bei den Ausbildungsbetrieben im Vordergrund, wie eine Befragung der Betriebe zeigt:

"Betrachtet man zunächst den Ausbildungsbereich Wirtschaft, so fällt auf, daß sieben Hauptgründe – auf sie entfallen jeweils mehr als 45% der Nennungen – hervorstechen:

- *die besonderen Kenntnisse der beruflichen Praxis,*
- *die geringe Einarbeitungszeit der BA-Absolventen,*

Herausforderung an künftige Bildungssysteme

- *der besondere Zuschnitt der Ausbildung auf die Bedürfnisse des Betriebs,*
- *die im Vergleich zu Uni- und FH-Absolventen bessere Fähigkeit zum Theorie-Praxis-Transfer, sowie*
- *die Ermöglichung einer gezielten Personalbeschaffung."* (Winter, S.96)

BA-Absolventen haben kein Arbeitsplatzrisiko. Dies zeigt die vom Ministerium für Wissenschaft, Forschung und Kunst herausgegebene Statistik. Die Absolventen des Jahres 1998 blieben überwiegend im Ausbildungsbetrieb (etwa zwei Drittel), rund 20% wechselten den Betrieb, lediglich etwas mehr als 4% der Absolventen des Jahrganges 1998 waren auf Arbeitsplatzsuche, rund 3% haben nach dem BA-Abschluß ein Universitätsstudium aufgenommen. Die von Zabeck u. a. durchgeführte Evaluationsstudie kommt zusammenfassend zu folgendem Ergebnis:

"Für Abiturienten ist die Berufsakademie eine zusätzliche Ausbildungsalternative. Wer sich für sie entscheidet, geht kein Arbeitsmarktrisiko ein, sichert sich berufliche Mobilität, verbaut sich im Spektrum realistischer Berufsvorstellungen keine Aufstiegschancen und darf damit rechnen, ein hohes Maß an Berufszufriedenheit ausbilden zu können"..."Wen es drängt, im technischen, ökonomischen oder sozialen Sektor ausgesprochen wissenschaftsorientiert oder gar wissenschaftlich zu arbeiten, sollte sich universitären Studiengängen zuwenden." (Zabeck, S.478)

4 Ausblick

Dieser Bericht hat anhand zweier Beispiele aufgezeigt, wie Praxisnähe und Lernerzentrierung – die beiden Kernelemente künftiger Bildungssysteme – realisiert werden können. Anders als im Falle vieler sonst vorgestellter Konzepte haben diese beiden Beispiele langjährige Erfahrung mit großen Studierendenzahlen. Die Verbindung von IT-Technologie und praxisnaher Ausbildung führt zu Lehrformen, wie wir sie bis jetzt nicht kennen. Dabei werden, das sei hier ausdrücklich betont, beliebige Mischformen von Online-Lernen, Präsenzlernen, Einbindung in den Beruf usw. entstehen, einerseits bedingt durch die Zweckmäßigkeit bei verschiedenen Inhalten, andererseits durch die Wünsche und Bedarfe verschiedener Zielgruppen.

Die Umgestaltung unserer Bildungssysteme ist erst in ihren Anfängen, wie die Landschaft in einigen Jahren aussehen wird, ist schwer vorhersagbar. Da fortlaufende Weiterbildung zur absoluten Notwendigkeit in vielen Wirtschaftsbereichen geworden ist, sind völlig neue Interessen und Motivationen entstanden: Bildungssysteme als Marktteilnehmer. Entsprechend entstehen in schneller Folge neue Anbieter, entwickeln traditionelle Anbieter neue Programme, gibt es neue Allianzen, schaffen Konzerne ihre eigenen Corporate Universities. Welche Konsequenzen dies für die staatlichen Bildungseinrichtungen in Deutschland hat, ist umstritten; wieweit sie im Bereich der Weiterbildung tatsächlich eine wesentliche Rolle spielen werden, hängt unter anderem wesentlich von politischen Rahmenvorgaben ab. In den herkömmlichen Strukturen, insbesondere den extrem schwerfälligen Managementstrukturen, und dem engen Geflecht gesetzlicher und haushaltsrechtlicher Vorschriften wird sich eine bewegliche, am Markt orientierte Hochschule nicht entwickeln können.

Literatur

Berkel, T.; Mittrach, S.: Internet Technologies for Teleteaching - Report on an Internet-Based Seminar in the Virtual University - ICCE97-Konferenz in Malaysia, 12/97

Ministerium für Wissenschaft, Forschung und Kunst Baden-Württemberg (Hrsg.): *Gesetz über die Berufsakademien im Lande Baden-Württemberg*, Stuttgart 1995

Mittrach, S. *Lehren und Lernen in der Virtuellen Universität: Konzepte, Erfahrungen, Evaluation.* Dissertation. FernUniversität Hagen, 1998

Mittrach, S.; Schlageter, G.: *Studieren an virtuellen Universitäten.* Spektrum der Wissenschaft, Nr. 3, März 1998

Winter, A.: *Die "Nachfrage der Betriebe. – Eine Studie zu den Determinanten der Ausbildungsbereitschaft.* In: Zabeck, J.; Zimmermann, M. (Hrsg.): *Anspruch und Wirklichkeit der Berufsakademie Baden-Württemberg: eine Evaluationsstudie.* Weinheim: Deutscher Studienverlag, 1995

Zabeck, J.; Deißinger, Th.: *Die Berufsakademie Baden-Württemberg als Evaluati-*

onsobjekt: Ihre Entstehung, ihre Entwicklung und derzeitige Ausgestaltung sowie ihr Anspruch auf bildungspolitische Problemlösung. In: Zabeck, J.; Zimmermann, M. (Hrsg.): *Anspruch und Wirklichkeit der Berufsakademie Baden-Württemberg: eine Evaluationsstudie.* Weinheim: Deutscher Studienverlag, 1995

Zabeck, J.; Zimmermann, M. (Hrsg.): *Anspruch und Wirklichkeit der Berufsakademie Baden-Württemberg: eine Evaluationsstudie.* Weinheim: Deutscher Studienverlag, 1995

Zimmermann, M.: *Die "Nachfrage" der Abiturienten.- Eine Studie zu den Determinanten der Wahl des Ausbildungsweges und zur Stabilität der Ausbildungsentscheidung* In: Zabeck, J.; Zimmermann, M. (Hrsg.): *Anspruch und Wirklichkeit der Berufsakademie Baden-Württemberg: eine Evaluationsstudie.* Weinheim: Deutscher Studienverlag, 1995

"Active Scorecard"
(Unternehmen als Regelkreis)

Volkmar H. Haase

Abstract

Strategische Planung von Unternehmensprozessen heißt heute: Intuition plus Unterstützung durch Informationstechnologie. Hierbei muß man den Overkill undurchschaubarer Datenmengen (etwa von SAP) vermeiden, und "weiche" Informationen verarbeiten lernen. Dies wird durch den Einsatz der Fuzzy Logik im Konzept der Balanced Scorecard erreicht. Die "Active Scorecard" hilft dem Manager, sein Unternehmen wie einen technischen Prozeß zu verstehen und zu führen. Das Softwarewerkzeug wird erfolgreich vom österreichischen Forschungszentrum in Seibersdorf (ARCS) eingesetzt, wo es auch zur Erstellung einer Wissensbilanz verwendet werden wird.

1 Angewandte Informatik für unsere Wirtschaft

Globalisierung und Wissen sind heute die Schlüsselfaktoren für die Wirtschaft in den Industriestaaten [HBR97]. Wissen war immer schon der wirksamste Erfolgsfaktor für den Menschen; wir benötigen jedoch instrumentelle Verstärkung, wenn nicht nur ein paar Tausend, sondern ein paar Milliarden Konkurrenten mit uns um den Erfolg, ja das Überleben kämpfen.

Die notwendigen gedanklichen und technischen Werkzeuge sollte uns die Informatik/Computer Science liefern. In unserem Teil der Welt geht ja (angeblich) nichts mehr ohne Computeranwendung (Informations- und Kommunikationstechnologie). Nicht zuletzt deshalb ist sie selbst zu einem der größten Wirtschaftszweige geworden. Heute, Ende 1999, herrscht Goldgräbermentalität.

Vom Kassenterminal des Supermarktes bis zur Aktienbewertung eines Weltkonzerns ist alles rational, automatisiert, programmiert, voraussagbar und fehlerlos? Irrtum, zumindest was die wirklich wichtigen Entscheidungen angeht! Automatisierte Datenverarbeitung von Access bis SAP ist imstande, über alles Buch zu führen - und dabei unüberblickbare Informationsmengen zu liefern. Sie ist aber zumeist nicht imstande, dem Menschen, der in Wirtschaftsdingen entscheiden soll, wirklich zu helfen, geschweige denn, ihm seine Verantwortung abzunehmen. Wirtschaft ist Verhalten von Menschen, und dieses ist nicht programmierbar, und auch kaum durch Programme vorherzusagen. Wirtschaftsforscher und Spitzenmanager stellen Prognosen bzw. fällen Entscheidungen - wenn sie etwas taugen sollen - noch immer "aus dem Bauch" heraus.

Trotzdem sind die Informatiker mit ihren Produkten oft erfolgreich: es gibt unzählige publizierte, in Software umgesetzte, und auch praktische Versuche, die Entscheidungsfindung in der Wirtschaft zu unterstützen. Punktuell sind die einen anwendbar, andere weniger, und die Mehrzahl wird nicht wirklich genützt. Dafür gibt es mehrere Ursachen, die wichtigste ist wohl, daß "Computerintelligenz" und menschliche Intelligenz sich schwer verstehen. Genauer:

a) ungeheure Mengen an präzisen Daten über alle Details sind für den Menschen undurchsichtig, daher oft unbrauchbar;

b) Menschen entscheiden nach schwer formalisierbaren Kriterien wie Vertrauenswürdigkeit, Verläßlichkeit, Anpassungsfähigkeit, Kreativität und dgl.

Wir wollen hier an einem Beispiel zeigen, wie diese beiden Denkweisen überbrückt werden können. Dazu brauchen wir zwei wesentliche Ansätze:

a) nur wenige, aber wirklich wichtige Daten sollen verwendet werden: dies ist eine der Ideen der Balanced Scorecard [KN97];

b) intuitive Denkabläufe werden mit unscharfer (fuzzy) Logik modelliert [KF93].

Ergebnis ist ein Modell für strategische Entscheidungen, und ein Softwaresystem, das in Prototypen funktioniert [CS99]. Und das außerdem auch den Buchhaltern entgegenkommt, indem es Wissenskapital meßbar macht.

Vielleicht ist die Informatik doch geeignet, bei Entscheidungen zu helfen ...

2 Konzepte zur Unternehmensführung

Unternehmen führen, heißt Humanprozesse steuern und regeln: für eine Firma, deren Mitarbeiter, Lieferanten und Kunden Roboter sind, genügt ein Computerprogramm als Chef. Menschen sind unabdingbar wegen ihres Wissens, ihres Geschicks (skills) und ihrer Motivation - alle anderen Qualifikationen können wirklich Automaten aufbringen.

Prozesse in Natur und Technik sind meist leichter zu durchschauen und zu beherrschen als Wirtschaftsprozesse: Naturgesetze, mathematische Modelle und Formeln, reproduzierbare Erfahrungen sind vorhanden. Die Vorgänge sind deterministisch. Probleme gibt es nur, wenn sie zu komplex sind (z.B. die Wettervorhersage), oder wenn die Ausgangsdaten nicht genug bekannt sind.

Klassische Wirtschaftstheorien treffen Voraussagen, indem sie vorgehen wie Naturwissenschaftler: Beobachten - Regeln ableiten - Regeln für die Zukunft anwenden. Das heißt: retrospektive Analyse des Bisherigen. (Dies funktioniert erfahrungsgemäß nur, wenn sich die beteiligten Menschen - Konsumenten, Unternehmer, Politiker - in der Zukunft genau gleich verhalten wie in der Vergangenheit.)

Strategische Überlegungen werden zudem meist dominiert von rein monetären Werten, während die Analyse der nachhaltigen Wirkung von menschlichen Fähigkeiten, Unternehmensstrukturen und Innovationen eher taktischen Teilaufgaben (Personalentwicklung, Qualitätsmanagement) überlassen bleibt. Alles dies führt heute zu einer Überbewertung des kurzfristigen Erfolgs, des Shareholder Value.

Interessanterweise gewinnen dennoch gleichzeitig Überlegungen über die nachhaltige Entwicklung von Unternehmen an Raum. Die "Production Capability" [SRC89] muß für die Zukunft gesichert bleiben, auch wenn sie unmittelbar viel kostet; und was bisher als Ausgabe verbucht wurde, wie Schulung von Mitarbeitern oder Grundlagenforschung, wird zum "intangible asset", zum Wissenskapital [RDE97].

In diesem Zusammenhang entstanden zwei Verfahren, die – in wenigen, aber "feinen" Unternehmen - auch schon in die Praxis umgesetzt worden sind:

a) die Balanced Scorecard = Geld ist nur einer der Erfolgsfaktoren (neben Wissen, Prozeßbeherrschung etc.)!

und

b) die Bilanzierung des intellektuellen Kapitals [US98] = stellen wir doch den Wert unseres Wissens fest!

Beide Methoden haben noch einige Fragen zu klären: a) was sind allgemein verbindliche, was unternehmensspezifische Wissenskapitalwerte? b) wie werden sie bewertet bzw. gemessen? c) wie in Geldwerte umgerechnet? d) wie geht man mit der Tatsache um, daß sich Wissen durch Nutzung vermehrt?

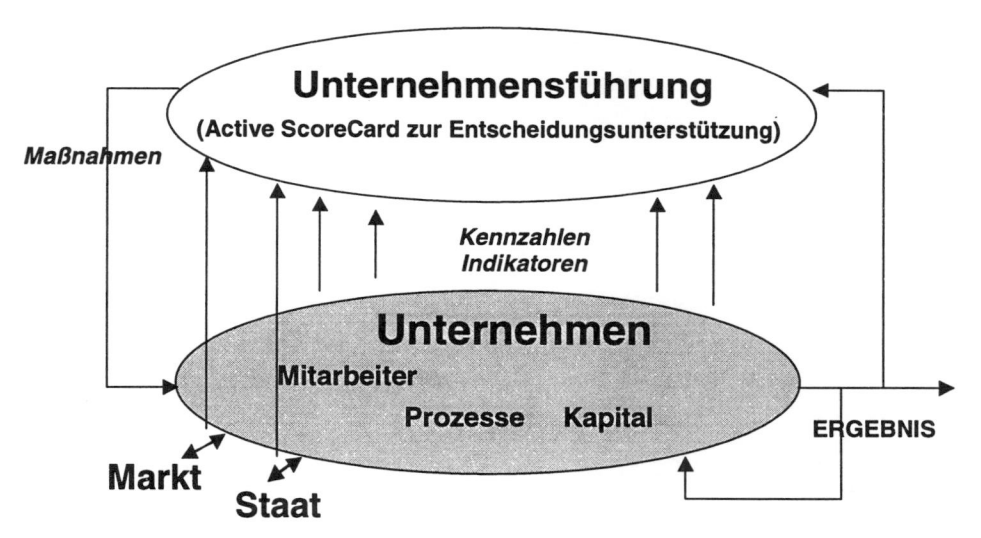

Abbildung1: Active ScoreCard - ein Regelungssystem

Lösungsansätze kommen aus der Fuzzy Logik zur Bewertung und Verknüpfung nichtmonetärer Werte: REBUS-Perzeptron [PK95], sowie aus dem Versuch, herkömmliche Accounting-Verfahren auf intellektuelles Kapital anzuwenden: VAIC [AP98]. Das Unternehmen wird als Organismus gesehen, dessen Funktionen durch strategische Entscheidungen geregelt werden (siehe Abbildung 1).

Wir werden hier zeigen, wie die folgende Methode, die der Active Scorecard funktioniert:

```
                                    Wissenswirksame Kennzahlen
                                      (z.B.Patente, Ausbildung)
                                                 ⇓
         Kostenfaktoren                 Normierung(Fuzzyfizierung)
      (aus der Kostenrechnung)                    ⇓
                 ⇓                     Verknüpfung, Zusammenfassung
         Abbildung, Bewertung              (Fuzzy-Operatoren)
                 ⇓                               ⇓
              Indikatoren für intellektuelles Kapital
                 ⇓                               ⇓
         Umrechnung in Geldwerte         Regeln, Schlußfolgerungen
                 ⇓                               ⇓
            Wissensbilanz                Strategische Entscheidungen
      (Aktiva/Wissenswerte/Passiva)          (Active Scorecard)
```

3 Balanced Scorecards und Wissensbilanzierung

Scorecards werden für Aufgaben der Kontrolle der Erreichung finanzieller Zielvorgaben in Unternehmen oder auch zur Entscheidungsunterstützung als Teile von Management-Informationssystemen häufig verwendet [BI98]. In den Arbeiten von Kaplan und Norton um 1990 wurde diese Methodik um nicht finanzielle Aspekte erweitert. Diese Aspekte beinhalten im Wesentlichen nicht faßbares (tangible), sog. "Intellektuelles" Kapital des Unternehmens, nämlich Humankapital (Wissen, Fähigkeiten, Kompetenz, Kreativität), strukturelles Kapital (Unternehmensprozesse z.B. im Sinne von ISO9000), sowie die Kenntnis des Marktes (Kundenbeziehungen, Beherrschung externer Prozesse). Das Kaplan/Norton-Modell sagt aus, daß eine Kausalkette existiert: Kompetenz -> Prozeßbeherrschung -> Marktbeherrschung -> finanzieller Erfolg (siehe Abbildung 2). In der Balanced Scorecard wird diese Kette in ein strategisches Führungsinstrument eingebaut, das Entscheidungsunterstützung (decision support) gibt, auf Grund von finanziell noch nicht manifesten, aber in der intellektuellen Kapitalstruktur bereits feststellbaren Tatsachen.

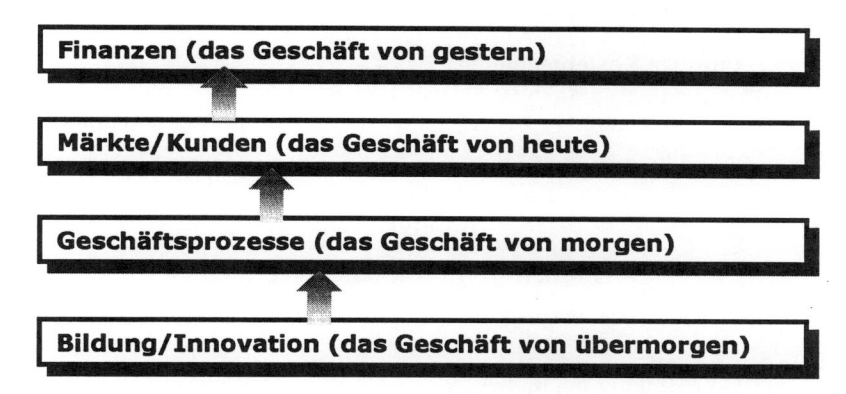

```
Finanzen (das Geschäft von gestern)
         ↑
Märkte/Kunden (das Geschäft von heute)
         ↑
Geschäftsprozesse (das Geschäft von morgen)
         ↑
Bildung/Innovation (das Geschäft von übermorgen)
```

Abbildung 2: Die 4 Bereiche einer ScoreCard

Das Intellektuelle Kapital wird unternehmensspezifisch durch Kennzahlen beschrieben, die etwa aus folgenden Quellen stammen können: Finanzsystem (z.B. SAP), Marktdaten (Kundendateien, Angebotsübersichten, Kundenumfragen, Reklamationen etc.), Informationen über die Prozesse im Unternehmen (Arbeitszeiten, ISO-Audits etc.) einschließlich Mitarbeiter-bezogener Daten (Schulungszeiten, Vorschlagswesen, Veröffentlichungen etc.). Hinzu kommen Evaluierungen und Assessments - d.h. Einschätzungen durch interne oder externe Gutachter (oder die Betroffenen selbst). Die Kennzahlen müssen in eine einheitliche Punkteskala umgerechnet werden. Die Balanced Scorecard entnimmt diesen Größen einige wenige, aber sehr relevante, um daraus ein übersichtliches und nachvollziehbares Entscheidungshilfe-System zu machen. Alle genannten Kennzahlen bilden auch die Basis, das intellektuelle Kapital der Firma zu bilanzieren (Wissensbilanz, siehe Abbildung 3).

Wie wird die Balanced Scorecard für ein Unternehmen entwickelt?

1. Es werden ca. 30 Kennzahlen/Kennwerte des nicht ausschließlich finanziell bewertbaren Kapitals des Unternehmens ermittelt. Diese kommen aus den Bereichen: Finanzen, Märkte, Prozesse und Innovation, sowie ggf. aus dem einen

oder anderen spezifisch wichtigen Gebiet (z.B. Wirtschaftspolitik oder Umwelt). Der Nutzen an Vorhersagegenauigkeit muß dabei den finanziellen und psychologischen Aufwand der Erhebung übertreffen.

```
                    ┌─────────────────┐
                    │   Wert des      │
                    │  Unternehmens   │
                    └─────────────────┘
                      │            │
          ┌───────────┴──┐      ┌──┴──────────┐
          │ Intellektuelles │    │ Finanzkapital │
          │    Kapital      │    └───────────────┘
          └─────────────────┘            │
              │         │         ┌──────┴──────┐
       ┌──────┴─┐   ┌───┴────┐    │  Sachwerte  │
       │Mitarbeiter│ │Struktur│    │  Geldwerte  │
       └───────────┘ └────────┘    └─────────────┘
```

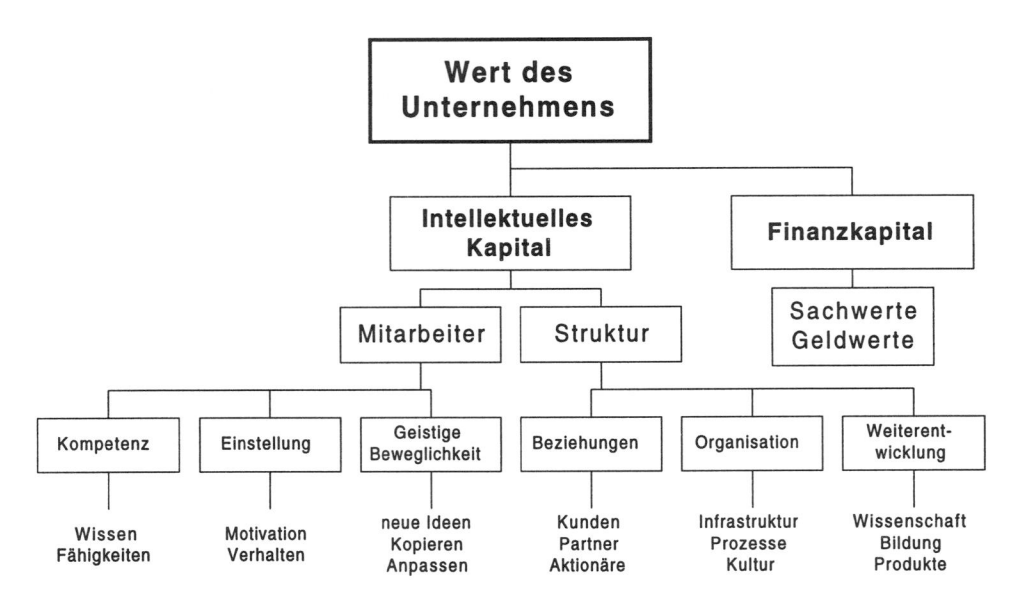

Kompetenz	Einstellung	Geistige Beweglichkeit	Beziehungen	Organisation	Weiterentwicklung
Wissen Fähigkeiten	Motivation Verhalten	neue Ideen Kopieren Anpassen	Kunden Partner Aktionäre	Infrastruktur Prozesse Kultur	Wissenschaft Bildung Produkte

Abbildung 3: Wert eines Unternehmens (Finanzkapital plus Intellektuelles Kapital)

2. Die Werte kommen aus verschiedenen Quellen (EDV-unterstützte Betriebsführungssysteme, betriebliche Aufzeichnungen, Evaluierungen – "human sensors") in verschiedenen Maßzahlen (Geld, Anzahl, Prozent, Zeit, Punkte). Die Abbildung auf ihren Beitrag zum Wissenskapital/intellektuellen Potential kann sehr unterschiedlich sein (linear bis zu beliebigen, auch unstetigen Funktionen).

3. Um sie einheitlich weiterzuverarbeiten, und um sie vergleichbar zu machen, werden sie in eine einheitliche "intellektuelle Währung" umgerechnet. In der ActiveScoreCard geschieht dies mittels Fuzzy Logik. Das Ergebnis (Skala 0.0 bis 1.0) ist der Zugehörigkeitswert zur Klasse/Menge "intellektuelles Kapital/Potential". Hier kann insbesondere auch die Verstärkungswirkung intellektuellen Kapitals modelliert werden.

"Active Scorecard" (Unternehmen als Regelkreis) 85

4. Die normierten Kennwerte tragen zum intellektuellen Potential bei, sind aber meist für sich allein noch nicht aussagekräftig, oder zu sehr risikobehaftet (z.B. werden Schulungen - etwas an sich Positives - durch hohe Fluktuation entwertet; intensive Angebotstätigkeit, der keine Aufträge gegenüberstehen, ist auch nicht viel wert).

5. Wir fassen deshalb die Kennzahlen zu maximal 20 Indikatoren zusammen. Diese sollen für die strategische Entscheidungsfindung ausreichend sein. Indikatoren werden aus Kennzahlen über die Fuzzy-Verknüpfungen UND, ODER, NICHT, sowie ggf. Potenzierung, (gewichtete) Mittelwerte, Median, Quantile etc. berechnet. Die resultierenden Indikatoren werden ebenfalls in Fuzzy-Werten (Zugehörigkeit zum Intellektuellen Potential!) ausgedrückt.

6. Um die Scorecard für Entscheidungen zu verwenden, kann entweder die Indikatorenliste - vor allem in ihrer zeitlichen Veränderung - analysiert und danach entschieden werden, oder es werden in einem weiteren Schritt von Fuzzy-Verknüpfungen "Aktionen" (lenkende Indikatoren) abgeleitet, die Vorschläge für Maßnahmen sind.

7. Um aus der Scorecard eine Wissensbilanz (siehe Abbildung 4) abzuleiten, wird analysiert, welche Kosten für intellektuelles Potential anfallen. Dazu werden alle Kostenkonten (aus z.B. SAP) auf die Indikatoren abgebildet. Kosten werden dabei entweder einfach Ausgaben, oder sind Investitionen (bilden Vermögen/Aktiva im klassischen Bilanz-Sinn), oder (neu!) gehören in den Bereich "Intellektuelles Potential" [MR98].

4 Exkurs: Fuzzy Logic für unscharfes Wissen

Prozesse in der Wirtschaft sind gelegentlich durch unscharfe Daten gekennzeichnet (Stichprobenerhebungen, Meinungsumfragen): hier helfen statistische Methoden weiter. Fast immer sind aber die Regeln (Zusammenhänge) unscharf definiert (Arbeitslosigkeit sinkt, wenn Nachfrage steigt – niemand kann quantitativ sagen, wieviel das ausmacht): die Fuzzy Logik kann daraus verläßliche Aussagen ableiten.

Menschen und Märkte verhalten sich üblicherweise so, wie wir aus Erfahrung zu wissen glauben. Mathematisch ist dies nur formulierbar, wenn wir präzise Werte in unscharf begrenzte Kategorien abbilden können: ob z.B. der Wert "Anzahl Publikationen/Wissenschaftler/Jahr = 0.5" in die Kategorie "gute wissenschaftliche Ergebnisse" fällt. Denn wir haben nur solche Regeln zur Verfügung: "wenn Ergebnisse gut und Kreativität hoch und ..., dann Dynamik hoch" (siehe Abbildung 5).

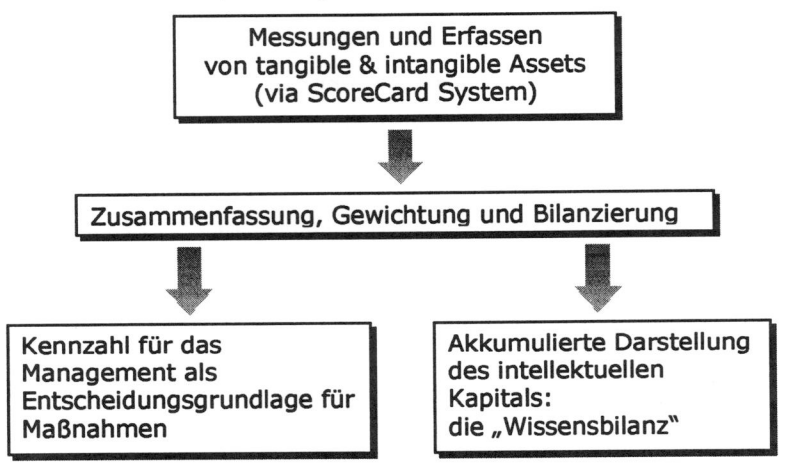

```
        ┌─────────────────────────────────┐
        │   Messungen und Erfassen        │
        │ von tangible & intangible Assets│
        │     (via ScoreCard System)      │
        └─────────────────────────────────┘
                        ↓
        ┌─────────────────────────────────────┐
        │ Zusammenfassung, Gewichtung und Bilanzierung │
        └─────────────────────────────────────┘
              ↓                        ↓
   ┌──────────────────┐      ┌──────────────────────┐
   │ Kennzahl für das │      │ Akkumulierte Darstellung │
   │ Management als   │      │ des intellektuellen  │
   │ Entscheidungs-   │      │ Kapitals:            │
   │ grundlage für    │      │ die „Wissensbilanz"  │
   │ Maßnahmen        │      │                      │
   └──────────────────┘      └──────────────────────┘
```

Abbildung 4: Scorecard und Wissensbilanz

<u>Konzentration auf Kernkompetenz</u>, wenn:

Dynamik schlecht oder (Mittelwert von (Veränderungsdruck hoch, Zukunftsorientierung schlecht, Erhaltung des intellektuellen Kapitals schlecht, Marktkompetenz schlecht, Markterfolg schlecht)

und (Ertragskraft schlecht oder Kostensituation schlecht))

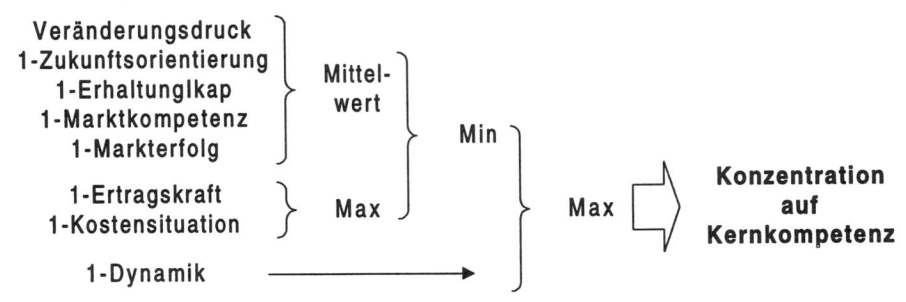

```
 Veränderungsdruck  ⎫
 1-Zukunftsorientierung ⎬ Mittel- ⎫
 1-Erhaltunglkap    ⎬  wert    ⎬ Min ⎫
 1-Marktkompetenz   ⎬          ⎭      ⎬ Max ⟹  Konzentration
 1-Markterfolg      ⎭                 ⎭            auf
 1-Ertragskraft     ⎫ Max ⎭                    Kernkompetenz
 1-Kostensituation  ⎭
 1-Dynamik          ─────────→
```

"Active Scorecard" (Unternehmen als Regelkreis)   87

Dynamik = hoch, wenn

Umsetzungszeit gering und Kundenzeit/MA hoch und Alter passend und Kreativität hoch und wissenschaftl. Ergebnisse hoch

    Umsetzungszeit (neue Methode braucht x Monate): 3 Monate =1.0; 21 Monate = 0.0

    Kundenzeit/Mitarbeiter: 0% der Arbeitszeit=0.0, 20% der Arbeitszeit=1.0

    Durchschnittsalter MA: Trapezfunktion: 30-40 Jahre gibt 1.0, 20 J. =0.0, 50J = 0.0

    Kreativität: Punktebewertung 0=0.0, 100=1.0

    wissenschaftl. Ergebnisse: 0.5 Publik./Jahr/MA= 0; 1.5 Publik./Jahr/MA = 1.0

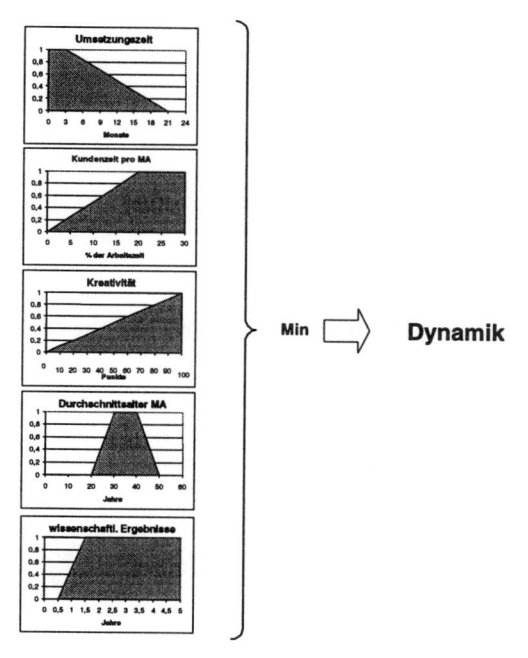

Abbildung 5: Beispiel von FuzzyLogic-Schlussketten aus der Active Scorecard

Die Regeln der Fuzzy Logik erlauben es ohne weiteres, präzise Daten (etwa aus einer Kostenrechnung) mit unscharfen (etwa aus einer Evaluierung des wissenschaftlichen Potentials) zu verknüpfen. Ergebnis ist immer die Zugehörigkeit einer Ergebnisvariablen zu einer (oder mehreren) Kategorie(n), z.B. "Kreativität" zu 0.7 zur Kategorie "gut".

Fuzzy Logik - basierte Regelsysteme funktionieren gut, wenn die Schlußketten kurz sind und die Anzahl der beteiligten Variablen nicht zu hoch ist. Zusammen mit der Fähigkeit, alle Arten von Eingabedaten verarbeiten zu können, modellieren sie also sehr gut die Fähigkeiten des Menschen, wenn er wirtschaftliche Entscheidungen trifft. Dies hat uns veranlaßt, Fuzzy Logik zur Realisierung der Balanced Scorecard zu verwenden: die ActiveScoreCard.

5 Werkzeuge für strategische Entscheidungen

P. Kotauczek entwickelte 1994-1997 das REBUS-Perzeptron, ein dreischichtiges neuronales Netzwerk, dessen Verbindungen "functional links" [YHP89] sind. Die Funktionen sind Verknüpfungen aus der Fuzzy Logik. Das Netz entspricht einem Inferenzsystem, wobei die Mengen der Fakten (Eingabe: Kennwerte) und die der Hypothesen (Ausgabe: Massnahmenvorschläge) fest vorgegeben sind. Die Struktur läßt sich auf die Balanced Scorecard mit "leading" und "lagging indicators" abbilden.

Das System, implementiert als persönlicher Assistent ohne externe Datenschnittstellen auf EXCEL-Basis, diente als Ausgangspunkt für die Entwicklung der ActiveScoreCard der HM&S GmbH (1998-1999). Diese Entwicklung hatte zwei Ziele:

a) ein Softwarewerkzeug zu schaffen, das beliebige unternehmensspezifische Scorecards realisiert, wobei die Mengen der Kennzahlen, Indikatoren und Maßnahmen, sowie deren Verknüpfungen frei definiert werden können.

b) als Pilotanwendung die Strategie des Österreichischen Forschungszentrums ARCS zu modellieren, und ein professionelles Beratungssystem für das Unternehmen zu schaffen.

Als neue Bausteine waren dazu notwendig:

"Active Scorecard" (Unternehmen als Regelkreis) 89

a) Schnittstellen zu betrieblichen Informationssystemen, um auch "harte" Daten zu verarbeiten

b) Fuzzyfizierung dieser Daten: in diesen Prozeß werden die Bewertungsmodelle des strategischen Managements eingebracht

c) freie Wahl der Verknüpfungen aus logischen und statistischen Funktionen, die damit das Unternehmensmodell definieren

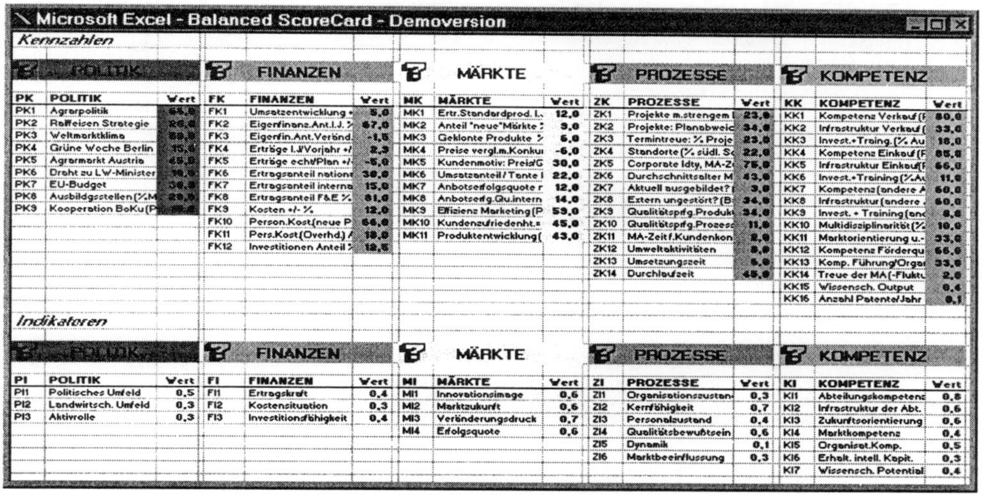

Abbildung 6: Die Kennzahlen und Indikatoren der Scorecard

d) stabiles System mit professioneller Oberfläche, sowohl für die Benutzung (Informationseingabe und Abfragen), wie auch für die Pflege des Systems (Anpassung des Modells) (siehe Abbildung 6 und Abbildung7).

Derzeit liegt ein Prototyp vor. Der Kern wurde in EXCEL realisiert. Die Vorphase der Datenerfassung ist derzeit verbal beschrieben und noch nicht Werkzeugunterstützt. Wichtig ist, daß das Strukturgerüst definiert ist, und alle Kennzahlen in einheitliche intellektuelle Kapitalwerte umgerechnet werden. Sie können somit direkt zur Wissensbilanzierung verwendet werden.

6 Anwendungsfall: Österreichisches Forschungszentrum

Für die Geschäftsführung des Österreichischen Forschungszentrums ARCS ist die

Active Scorecard ein strategisches Führungsinstrument, das auf dem in Seibersdorf vorhandenen intellektuellen Kapital fußt [ARCS97].

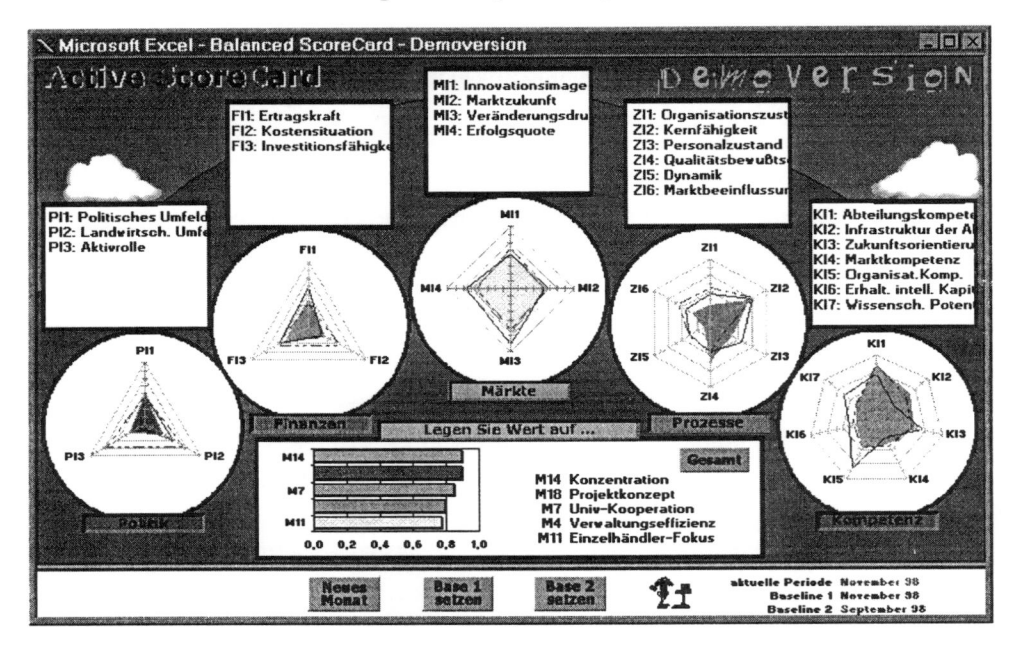

Abbildung 7: "Cockpit" (Oberfläche des Regelsystems für strategische Entscheidungen)

Das Projekt wurde nach dem Muster der Einführung von Balanced Scorecards nach Harvard Business School und Renaissance Ltd. abgewickelt:

a) Bestimmung der notwendigen unterschiedlichen Scorecards und deren jeweiligem Wirkungsbereich: Hierarchisches Scorecard-Konzept für Geschäftsführung und für Bereichsleitungen, Zeitreihenanalyse von Scorecards möglich.

b) Festlegung der Struktur der Scorecard nach den Anforderungen des Unternehmens: Ergänzung durch die Domäne: Politik, die die Einflüsse des Mehrheitseigentümers Republik Österreich beschreibt. Die übrigen Domänen sind: Finanzen, Märkte, Prozesse und Kompetenz.

c) Ermittlung der im Unternehmen vorhandenen Kennzahlen (Einzelgrößen) und Indikatoren (aggregierte Größen), Untersuchung ihrer Brauchbarkeit für die Scorecard, ggf. ihre Ergänzung (Ergebnis-Indikatoren).

d) Definition der Indikatoren, die die Zukunftsaussichten des Unternehmens beschreiben, und ihre Umsetzung in Maßnahmen ("enablers").

e) Erarbeitung von Zusammenhängen der Indikatoren, um ein strategisches Führungsinstrument zu schaffen (Unternehmen als Regelkreis!).

Für die Wissensbilanzierung liegt der gesamte Input zum Projekt als Rohmaterial vor. Die Bewertungsfunktionen für intellektuelles Kapital (Kennzahl-Normierung) werden aus der Scorecard übernommen. Die Wissensbilanz wird nach Methoden strukturiert, die von U. Schneider und Mitarbeitern entwickelt worden sind. Hierbei werden die Eingabeparameter frühzeitig nach Bewertungen aus der Kostenrechnung kapitalisiert.

Literatur

[HBR97]   D. Sibbet: 75 Years of Management - Ideas and Practice, Harvard Business Review; 1997

[KN97]   R. Kaplan; D. Norton: The Balanced Scorecard, Harvard Business School Press, 1997

[KF93]   J. Kahlert, J. Frank: Fuzzy-Logik und Fuzzy-Control, Vieweg, 1993

[CS99]   C. Steinmann: Active Scorecard, ARCS-Technologieakademie, 1999

[SRC89]   S.R. Covey: The 7 habits of highly efficient people, Simon & Schuster, 1989

[RDE97]   Roos, Dragonetti, Edvinsson: Intellectual Capital, 1997

[US98]   U. Schneider: The Austrian Approach to the Measurement of Intellectual Potential, KF-Universität Graz, 1998

[PK95]   P. Kotauczek: Projektbeschreibung BEKO-REBUS, Institut für Humaninformatik, 1995

[AP98]   A. Pulic: The VAIC Software - an operational tool for IC management, KF-Universität Graz, 1998

[BI98]   Business Intelligence: How to build, implement and deploy a Balanced Scorecard, London, 1998

[MR98]   M. Rennie: Accounting for Knowledge Assets: Do we need a new financial statement? University of Regina, 1998

[YHP89]   Y.-H. Pao: Adaptive Pattern Recognition and Neural Networks, Addison Wesley, 1989

[ARCS97] Austrian Research Centers: Geschäftsbericht 1997

Usability Engineering – Integration von Software-Ergonomie und Systementwicklung

Peter Haubner

Abstract

Die Marktchancen rechnerunterstützter Systeme sowie der Erfolg ihres Einsatzes hängen neben technischer Qualität, Performance, Preis und Serviceangebot zunehmend davon ab, wie Benutzer bei der Lösung ihrer Aufgaben mit solchen Systemen zurechtkommen. Bisher ist Systementwicklung vorwiegend technologieorientiert, der Schwerpunkt der Planung und Gestaltung von IT-Produkten liegt meist auf der Optimierung des Verhältnisses von Preis und Funktionalität; gute Benutzbarkeit des Rechners als Werkzeug und seine Akzeptanz durch den Benutzer (usability) spielen häufig eine untergeordnete Rolle. Dieser Beitrag beschreibt, welche ergonomischen Aktivitäten im "system life cycle" notwendig sind, um hersteller-, anwender- und benutzergerechte Produkte zu entwickeln.

1 Einleitung und Motivation

Auf dem Weltmarkt hat sich im letzten Jahrzehnt ein ständig zunehmender Wandel vom quantitativen Mengenwachstum zu qualitativem Variantenwachstum vollzogen mit zunehmender Innovationsdynamik [Mi91]; verstärkt wurde dieser Trend durch die wachsende Globalisierung der Märkte. Dies bedeutet, im Rahmen gleichzeitiger europäischer Harmonisierung von Wirtschaft und Handel mit vereinheitlichten Gütekriterien, insbesondere für die Unternehmen der Bundesrepublik, Produkte hohen Qualitätsstandards, zu konkurrenzfähigen Kosten, schnell und rechtzeitig auf den Markt zu bringen, um im Spannungsfeld *"Markt, Mitbewerber und Kunde"* Wettbewerbsvorteile zu erringen.

Die Optimierung der *Erfolgsvariablen Zeit, Qualität und Kosten* – in dieser Rangfolge der Bedeutung – hängt entscheidend davon ab, ob es dem Hersteller gelingt, sowohl die Produkte selbst, als auch die an ihrem Lebenszyklus beteiligen Prozesse zu verbessern, beginnend bei der Produktidee über Produktkonzept und Realisierung bis hin zum Einsatz und eventuell bis zur Wiederverwendung (reuse, recycling). Hierzu kann die systematische Integration von ergonomischer Produkt- und Prozeßgestaltung und technologieorientierter Systementwicklung einen wesentlichen Beitrag leisten (usability engineering). Unter Usability Engineering soll das ingenieurmäßige Planen, Gestalten, Realisieren und Anwenden technischer Systeme verstanden werden, wobei hohe Benutzungsqualität und Akzeptanz erklärte Designziele sind. Usability Engineering ist also im Kern klassisches System Engineering unter besonderer Berücksichtigung ergonomischer Systemaspekte in allen Phasen des Entwicklungsprozesses einschließlich projektbegleitender Qualitätssicherung.

Besondere ergonomische Potentiale besitzen interaktive Systeme mit sogenannten Benutzungsoberflächen (Mensch-Maschine-Schnittstellen), da Rechnerleistung inzwischen ein wesentliches Merkmal moderner Arbeitssysteme geworden ist und durch interne und externe Netze, wie z.B. das "Worldwide Web", verteilt werden kann. Damit steht Rechnerleistung nicht nur am industriellen Arbeitsplatz, sondern auch im kommerziellen und privaten Bereich einem großen Benutzerkreis nahezu unabhängig von Raum und Zeit zur Verfügung. Hinzu kommen erweiterte Möglichkeiten der Information und der Kommunikation durch multimediale Darstellungsmöglichkeiten und intelligente Softwareagenten mit individualisierten (adaptierbaren oder adaptiven) Dialogschnittstellen.

Ergonomische Produkt- und Prozeßgestaltung bringt dem Anwender bzw. Benutzer interaktiver Systeme Nutzungsvorteile, wie z.B.

- weniger Schulung
- höhere Produktivität
- reduzierte Beanspruchung der Benutzer
- geringere Kosten für Wartung und Service

Usability Engineering

und dem Hersteller interaktiver Systeme Wettbewerbsvorteile z.B. durch

- markt- und kundengerechte Produkte
- kürzere Entwicklungszeiten
- geringere Entwicklungskosten.

Die Planung, Konzeption, Realisierung oder Änderung eines Systems ist letztlich ein Problemlösungsprozess, der organisiert und koordiniert werden muß und der als Lösung zu einem Produkt führt, das wohldefinierten, prüfbaren Anforderungen genügt [Da76]. Erfolgreiches Usability Engineering von IT-Produkten bedarf eines, auf die Unternehmensziele abgestimmten *Vorgehensmodells* als Leitfaden zur Problemlösung mit den abgrenzbaren Komponenten *Systemgestaltung* und *Projektmanagement* sowie eines *Projektteams* entsprechender interdisziplinärer Fachkompetenz (skill mix), sozialer Kompetenz und einer flexiblen, dehierarchisierten Organisationsstruktur. Insbesondere sollte im Projektteam ergonomisches Knowhow verfügbar sein.

Die folgenden Betrachtungen beschränken sich auf ergonomische Aufgaben und Aktivitäten zur Systemgestaltung in den Phasen des Usability Engineering Prozesses [Ha90][Ma95].

2 Ergonomie im Prozess der Systemgestaltung

2.1 Vorgehensmodelle und Phasen der Gestaltung

Wie jedes zu entwickelnde Produkt durchlaufen Mensch-Maschine-Systeme von der Produktidee, auf der Basis von Marktanalysen im Rahmen der Produktstrategieplanung, bis zu ihrem Markteintritt im wesentlichen fünf Kernphasen eines Entwicklungsprozesses, der auch heute noch in vielen Projekten zeitlich mehr oder minder linear nach dem sog. Wasserfall-Modell [Boe81] abgearbeitet wird bzw. modifizierten Varianten davon (Abbildung 1).

Die Inhalte der fünf Phasen lassen sich anhand der Phasenziele näher charakterisieren wie folgt:

Definition - Globale Produkt- und Projektziele festlegen

- Marktanalyse / Mitbewerberanalyse durchführen

- Produktidee konkretisieren (detaillierte Ziele festlegen)

- Machbarkeit und Kosten / Nutzen abschätzen

Konzeption - Nutzungskontext / Systemanforderungen spezifizieren

- Systemfunktionalität festlegen

- Benutzungsoberfläche spezifizieren

- Lösungsvarianten entwerfen (prototyping) und bewerten

Realisierung - Hard-/Softwarekomponenten auswählen bzw. entwickeln

- Schnittstellen anpassen

- Systemintegration durchführen

Evaluation - Systemanforderungen (Requirements) an Zielen validieren

- Systemverhalten auf Umsetzung der Requirements prüfen

- Schwachstellen verbessern

- Systemabnahme (End-Test) durchführen

Anwendung - System einführen

- Kundenberatung, Service / Wartung durchführen

- Hinweise für Weiterentwicklung / Reengineering gewinnen

- System ggf. aus dem Verkehr ziehen (Recycling)

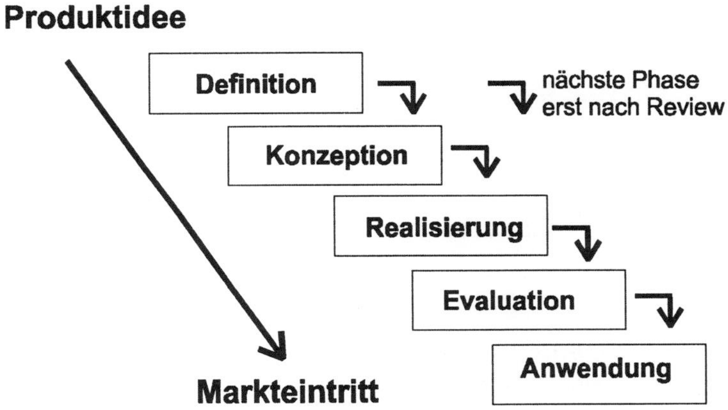

Produktidee

```
Definition ─┐    ┌─ nächste Phase
            ▼    ▼  erst nach Review
      Konzeption ─┐
                  ▼
           Realisierung ─┐
                         ▼
                  Evaluation ─┐
                              ▼
                         Anwendung
```

Markteintritt

Abbildung 1: Phasen der Systementwicklung (klassisches Wasserfall-Modell [Boe81])

Lineare Entwicklungsprozesse nach dem Wasserfall-Modell können vorteilhaft sein in Projekten, die der Weiterentwicklung bestehender Systeme nach weitgehend vorgegebenem Schema dienen, insbesondere, wenn primär eine hohe Qualität gefordert ist und die Entwicklungszeit an zweiter Stelle steht. Für die Entwicklung moderner Systeme der Informations- und Kommunikationstechnologie mit hohen Anforderungen an die Benutzbarkeit und Akzeptanz verbunden mit kurzen Innovationszyklen sind linear abzuarbeitende Vorgehensschemata weniger geeignet, zumal der eigentliche Gestaltungsprozess bei herkömmlichem Vorgehen in der Regel mit der Spezifikation von Hard- und Softwareanforderungen beginnt. Die systematische Analyse von Benutzungsanforderungen und daraus abgeleitet eine aufgabenspezifische Funktionalität ist häufig nicht integrierter Teil des Entwicklungsprozesses, sondern gehört bestenfalls zu einer Art Vorstudie in der Definitionsphase, die mehr oder minder systematisch unter anderem auch nützliche Daten über Kunden und potentielle Benutzer liefert. Lineare Entwicklungsprozesse gestatten auch nicht die parallele Entwicklung von Benutzungsoberfläche und Applikation (simultaneous engineering) mit frühzeitiger Benutzerpartizipation. Als weiterer Nachteil kommt hinzu, daß Qualitätssicherung erst nach der Codierung und Implementierung in späten Phasen kurz vor der Systemübergabe stattfindet und sich meist nur auf technische Gütemerkmale beschränkt. Etwa 40-60% des gesamten Entwicklungsaufwandes für z.B. graphische Benutzungsoberflächen (GUIs) stecken in der Benutzungsoberfläche und etwa 70% der Life Cycle-Kosten entstehen in den späten Phasen [HoH91]. Für Multimediasysteme ist der Aufwand für die Gestaltung und Realisierung der Benutzungsoberfläche sogar noch höher. Fehlentscheidungen und Mängel werden meist relativ spät entdeckt, Änderungen sind zeit- und kostenaufwendig. Die Qualität bleibt aus Termingründen (rascher Markteintritt) oft suboptimal.

Konsequenterweise muß das Prozeßmodell im Gegensatz zum klassischen, eher linearen Vorgehen eine Reihe von Eigenschaften besitzen, die sowohl technische als auch ergonomische Aspekte berücksichtigen und eine Optimierung der Erfolgsfaktoren Zeit, Qualität und Kosten ermöglichen:

- Benutzungsorientiertes Systemdesign

- Nicht-lineares, iteratives Problemlösen

- Parallelentwicklung von Benutzungsoberfläche und Applikation

- Simulation und Prototyping schon in frühen Phasen (live spec)

- Projektbegleitende Qualitätssicherung einschließlich Usability Testing

- Benutzerpartizipation

Usability Engineering 99

Vorgehensschemata, die diese Anforderungen zu berücksichtigen versuchen, sind z.B. bei [HoH91] angegeben und diktiert. Als geeignetes Modell, welches das Wasserfall-Modell und andere Modelle, wie z.B. das Spiral-Modell [Boe88] [Zi98] als Spezialfälle enthält, wird der in Abbildung 2 dargestellte sogenannte "Star-Life-Cycle" vorgeschlagen. Charakteristisch für den Star-Life-Cycle ist, daß er alle genannten Anforderungen erfüllt, und daß je nach Projektart, Projektumfang und Zielvorstellungen praktisch ein Einstieg in jede Phase möglich ist. Es kann prinzipiell und deshalb sehr flexibel zu einer beliebigen, anderen Phase übergegangen werden und es können die Phasen ähnlich wie beim Spiral-Modell auch mehrfach durchlaufen werden. Notwendige Voraussetzung hierfür ist jedoch vorherige Qualitätssicherung, d.h., der Weg führt stets über eine Evaluationsphase, in der Profile und Konzepte validiert, Requirements verifiziert und Leistungsmerkmale der Systemkomponenten und ihr Zusammenspiel, einschließlich usability, getestet werden. Dem Usability Engineer (Ergonom) im Projektteam fallen dabei im wesentlichen folgende Aufgabenkomplexe mit entsprechenden Aktivitäten zu:

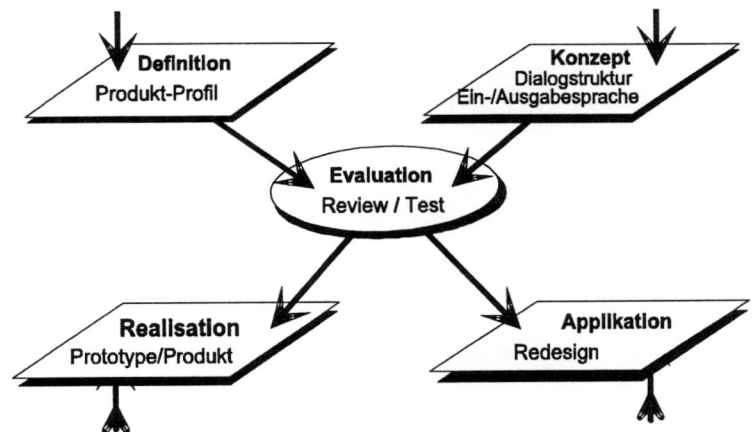

Abbildung 2: Modell des Entwicklungsprozesses mit sternförmig angeordneten Phasen

- Analyse und Beschreibung des Nutzungskontextes, insbesondere die Spezifikation ergonomischer Anforderungen (requirements) und Randbedingungen (constraints)

- Spezifikation, Design und Prototyping von Benutzungsoberflächen

- Evaluation von Prototypen und implementierten Systemen

Diese Aufgaben und Aktivitäten werden im folgenden Abschnitt veranschaulicht:

2.2 Ergonomische Gestaltung von Benutzungsoberflächen

Ergonomisch betrachtet stellt das zu entwickelnde Produkt die technische Komponente eines Mensch-Maschine-Systems dar. Der Rechner dient als intellektuelles Werkzeug [Wa93] zum Problemlösen, mit dem der Mensch als Benutzer dieses Werkzeugs in einem Dialog interagiert. Dieser Dialog findet in einem bestimmten Nutzungskontext statt, der Randbedingungen enthält, die in der Regel nicht modifiziert werden können und so "Constraints" für den Designprozess darstellen, welche die Menge möglicher Lösungen einengen. Aus den Entwicklungszielen zusammen mit den Constraints müssen schließlich die Anforderungen (Requirements) an die

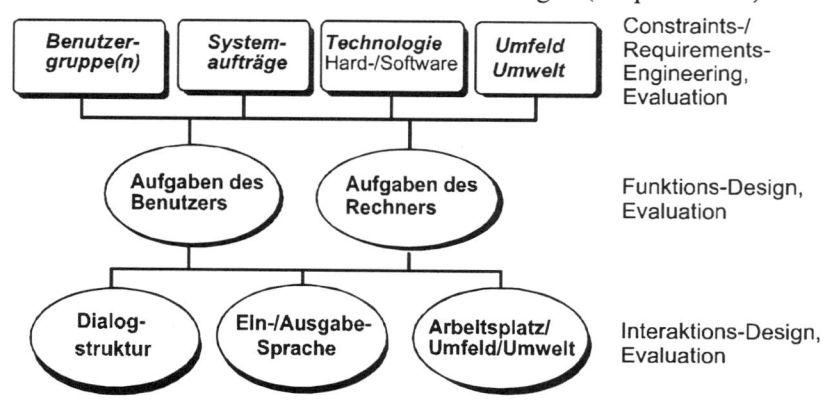

Abbildung 3: Nutzungskontext mit Design-Constraints und Design-Feldern [Ha90]

Funktionalität, den Automatisierungsgrad (Aufgabenteilung Benutzer-Rechner), die Dialogstruktur, die Informationsdarstellung (Ein- /Ausgabesprache) und den Arbeitsplatz als Designfelder abgeleitet werden (Abbildung 3). Requirements können ihrerseits wiederum zu Constraints werden.

Usability Engineering

Im Verlauf der Systemgestaltung sind vom Usability Engineer (Ergonom) im Projektteam unter Partizipation zukünftiger Benutzer folgende Aufgaben zu lösen:

- Analyse und Beschreibung ergonomischer Ziele im Nutzungskontext

- Analyse und Beschreibung von Design-Constraints und Requirements

- Analyse und Beschreibung der potentiellen Benutzer(gruppen) (z.B. Fähigkeiten, Bedürfnisse, Fachwissen, Werkzeugwissen)

- Analyse und Beschreibung der vom Gesamtsystem "Benutzer-Rechner" durchzuführenden Aufgaben (z.B. Information suchen, Text erstellen, Nachricht senden, Entwurf ausdrucken)

- Beschreibung und Bewertung der technischen Komponenten und der Einsatzbedingungen (z.B. zu verwendende Hard-/Softwaremodule, Faktoren der physikalischen, organisatorischen, sozialen Umwelt

- Ableiten der Funktionalität sowie Aufgabenteilung bzw. Funktionsteilung zwischen Benutzer und Rechner (z.B. Editierfunktionen, Kompetenzen intelligenter Software-Agenten)

- Gestaltung der Ein-/Ausgabemedien (z.B. Informationsdarstellung einschließlich Metainformation wie Hilfesystem / Handbuch)

- Gestaltung der Dialogstruktur (z.B. Dialogtechniken, Dialognavigation, Übergang vom Laien- zum Expertenmodus)

- Gestaltung des Arbeitsplatzes und der Arbeitsumgebung (z.B. Art und Anordnung der Arbeitsmittel, Raumbeleuchtung, Akustik)

Der Schwerpunkt der Systemgestaltung mit den Hauptaufgaben *Requirements Engineering, Funktions-Design und Interaktions-Design* (siehe Abbildung 2) liegt in den frühen Phasen (Definitionsphase, Konzeptphase) der iterativen Systementwicklung. Die vernetzte Struktur von Aktivitäten und von Mitteln (bzw. Ergebnissen) in den einzelnen Phasen zeigt Abbildung 4.

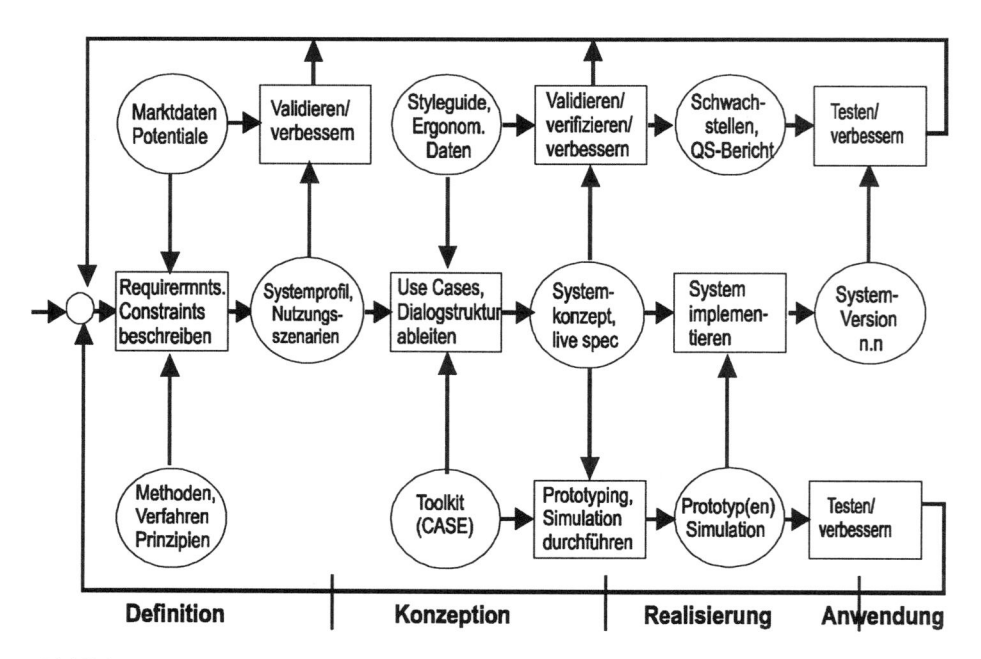

Abbildung 4: Netz von Aktivitäten und Mitteln / Resultaten im Designprozeß [Ha92]

Der Informationsaustausch im Mensch-Maschine-Dialog stellt einen Akt formaler Kommunikation dar zwischen einem Kommunikator und einem Rezipienten von Nachrichten mit wechselnden Rollen der beiden kommunizierenden Instanzen "Rechner" und "Benutzer".

Für die Design-Felder gemäß Abbildung 3 ergeben sich aus linguistischer Sicht folgende Gestaltungsaspekte der Dialogstruktur und der "Ein- / Ausgabesprache (Interface-Sprache)", nämlich die Gestaltung des Dialogablaufs und die Gestaltung der Informationsdarstellung. Bei der Gestaltung des Dialogablaufs muß für jeden Dialogschritt entschieden werden, welche der beiden Instanzen jeweils der Dialogführer sein soll, wer also die Initiative im betreffenden Dialogschritt hat und wer welche Aufträge erteilen darf bzw. ausführen muß; dies betrifft somit eine geeignete "Funktionsteilung Benutzer-Rechner". Insbesondere ist für sog. "Intelligente Softwareagenten" zu klären, welche Kompetenzen diese haben dürfen und wie sie "sprachlich" mit dem Benutzer kommunizieren sollen. Aus linguistischer Sicht findet der Informationsaustausch auf folgenden sprachlichen Ebenen statt [Pe84]:

Lexikalische Ebene: Sie betrifft die Auswahl sowie die Ein- und Ausgabe von Sprachprimitiven (Zeichen, Zeichenfolgen = Lexemen) aus einer wohldefinierten Zeichenmenge. Wesentlicher Aspekt der Gestaltung ist die Wahrnehmbarkeit von Lexemen, z.B. Gestalt, Größe, Kontrast, Farbe von Zeichen.

Syntaktische Ebene: Bezieht sich auf formale Relationen zwischen bedeutungstragenden Komponenten der Interface-Sprache, betrifft also geordnete Zeichenmengen (Grammatik der Interface-Sprache); d.h., es muß die Formatierung der Bildschirminhalte festgelegt werden, also die räumliche und zeitliche Anordnung von Zeichen und Zeichenfolgen.

Semantische Ebene: Auf dieser Ebene werden Botschaften, die durch dargestellte Zeichenmengen vermittelt werden sollen, in ihren Bedeutungen zum Objekt der Gestaltung betrachtet. Insbesondere sind Bedeutungen so zu codieren, daß sie mit der Erwartung der Benutzer kompatibel sind, oder daß Codes zumindest leicht erlernbar sind. Neue, erweiterte Möglichkeiten der Codierung von Information ergeben sich durch multimediale Darstellungen (Text, Grafik, Audio, Video, Animationen) sowie durch redundante oder nicht-redundante Kombinationen einzelner Medien.

Pragmatische Ebene: Sprache wird auf dieser Ebene nicht nur als abstraktes, geordnetes, Bedeutungen vermittelndes Zeichensystem betrachtet, sondern als ein System symbolischer Kommunikation, das neben der rein sprachlichen Kompetenz der vorhergehenden Ebenen auch kommunikative und damit soziale Kompetenz erfordert. Kommunikation geschieht stets in einem bestimmten gesellschaftlichen Kontext und bezieht diesen Kontext in den Sprechakt ein. Hierbei werden Gestik, Mimik und Kohärenzen in den Sprechakt integriert und so der Interpretation durch den Rezipienten zugänglich gemacht.

Bisher existieren eine ganze Reihe ergonomischer Richtlinien für alpha-numerisch codierte Benutzungsoberflächen (sog. Maskensysteme) sowie für GUIs (Graphic User Interfaces) [Ha93]. Design-Guidelines für Multimedia-Anwendungen fehlen weitgehend, sind jedoch in Vorbereitung.

2.3 Ergonomische Qualitätssicherung

Die Evaluation der ergonomischen Qualität der Benutzungsoberfläche (usability) ist als integrierter Teil der gesamten Qualitätssicherung (QS) zu betrachten, die nicht nur nach der Implementierung durchzuführen ist, sondern projektbegleitend sein sollte (vergl. Abbildung 2). Die Evaluationsziele und damit auch die Bewertungskriterien variieren allerdings mit den Phasen (vergl. Abbildung 4). Nach der Definition des Systemprofils ist dieses zunächst zu validieren; d.h., es ist zu prüfen, ob alle Constraints erfaßt sind und ob die Requirements sowie das daraus abgeleitete Systemprofil tatsächlich den intendierten Zielvorstellungen entsprechen. Beim Systemkonzept, das in alternativen Lösungsvarianten in seinen wesentlichen Eigenschaften und Funktionen nicht nur auf dem Papier, sondern auch als Prototypen spezifiziert sein sollte ("live spec"), liegt der Schwerpunkt der QS auf der Überprüfung der Verifikation der Anforderungen. Nach der Implementierung ist schließlich das Zusammenspiel der einzelnen Module anhand der Performance des Gesamtsystems und seiner Akzeptanz zu testen.

Aus ergonomischer Sicht ist dazu das Konstrukt "Usability" zu definieren und geeignet zu operationalisieren [Ha97]. Usability (U) wird definiert als der Grad der Anpassung der ergonomischen Eigenschaften der Benutzungsoberfläche eines interaktiven Systems an den Benutzungskontext, in dem es betrieben wird. Der Benutzungskontext umfaßt dabei Benutzer, Aufgaben, Hard-/Softwaremöglichkeiten und die Arbeitsumwelt. Die Operationalisierung von U erfolgt über die Messung der Effizienz und Effektivität des Arbeitsvollzugs im Mensch-Rechner-System und durch psychometrische Skalierung der dabei erlebten Arbeitszufriedenheit.

Zur formalen Beschreibung von Benutzungsoberflächen haben Mittermaier und Haubner verallgemeinerte Übergangsnetze GTNs (generalized transition networks) vorgeschlagen und deren Notationsform und grafische Gestaltung weiterentwickelt [MH87][Ha97]. Markiert man die Kanten eines GTN mit den Werten von Variablen, die als Indikatoren ergonomischer Qualitätsmerkmale betrachtet werden können, wie z.B. die Ausführungszeit, die benötigt wird, um einen Zustandsübergang zu bewirken oder der Leistungsfluß längs eines Pfades im GTN, so können durch Netzwerkoptimierung mittels Pfadalgebra eine Reihe interessanter ergonomischer QS-Probleme behandelt werden:

- Existenz bestimmter Zustände und ihre Erreichbarkeit von anderen Zuständen aus (z.B. Zugriff auf Hilfe vom Log-in- Zustand aus)
- Minimale Pfade (z.B. kürzester Weg (Zeitbedarf) von Zustand x nach Zustand y)
- Maximale Pfade (z.B. maximaler Workflow, zuverlässigster Übergang von Zustand x nach Zustand y)

Solche Betrachtungen können, ergänzend zu empirischen Usability Tests, bereits in sehr frühen Phasen der Systemgestaltung Hinweise auf ergonomische Schwachstellen liefern, sobald eine formale GTN-Spezifikation der Mensch-Maschine-Schnittstelle vorliegt. Ergänzend ist zu bemerken, daß diese Betrachtungen primär auf bestimmte Performance-Aspekte des Mensch-Maschine-Systems beschränkt sind und somit zur Akzeptanz und zur Zufriedenheit der Benutzer im Aufgabenvollzug keine Aussagen liefern.

3 Ausblick

Technologische Innovationen und veränderte Bedürfnisse der Gesellschaft führen zu einer breiten Anwendung neuer Hardware- und Softwaretechnologien, beeinflussen die Wettbewerbssituation auf dem Markt sowie den Prozess der Produktherstellung und verändern Arbeitsstrukturen und Arbeitsinhalte mit folgenden Trends:

- Preiswerte Werkzeuge durch schnelle Rechner hoher Speicherfähigkeit mit Multimedia-/Hypermedia-Dialogmöglichkeiten

- Intensivierung der Mensch-Maschine- sowie der Mensch-Mensch-Kommunikation durch mobile und vernetzte Systeme

- Neue, flexible Arbeitsstrukturen durch Telekooperation in virtuellen Organisationen

Kurze Innovationszyklen, sinkende Hardware- und Softwarepreise und die steigende Bedeutung guter Bedienbarkeit von Produkten der Informations- und Kommunikationstechnologie als Wettbewerbsfaktor fordern systematisch organisierte, an Kundenbedürfnisse angepaßte Entwicklungsprozesse zur wirtschaftlichen Planung, Entwicklung und Herstellung von Produkten hoher ergonomischer Qualität. Hieraus ergibt sich ein weites Feld neuer Aufgaben für Usability Engineering im allgemeinen und für den Ergonomie-Experten im Projektteam im besonderen.

Literatur

[Boe81] B. W. Boehm: Software Engineering Economics, Prentice Hall Inc., Englewood Cliffs, New Jersey, 1981

[Boe88] B. W. Boehm: A spiral model of software development and enhancment, IEEE Computer , Vol. 21, Nr.5, 1988, S. 61-72

[Da76] W.F. Daenzer: Systems Engineering, Verlag Industrielle Organisation, Zürich, 1976

[Ha90] P. Haubner: Ergonomics in industrial product design, ERGONOMICS, Vol.33, No.4, 1990, S. 477-485

[Ha92] P. Haubner: Design of Dialogues for Human-Computer Interaction, in Methods and Tools in User-Centred Design for Information Technology, Section 2, edited by M. Galer, S. Harker & J. Ziegler, North-Holland, Amsterdam, 1992, S.201-236

[Ha93] P. Haubner: User Interface Design Guidelines, Corporate Production and Logistics, GA SIPERT Siemens Verlag, München, 1993

[Ha97] P. Haubner: Evaluating Quality of Interactive Systems in terms of Usability, CONQUEST, Vol.1, 1997, S. 134 -143

[Ma95] L. Macauly: Human-Computer Interaction for Software Designers, International Thompson Computer Press, London, 1995

[MH87] E. Mittermaier & P. Haubner: A method of describing dialogs, ESPRIT 385, HUFIT 07/ SIE-5/87, 1987

[Mi91] J. Milberg: Wettbewerbsfaktor Zeit in Produktionsunternehmen, Springer-Verlag, Berlin, 1991

[Pe84] H. Pelz: Linguistik für Anfänger,6. Auflage, Hoffmann und Campe Verlag, Hamburg,1984

[Wa93] J. Wandmacher: Software-Ergonomie, Walter de Gruyter, Berlin ,1993

[Zi98] G. Zimmermann: Prozeßorientierte Entwicklung von Informationssystemen – ein integrierter Ansatz, Shaker Verlag, Aachen,1998

Entwickeln von Informatik-Strategien – Vorgehensmodell und Fallstudien

Lutz J. Heinrich, Gustav Pomberger

Abstract

Es wird zunächst das in der Praxis bestehende Problem der nicht oder nicht ausreichend vorhandenen strategischen Planung der Informationsverarbeitung erläutert, insbesondere das Fehlen von Informatik-Strategien. Davon ausgehend wird die These vertreten, daß das Fehlen eines Vorgehensmodells zur Entwicklung von Informatik-Strategien primäre Problemursache ist. Danach wird darauf eingegangen, wie wenig sich Wirtschaftsinformatik-Forschung bisher mit strategischer Planung und Informatik-Strategien im allgemeinen sowie mit Vorgehensmodellen zur Strategie-Entwicklung im besonderen beschäftigt hat; die von den Autoren verwendeten Kernbegriffe werden dabei erläutert. Es wird dann das Untersuchungsdesign dargestellt, das in den Fallstudien zur Strategie-Entwicklung verwendet wurde. Erkenntnisse aus den Fallstudien und empirische Belege aus Projekten zur Diagnose der Informationsverarbeitung dienten zur Verfeinerung des Untersuchungsdesigns, so daß im Ergebnis von einem Vorgehensmodell gesprochen werden kann. Das Vorgehensmodell wird mit seinen wesentlichen Aktivitäten und Ergebnissen einschließlich der verwendeten Methoden erläutert. Befunde aus der Begleitbeobachtung werden dargestellt und interpretiert. Der Anhang enthält ein Beispiel, das zeigt, wie Strategie-Objekte dokumentiert werden.

1 Problem

In den Projekten, welche die Autoren zur Erprobung verschiedener Verfahren, Vorgehensweisen, Methoden, Modelle und Werkzeuge und zur Lösung von Praxisproblemen durchgeführt haben (insbesondere in den Projekten "Diagnose der Informationsverarbeitung", vgl. [HHP97], [HeP95], [HeP97], im folgenden als IV-Diagnose bezeichnet), konnten in den meisten Unternehmen lediglich Ansätze einer strategischen Informatik-Planung festgestellt werden, die sich primär auf die strategische Maßnahmenplanung bezogen; Informatik-Strategien konnten in keinem Fall identifiziert werden. Aus den Ergebnissen dieser Untersuchungen kann geschlossen werden, daß eine strategische Informatik-Planung im allgemeinen und eine Informatik-Strategie im besonderen in der Praxis kaum verbreitet ist.

Den Autoren sind weder empirische Untersuchungen noch Einzelbeobachtungen anderer Autoren bekannt, die diese Aussage widerlegen, ebenso unbekannt sind Befunde, die sie belegen. Als Sicht der Praxis wurden aus Gesprächen mit Praktikern (Top-Management und Informatik-Management) folgende Ursachen für diesen Tatbestand extrahiert:

- Strategisches Denken hat sich im Zusammenhang mit Informatik-Mitteln noch nicht durchgesetzt; eine explizit formulierte Informatik-Strategie ist daher nicht erforderlich.

- Der Nutzen einer Informatik-Strategie ist nicht transparent und wird, wenn er eingeschätzt wird, eher als gering angesehen.

- Das Informatik-Management beurteilt den Nutzen einer Informatik-Strategie nicht objektiv, sondern emotional; es sieht in ihr eher Belastung als Entlastung.

- Der Aufwand für das Entwickeln einer Informatik-Strategie wird als hoch angesehen, wobei die Unkenntnis über die Vorgehensweise zu ihrer Entwicklung der ausschlaggebende Faktor für diese Einschätzung ist.

Diese Problemsituation erlaubt die Formulierung mehrerer Thesen oder Hypothesen; wir beschränken uns auf jeweils eine davon wie folgt:

- *These:* Die Nichtverfügbarkeit eines Vorgehensmodells zum Entwickeln von Informatik-Strategien ist primäre Ursache dafür, daß Informatik-Strategien in der Praxis kaum zu finden sind.

- *Hypothese*: Wenn ein Vorgehensmodell zum Entwickeln von Informatik-Strategien verfügbar ist, werden Informatik-Strategien in der Praxis Verbreitung finden.

So wie einleitend, wird auch im folgenden die Bezeichnung "Informatik" für Tatbestände verwendet, die mit der Informationsverarbeitung in Zusammenhang stehen, neben Informatik-Strategie beispielsweise Informatik-Ziel, Informatik-Management und Informatik-Mittel. Damit wird dem sich in der Praxis ausbreitenden Sprachgebrauch gefolgt, der weniger zutreffende Bezeichnungen (wie EDV oder DV) vermeidet. Informatik als Wissenschaftsdisziplin ist damit ausdrücklich nicht gemeint.

2 State of the Art und Kernbegriffe

Strategie-Entwicklung ist - neben strategischer Situationsanalyse, strategischer Zielplanung und strategischer Maßnahmenplanung - Teil der *strategischen Informatik-Planung* (vgl. [Hei99,89f.]). Mit Informatik-Strategie wird das Konzept, die Perspektive oder die Art und Weise bezeichnet, in der die *strategischen Informatik-Ziele* verfolgt, das heißt in strategische Maßnahmen umgesetzt werden sollen. Sie enthält keine Details über diese Maßnahmen, sondern "gibt die Richtung an", in der bei der Verfolgung der strategischen Informatik-Ziele vorgegangen werden soll. Sie legt damit den Handlungsspielraum für die Entscheidungsträger fest, die für die *strategische Maßnahmenplanung* verantwortlich sind. Die Informatik-Strategie ist immer Teilstrategie der Unternehmensstrategie und Grundlage für das Ableiten von Informatik-Teilstrategien. Verantwortlich für die strategischen Aufgaben der Informationsverarbeitung, insbesondere für die strategische Informatik-Planung, ist das Top-Management. Auftraggeber für ein Projekt, dessen Gegenstand das Entwickeln einer Informatik-Strategie ist, kann deshalb nur das Top-Management sein.

In der Fachliteratur werden für das hier als *Informatik-Strategie* bezeichnete Konzept unterschiedliche Bezeichnungen verwendet, z.B. DV-Strategie, EDV-Strategie, IV-Strategie, IS-Strategie, Informationsstrategie (vgl. z.B. Stichwort Informatik-Strategie in [HeR98]). Auf eine Diskussion der Zweckmäßigkeit dieser Bezeichnungen bzw. ihrer Unzweckmäßigkeit wird hier verzichtet. Die unter diesen Bezeichnungen subsumierten Konzepte sind aber nicht identisch; auch darauf kann aus Platzgründen nicht eingegangen werden. Vielmehr soll die angegebene Nominaldefinition präzisiert werden, indem die mit einer Informatik-Strategie beabsichtigte Wirkung herausgearbeitet wird.

Der Begriff *Vorgehensmodell* wird aus der Erklärung des Begriffs Phasenmodell wie folgt abgeleitet: Phasenmodell ist eine systematische Gliederung der Aufgaben eines Informatik-Projekts in mehrere aufeinander folgende Prozesse, die inhaltlich, technologisch und organisatorisch unterscheidbar sind, charakteristische Ziele haben, Methoden und Werkzeuge erfordern und Ergebnisse erzeugen (vgl. Stichworte Vorgehensmodell und Phasenmodell in [HeR98], vgl. auch [Hei97,232f], [PoB96, 17f.], [ReP97, 657f.]). Durch Beschreibung der in den Prozessen auszuführenden Tätigkeiten, der Ergebnisse der Tätigkeiten sowie durch Angabe spezifischer Methoden und Werkzeuge zur Verrichtung der Tätigkeiten entsteht aus dem Phasenmodell ein Vorgehensmodell. Die Fokussierung auf einen bestimmten Projektgegenstand (z.B. Entwickeln von Informatik-Strategien) ist Voraussetzung für diese Präzisierung. Ein Vorgehensmodell ist i.d.R. nicht monolithisch, sondern besteht aus Teilmodellen, die mehrfach verwendet und miteinander kombiniert werden können.

Mit mehreren Beiträgen in [Str85] werden in der deutschsprachigen Fachliteratur erstmals die "strategische Planung der Datenverarbeitung" erörtert und Informatik-Strategien angesprochen. Vorgehensweisen zur Entwicklung von Informatik-Strategien werden nicht vermittelt. Als erste explizite Auseinandersetzung mit der Entwicklung von Informatik-Strategien in der deutschsprachigen Fachliteratur kann [HeL90] angesehen werden; zur Entwicklung eines Vorgehensmodells kommt es nicht. Mit [Leh93] wird durch den Buchtitel die Erwartung geweckt, ein Vorgehensmodell vorzufinden; dies wird jedoch nicht angegeben. Die von [RoW92] berichteten empirischen Befunde lassen keinen Schluß über die Vorgehensweise zur Strategie-Entwicklung zu. In [Hei99,117f.] wird eine systematische Vorgehensweise zum Entwickeln der Informatik-Strategie angegeben, die aber explizit nicht die Anforderungen an ein Vorgehensmodell erfüllen soll. In [Kön95] finden sich zwei Beiträge von Praktikern, in denen Informatik-Strategien (als IV-Strategie bzw. Informationsstrategie bezeichnet) angesprochen werden; Vorgehensweisen zur Strategie-Entwicklung werden nicht erwähnt.

[Szy81] befaßt sich unter anderem mit Art und Wirkung von Informatik-Strategien,

wobei eine Differenzierung in vier Strategietypen verwendet wird.
- Eine *Momentum-Strategie* ist dadurch gekennzeichnet, daß die vorhandenen und geplanten Informationssysteme auch zukünftigen strategischen Zielen entsprechen. Grundlegende Änderungen gegenüber dem Istzustand sind in naher Zukunft nicht erforderlich; man kann sich abwartend verhalten.
- Eine *aggressive Strategie* ist durch das gezielte Streben gekennzeichnet, als Anwender von Informations- und Kommunikationstechnologien immer an "vorderster Front" zu operieren und die Technologie-Entwicklung sogar selbst voranzutreiben.
- Eine *moderate Strategie* hat Merkmale der Momentum-Strategie und der aggressiven Strategie und ist durch Pilotprojekte auf der Basis strategischer Situationsanalysen gekennzeichnet.
- Eine *defensive Strategie* versucht, den Einfluß von Informations- und Kommunikationstechnologien im Unternehmen zurückzudrängen; sie kann im Grenzfall destruktiv sein (daher auch als destruktive Strategie bezeichnet).

Nach Auffassung der Autoren reicht eine Differenzierung des Charakters der Informatik-Strategie in drei Strategietypen mit teilweise anderer inhaltlicher Ausrichtung aus; sie ist unter heutigen Bedingungen auch realistischer.
- Eine aggressive Strategie ist primär durch *Führerschaft* beim Einsatz von Informations- und Kommunikationstechnologien gekennzeichnet (im wesentlichen mit der nach [Szy81] identisch).
- Eine moderate Strategie ist primär durch *Nachahmung* gekennzeichnet; man wartet die Erfahrung bei der Nutzung neuer Informations- und Kommunikationstechnologien bei anderen Anwendern ab; wenn sie positiv ist, folgt man so schnell wie möglich.
- Eine defensive Strategie ist primär durch Anwendung sogenannter *Standardlösungen* gekennzeichnet; man verzichtet von vornherein auf eine vom Mitbewerb explizit abweichende Strategie.

Auf die Frage nach dem Charakter der Informatik-Strategie wurde näher eingegangen, weil er nicht als ein Ergebnis, sondern als eine der zu klärenden Voraussetzungen der Strategie-Entwicklung angesehen wird. Welche Wirkung oder Auswirkung eine Informatik-Strategie hat, ist nicht vom Strategiecharakter abhängig, gilt also für jeden Strategietyp.

3 Wirkung der Informatik-Strategie

Wirkung oder Auswirkung der Informatik-Strategie wird im Hinblick auf Wirksamkeit und Wirtschaftlichkeit interpretiert. *Wirksamkeit* heißt hier, daß das Vorhandensein und die Beachtung einer Informatik-Strategie zu einem bestimmten Handeln oder Nicht-Handeln führt. *Wirtschaftlichkeit* heißt hier, daß der durch Handeln erzielbare Nutzen größer ist als die dadurch verursachten Kosten bzw. der durch Nicht-Handeln entgangene Nutzen kleiner ist als die vermiedenen Kosten. Im folgenden werden Wirkungen der Informatik-Strategie genannt, die aufgrund der Erfahrung der Autoren als zutreffend angesehen werden, deren Einfluß auf Wirksam,keit und/oder Wirtschaftlichkeit nach heutigem Stand der Kenntnis jedoch nicht quantifiziert werden kann.

- Wahrnehmen der strategischen Verantwortung des Top-Managements für die Informationsverarbeitung.
- Fokussieren der Informationsverarbeitung auf die kritischen Wettbewerbsfaktoren, also auf solche, die für Erfolg oder Mißerfolg des Unternehmens entscheidend sind.
- Schaffen von Erfolgspotential der Informationsverarbeitung dort, wo es zur Erreichung der strategischen Unternehmensziele am wirksamsten ist.
- Verstärken des Agierens des Top-Managements gegenüber dem Reagieren bei der Gestaltung der Informationsverarbeitung.
- Entlasten des Top-Managements von operativen Entscheidungen.
- Bewußtmachen des strategischen Kontextes, in dem das Informatik-Management handelt.
- Schaffen der Rahmenbedingungen, unter denen das Informatik-Management selbständig und eigenverantwortlich handeln kann.

- Vereinfachen von Entscheidungsprozessen und Reduzieren von Reibungsverlusten.
- Transparentmachen des Handelns des Informatik-Managements und Nachvollziehbarmachen seines Handelns für das Linienmanagement und die Benutzer.

Die wesentliche These bezüglich Wirkung oder Auswirkung ist daher, daß mit Hilfe einer Informatik-Strategie der Zusammenhang zwischen Unternehmensstrategie und Informationsverarbeitung so hergestellt wird, daß das Handeln des Informatik-Managements explizit auf den Unternehmenserfolg hin fokussiert wird. (Im englischsprachigen Schrifttum wird dies als "linking information systems to business performance" bezeichnet, vgl. z.B. den Buchtitel [PTB89].)

Die Informatik-Strategie ist auch für das Top-Management verbindlich. Was das Top-Management mit der Informatik-Strategie aussagt, das gilt auch. Das Informatik-Management kann sich darauf verlassen und gegebenenfalls auch darauf berufen. Um diese Wirkung zu erreichen, muß die Informatik-Strategie von allen Beteiligten "verinnerlicht" sein. Die damit geforderte Grundhaltung entspricht nicht nur der beim Qualitätsmanagement geforderten Grundhaltung; die Informatik-Strategie ist wesentlicher Teil des Qualitätsmanagement-Systems der Informationsverarbeitung im Unternehmen.

4 Entwicklungs- und Forschungsmethodik

Als Entwicklungs- und Forschungsmethodik wird ein Ansatz verwendet, der durch Partizipation, Prototyping und Replikation gekennzeichnet ist.

- *Partizipation* heißt hier aktive Mitwirkung des Top-Managements unter angemessener Einbeziehung des Informatik-Managements. Dieser Ansatz wird gewählt, weil der entscheidende Erfolgsfaktor im Strategie-Entwicklungsprozeß nicht in der Beschaffung externer Daten besteht, sondern in der Aktivierung des im Unternehmen vorhandenen Wissens (vgl. [Sch98]).
- *Prototyping* bedeutet hier, einen schnell verfügbaren ersten Entwurf der Informatik-Strategie in mehreren Entwicklungsrunden zum Produkt hochzuziehen.

Dieser Ansatz wird gewählt, weil er am besten geeignet ist, um Partizipation zur Wirkung zu bringen.

- Mit *Replikation* wird mindestens eine Wiederholung einer Fallstudie mit dem gleichen Untersuchungsziel und ähnlichem Untersuchungsdesign an mehreren Untersuchungsobjekten bezeichnet (vgl. [GBRR97]). Replikation wird verwendet, um den geringen wissenschaftlichen Wert einer einzelnen Fallstudie (vgl. [Rei93]) zu erhöhen und eine Erprobung der Ergebnisse einer Fallstudie in zumindest einer zweiten Fallstudie zu ermöglichen.

Das Untersuchungsdesign ist ähnlich, nicht unbedingt gleich, weil auch für das Untersuchungsdesign ein prototypischer Ansatz verwendet wird und weil erkannte Mängel im Untersuchungsdesign so schnell wie möglich beseitigt werden sollen. Daß aus diesem Grund die Befunde der wissenschaftlichen Begleituntersuchung nur in eingeschränktem Ausmaß vergleichbar sind, liegt auf der Hand. Dies wird in Kauf genommen, weil der primäre Zweck der Fallstudien nicht darin besteht, ein Vorgehensmodell in mehreren Fallstudien vergleichend zu untersuchen, sondern darin, das Vorgehensmodell weiterzuentwickeln und seine Tauglichkeit zur Lösung konkreter Probleme der Entwicklung einer Informatik-Strategie in einem bestimmten Unternehmen zu erproben. Die als Fallstudie bezeichnete forschungsmethodische Orientierung ist für die Praxis ein Informatik-Projekt, an dessen Prozeß und Produkt hohe Anforderungen bezüglich Leistung, Termine und Kosten gestellt werden.

Diese forschungsmethodische Orientierung wird als *Aktionsforschung* bezeichnet, die nach [HeR98]) wie folgt definiert ist: Die wissenschaftliche Untersuchung von Objekten in ihrem natürlichen Kontext im Feld (Feldforschung), wobei in das Handlungsfeld experimentell eingegriffen wird und die Ergebnisse der Untersuchung mit den Handelnden gemeinsam interpretiert werden. Ergebnisse sollen dadurch bereits im Forschungsprozeß zur Wirkung kommen und zu Veränderungen führen, statt sie erst am Ende des Forschungsprozesses zu dokumentieren, um später - wenn überhaupt - den Handelnden im Sinn von wissenschaftlichen Erkenntnissen zur Verfügung gestellt zu werden.

5 Untersuchungsdesign

Eine kurze verbale Beschreibung ist ausreichend, weil das Untersuchungsdesign im wesentlichen dem Vorgehensmodell entspricht, das in prototypischen Varianten in den Fallstudien verwendet wurde und nun in einer Form vorliegt, in der es für die Strategie-Entwicklung verwendet werden kann. Die Beschreibung konzentriert sich darauf, die Umsetzung der Forschungsmethodik zu zeigen und auf Unterschiede der Umsetzung in den sieben durchgeführten Fallstudien hinzuweisen.

Partizipation wurde durch jeweils zwei eintägige Joint Sessions (vgl. [WoS95]) mit dem Top-Management sowie durch Beteiligung des Informatik-Managements verwirklicht. In einer Fallstudie (im folgenden mit A bezeichnet) erfolgte die Beteiligung des Informatik-Managements durch Teilnahme des Informationsmanagers an den Joint Sessions. In den anderen Fallstudien wurde ein Workshop mit dem Informatik-Management verwendet, der zeitlich zwischen den beiden Joint Sessions angeordnet wurde. Damit wurde dem Informatik-Management Gelegenheit gegeben, zum Erstentwurf der Informatik-Strategie als Ergebnis der ersten Joint Session Stellung zu nehmen. Zweck des Workshops war es, Einwendungen und Bedenken des Informatik-Managements zum Erstentwurf, insbesondere zu konkreten Aussagen zu den Strategie-Objekten, zu diskutieren, diese zu beseitigen und - soweit nicht möglich - in die zweite Joint Session einzubringen. Darüber hinaus sollte die Akzeptanz des Informatik-Managements für die Informatik-Strategie gefördert werden. Das Vorgehen in Fallstudie A konnte diese explizite Auseinandersetzung des Informatik-Managements mit dem Strategie-Entwurf nicht ausreichend ermöglichen.

Prototyping wurde in allen Fallstudien so realisiert, daß Vorschläge für Strategie-Objekte und exemplarische Aussagen zu Strategie-Objekten von einer externen Projektbegleitung als Input eingebracht wurden. Der Input basierte primär auf den Befunden einer IV-Diagnose, die in der Regel wenige Monate vor Beginn der Strategie-Entwicklung in den Unternehmen durchgeführt wurde und an der die externen Projektbegleiter maßgeblich beteiligt waren. Nach drei Fallstudien war das Grundgerüst für den Input der externen Projektbegleiter so ausgereift, daß es in den folgenden Fallstudien stabil geblieben ist. Aufgrund der Erkenntnisse zur Vorgehensweise aus den ersten drei Fallstudien konnte bei den folgenden Fallstudien schon während der Projektverhandlungen ein Untersuchungsdesign vorgeschlagen werden, das - mit Einschränkungen - als Vorgehensmodell bezeichnet werden konnte.

Replikation steht mit Prototyping bezüglich des Vorgehensmodells in einem gewissen Widerspruch, weil die Erkenntnisse aus den Fallstudien explizit zu einer Veränderung der Vorgehensweise führten, um so schrittweise ein Vorgehensmodell zu konstruieren. Dieser prototypische Konstruktionsprozeß wird so lange andauern, bis sich das Vorgehensmodell vollständig stabilisiert hat. Replikation wird daher mit zunehmender Anzahl an Fallstudien an Bedeutung zunehmen, Prototyping bezüglich des Vorgehensmodells dagegen abnehmen. Bezüglich der Entwicklung der Informatik-Strategie wird Prototyping allerdings weiter und ausdrücklich typisch für das Vorgehensmodell sein.

6 Vorgehensmodell

Das Vorgehensmodell ist so dokumentiert und wird so erläutert, wie es nach Durchführung der sieben Fallstudien - unter Berücksichtigung der dabei gemachten Erfahrungen - konstruiert wurde; es wurde also in sieben Prototypingzyklen entwickelt. Die im Vorgehensmodell genannten Aktivitäten (in Abbildung 1 als Elipsen dargestellt) werden beschrieben, die durch die Aktivitäten erzeugten Produkte bzw. Zwischenprodukte (in Abbildung 1 als Rechtecke dargestellt) genannt und die angewendeten Methoden angegeben.

Analysieren des Strategie-Umfelds

Zum Strategie-Umfeld gehören insbesondere die strategischen Unternehmensziele, die Unternehmensstrategie, die strategische Maßnahmenplanung sowie die Stärken und Schwächen der Informationsverarbeitung.

Beim Analysieren des Strategie-Umfelds geht es in erster Linie darum, die für die Strategie-Entwicklung wesentlichen Einflußfaktoren zu identifizieren. Methodisch erfolgt dies durch *Dokumentenanalyse* (soweit Dokumente vorhanden sind) und durch *Befragung* des Top-Managements anhand eines Interviewleitfadens (Gruppeninterview in der ersten Joint Session). Da die Stärken und Schwächen der Informationsverarbeitung dem Top-Management erfahrungsgemäß nicht mit der erforderlichen Präzision bekannt sind, empfiehlt sich zur Informationsgewinnung eine IV-Diagnose (vgl. [HHP97], [HeP95], [HeP97]). Allen Fallstudien war eine IV-Diagnose vorausgegangen; sie wurden durch deren Ergebnisse im wesentlichen ausgelöst.

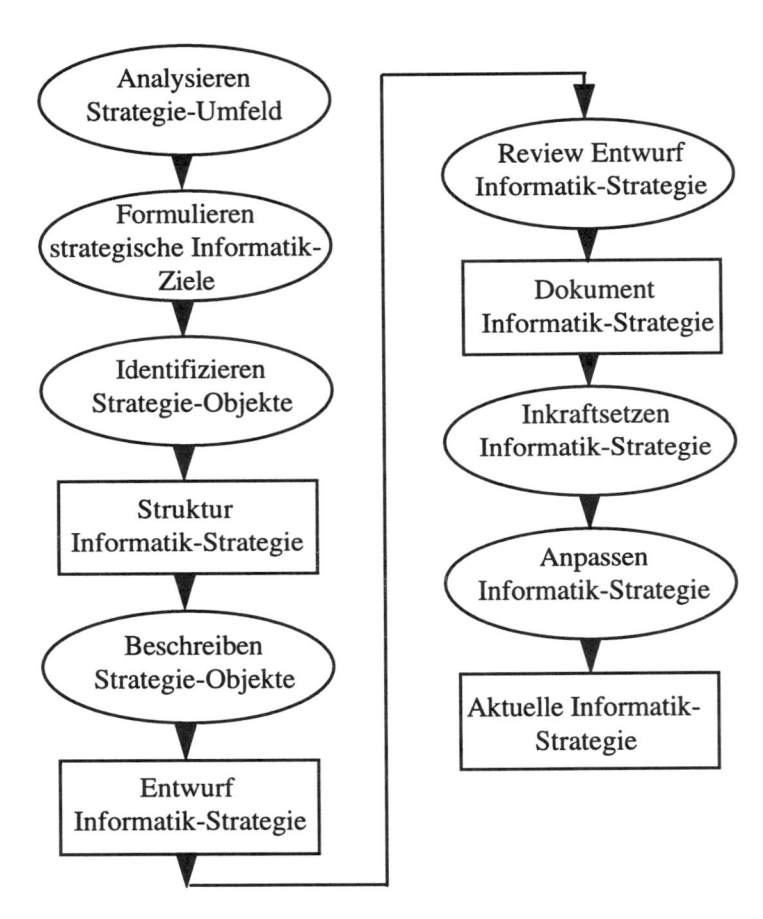

Abbildung 1: Vorgehensmodell zum Entwickeln von Informatik-Strategien

Formulieren der strategischen Informatik-Ziele

Strategische Informatik-Ziele werden als wesentliche Voraussetzung für das Entwickeln der Informatik-Strategie angesehen (idealerweise sind sie Gegenstand des Strategie-Umfelds). Es ist jedoch unrealistisch anzunehmen, daß strategische Informatik-Ziele formuliert sind, wenn eine Informatik-Strategie nicht vorhanden ist. Dem Top-Management werden daher von der externen Projektbegleitung mit dem Zielinhalt beschriebene Informatik-Ziele präsentiert, die auf Grundlage eines theoretischen Zielsystems (vgl. [Hei99, 104f.]) und der Ergebnisse der IV-Diagnose formuliert werden. Durch einen von den externen Projektbegleitern moderierten Diskussionsprozeß in der ersten Joint Session werden die Zielinhalte durch Aussagen zum Ausmaß der Zielerreichung (wenn möglich quantifiziert) und zum zeitlichen Bezug ergänzt. Unvollständigkeit bezüglich Ausmaß der Zielerreichung und zeitlichem Bezug müssen akzeptiert werden. Als Zielinhalte werden Wirksamkeit, Wirtschaftlichkeit, Produktivität, Qualität, Flexibilität sowie Schutz und Sicherheit verwendet. Ihre unternehmensspezifische Ausformulierung ist Teil der Informatik-Strategie.

Identifizieren der Strategie-Objekte

Mit Strategie-Objekt werden Phänomene der Informationsverarbeitung bezeichnet, deren Gestaltung für die Erreichung der Unternehmensziele von strategischer Bedeutung ist. Sie auf der Grundlage der Beurteilung der bisherigen Aktivitäten der Informationsverarbeitung zu identifizieren, wird zunächst dem Top-Management überlassen. Die externen Projektbegleiter beschränken sich in der ersten Joint Session auf die Moderation dieses Identifikationsprozesses, die mit *Methaplan-Technik* unterstützt wird. Das Ergebnis ist erfahrungsgemäß nicht ausreichend, insbesondere fehlen die technologie-orientierten Objekte, während die betriebswirtschaftlich-orientierten Objekte gut abgedeckt werden. Die externen Projektbegleiter bringen daher weitere Objekte in den Identifikationsprozeß ein, überlassen es aber der Entscheidung des Top-Managements, welche davon berücksichtigt werden.

Folgende Strategie-Objekte wurden in der letzten Fallstudie identifiziert (die fast durchgehende Verwendung des Wortteils "Management" soll die mit dem Strategie-

Objekt geforderte Handlungskompetenz verdeutlichen): Investitionsmanagement; Architekturmanagement; Plattform- und Systemmanagement; Entwicklungs- und Beschaffungsmanagement, Humanmanagement; Integrationsmanagement; Bestands- und Lebenszyklusmanagement; Organisationsmanagement; Qualitätsmanagement; Technologiemanagement; Controlling; Projektmanagement; Datenmanagement; Produktions- und Problemmanagement; Sicherheits- und Katastrophenmanagement. (Eine inhaltliche Erklärung dieser Objekte ist hier aus Platzgründen nicht möglich; die meisten sind jedoch selbstsprechend. Für Erklärungen vgl. beispielsweise [Hein99].)

Ergebnis dieser Aktivität ist die Struktur der Informatik-Strategie bezüglich der strategischen Informatik-Ziele und der Strategie-Objekte. Die erste Joint Session ist abgeschlossen. Daß die Informatik-Strategie neben den strategischen Zielen und den Strategie-Objekten Regelungen zu den Institutionen der Informationsverarbeitung (wie Informatik-Abteilung, Informatik-Lenkungsausschuß und Informatik-Projekte) enthält, nach [KrP91] ausdrücklich enthalten muß, kann hier nur erwähnt werden.

Beschreiben der Strategie-Objekte

Für das Beschreiben der Strategie-Objekte wird folgende Struktur verwendet: Erklärung des Strategie-Objekts; Aussagen zum Strategie-Objekt; Zuständigkeit für Beachtung bzw. Realisierung der Aussagen; Realisierungszeitraum (falls zweckmäßig). Das Strukturmerkmal Realisierungszeitraum ist erforderlich, wenn die Aussagen Handlungen verlangen, die über das fortlaufende Beachten der Aussagen hinausgehen (z.B. wenn ein Qualitätsmanagementsystem zu schaffen ist oder bestimmte Methoden, wie ein Vorgehensmodell für Informatik-Projekte, entwickelt werden müssen). Bei der Identifikation der Strategie-Objekte wurde ein Teil der Aussagen, Zuständigkeiten und Realisierungszeiträume bereits erarbeitet, der von den externen Projektbegleitern aufbereitet und ergänzt wird. Ergebnis dieser Aktivität ist der Entwurf der Informatik-Strategie.

Review des Entwurfs der Informatik-Strategie

Der Review-Prozeß ist ein zweifacher. Er erfolgt zunächst in einem Workshop durch die externen Projektbegleiter mit dem Informatik-Management. Auf den

Zweck dieses Reviews wurde bereits eingegangen (vgl. die Ausführungen in Abschnitt 5 zu Partizipation). Träger des zweiten Reviews ist das Top-Management, das in einem internen Workshop den Entwurf überprüft. Externe Projektbegleiter und Top-Management gehen mit den Ergebnissen der beiden Workshops in die zweite Joint Session, in der alle Formulierungen des Entwurfs gemeinsam überprüft und erforderliche Veränderungen sofort durchgeführt werden. Ergebnis dieser Aktivität ist die Informatik-Strategie.

Inkraftsetzen der Informatik-Strategie

Das Inkraftsetzen der Informatik-Strategie erfordert Entscheidungen bezüglich der Institutionaliserung der Informationsverarbeitung und informative Maßnahmen, deren Art und Umfang insbesondere von der gegebenen Strukturorganisation abhängen. Als wesentliche Entscheidung wird die Einrichtung eines *Informatik-Lenkungsausschusses* angesehen (falls nicht vorhanden). Ein Briefing des Lenkungsausschusses durch die externen Projektbegleiter, in dem die Informatik-Strategie erklärt und die Rolle des Lenkungsausschusses zu ihrer Umsetzung geklärt werden, ist empfehlenswert. Zu den informativen Maßnahmen gehört insbesondere die Information der Leitungsgremien (z.B. Aufsichtsrat). Nach der Erfahrung der Autoren ist es zweckmäßig, wenn dies durch einen der externen Projektbegleiter in Anwesenheit des Top-Managements erfolgt. Schließlich setzt das Top-Management die Informatik-Strategie in Kraft. Dies wird durch seine Unterschrift auf dem Dokument bestätigt.

Anpassen der Informatik-Strategie

Der geplante Anpassungstermin soll Teil der geltenden Informatik-Strategie sein. Die Empfehlung dafür ist zwölf Monate ab dem jeweiligen Gültigkeitsdatum. Auslöser für Anpassungen gehen sowohl vom Top-Management (insbesondere bei Änderungen der Unternehmensziele und/oder der Unternehmensstrategie), als auch vom Informatik-Management und vom Linienmanagement aus. Zur Dokumentation des Anpassungsbedarfs des Informatik-Managements und Linienmanagements sieht die Informatik-Strategie einen *strategischen Informatik-Jahresbericht* vor, für dessen Erstellung das Informatik-Management im Zusammenwirken mit dem Linienmanagement zuständig ist. Für die Erfassung des Anpassungsbedarfs wird eine methodische Vorgehensweise empfohlen (z.B. die Erfolgsfaktorenanalyse, vgl. [Hein99, 370f.]).

7 Befunde

Zur wissenschaftlichen Begleituntersuchung wurden Merkmale wie Entwicklungsdauer (Zeitraum von Projektstart bis Projektende), Personalaufwand (getrennt nach intern und extern), finanzieller Aufwand, Anzahl Strategie-Objekte, Umfang der Beschreibung der Strategie-Objekte, Interventionsgrad (seitens des Informatik-Managements) und andere Merkmale verwendet. Aus Platzgründen können nicht zu jedem dieser Merkmale alle verfügbaren Befunde referiert werden.

Da eingangs als eine Erklärung für die geringe Verbreitung von Informatik-Strategien in der Praxis der vom Top-Management als "hoch" bezeichnete Aufwand für die Strategie-Entwicklung genannt wurde, wird in Tabelle 1 der Befund zum *Personalaufwand* gezeigt; andere Aufwandsarten können wegen ihrer geringen Höhe vernachlässigt werden. Unter Verwendung situativ zutreffender Tagessätze läßt sich der finanzielle Aufwand für die Strategie-Entwicklung ermitteln. Die relativ große Differenz zwischen dem minimalen und dem maximalen Aufwand ist vor allem auf die unterschiedliche Anzahl der beteiligten Führungskräfte (Top-Management und Informatik-Management) in den einzelnen Fallstudien zurückzuführen. Dies hat auch den Aufwand für die externe Projektbegleitung, etwa im gleichen Verhältnis, erhöht.

Als Dokumentationsumfang für ein Strategie-Objekt wurde in allen Fallstudien eine Seite DIN A4 als zweckmäßig angesehen; dies hat sich in den meisten Fällen als ausreichend erwiesen. Die Entwicklungsdauer bewegte sich zwischen einem Monat und fünf Monaten. Die große Differenz zwischen minimaler und maximaler Entwicklungsdauer ergab sich aus den unterschiedlichen Terminsituationen des Top-Managements in den Unternehmen. Die Anzahl der Strategie-Objekte lag zwischen 11 und 22. Diese Differenz erklärt sich vor allem aus der unterschiedlichen Größe der Unternehmen. Der Gesamtumfang der Dokumentation der Informatik-Strategie lag zwischen 18 und 46 Seiten DINA4. Der Gesamtumfang wurde neben der Anzahl der Strategie-Objekte vor allem durch die strategischen Aussagen zu den Institutionen der Informationsverarbeitung beeinflußt.

Zuordnung Personalaufwand auf Aufwandsverursacher	Personenstunden min - max
Auftraggeber	**45 -108**
• Top-Management	30 - 68
• Informatik-Management	15 - 40
Auftragnehmer	**75 - 175**
• externe Projektbegleitung	65 - 140
• Unterstützungspersonal	10 - 35
Personalaufwand gesamt	**120 - 283**

Tabelle 1: Personalaufwand für die Strategie-Entwicklung

Anhang

Am Beispiel *Technologiemanagement* wird gezeigt, wie ein Strategie-Objekt inhaltlich und formal dokumentiert wird.

Erklärung des Strategie-Objekts

Technologie ist hier Informations- und Kommunikationstechnologie (IuK-Technologie). Sie umfaßt Informations- und Kommunikationstechnik sowie die Arbeits-, Entwicklungs-, Produktions- und Implementierungsverfahren der Technik. Methoden und Werkzeuge sind daher Technologieobjekte. Technologiemanagement ist Planung, Überwachung und Steuerung der Verwendung von IuK-Technologie im Unternehmen. Technologiemanagement ist auch *Innovationsmanagement*.

Aussagen zum Strategie-Objekt

Für das Beurteilen der Technologieanwendbarkeit und für das Evaluieren des Technologieeinsatzes werden Vorgehensweisen und Methoden angewendet, mit denen der Vergleich der geplanten *Kosten* und des geplanten *Nutzens* mit den verursachten Kosten bzw. dem realisierten Nutzen möglich ist.

Wo immer möglich sollen durch den Einsatz von IuK-Technologien innovative Prozesse und/oder Produkte gefördert bzw. ermöglicht werden. Technologiemanagement erfordert daher aktive Beteiligung des Linienmanagements.

Technologiemanagement ist so zu organisieren, daß folgende Forderungen erfüllt werden (insbesondere unter Beachtung der Aussagen zu Strategie-Objekt Plattform- und Systemmanagement):
- Die Technologieentwicklung auf dem Informatik-Markt wird beobachtet
- Das Technologie-Know-how wird im Unternehmen bedarfsgerecht verbreitet
- Der Technologiebedarf wird systematisch ermittelt (Ex-ante-Evaluation)
- Der ermittelte Technologiebedarf wird durch Fällen von nachvollziehbaren Technologieeinsatz-Entscheidungen gedeckt
- Der Beschaffungsprozeß für Technologien wird organisiert
- Der Technologiebestand wird transparent verwaltet
- Der Technologieeinsatz wird evaluiert (Ex-post-Evaluation)

Zuständigkeit

Neben den Mitarbeitern der IV-Abteilung und den Mitgliedern des Informatik-Lenkungsausschusses ist das Linienmanagement (insbesondere Bereichsleiter und Produktmanager) mit Aufgaben des Technologiemanagements betraut. Die IV-Abteilung ist auch für die Unterstützung und Koordinierung des Linienmanagements bei der Wahrnehmung von Aufgaben des Technologiemanagements zuständig. Zuständig für die Ausarbeitung eines Vorgehensmodell für das Beurteilen der Technologieanwendbarkeit und des Technologieeinsatzes einschließich Prozeduren für die Ex-ante- und Ex-post-Evaluation ist die IV-Abteilung; zuständig für die Freigabe ist der Informatik-Lenkungsausschuß.

Realisierungszeitraum

Fortlaufend zu beachten. Das Vorgehensmodell für das Beurteilen der Technologieanwendbarkeit und des Technologieeinsatzes einschließlich der Prozeduren für die

Ex-ante- und Ex-post-Evaluation ist dem Informatik-Lenkungsausschuß innerhalb von 6 Monaten vorzulegen.

Literatur

[GBRR97] Ch. Gresse, B. Hoisl, H. D. Rombach, G. Ruhe: Kosten/Nutzen-Analyse von GQM-basiertem Messen und Bewerten - Eine replizierte Fallstudie, in: O. Grün, L. J. Heinrich (Hrsg.): Wirtschaftsinformatik - Ergebnisse empirischer Forschung, Springer, Wien/New York, 1997, S. 119 - 135

[Hei97] L. J. Heinrich: Management von Informatik-Projekten. Oldenbourg, München/Wien, 1997

[Hei99] L. J. Heinrich: Informationsmanagement. Oldenbourg, München/Wien, 6. Auflage, 1999

[HHP97] L. J. Heinrich, I. Häntschel, G. Pomberger: Diagnose der Informationsverarbeitung. Konzept und Fallstudie, in: CONTROLLING 3/1997, S. 196 - 203

[HeL90] L. J. Heinrich, F. Lehner: Entwicklung von Informatik-Strategien, in: HMD - Theorie und Praxis der Wirtschaftsinformatik Bd. 154, 1990, S. 3 - 28

[HeP95] L. J. Heinrich, G. Pomberger: Diagnose der Informationsverarbeitung, in: Stickel, E. et al. (Hrsg.): Informationstechnik und Organisation. Planung, Wirtschaftlichkeit und Qualität, Teubner, Stuttgart, 1995, S. 23 - 38

[HeP97] L. J. Heinrich, G. Pomberger: Prototyping-orientierte Evaluierung von Software-Angeboten, in: HMD - Theorie und Praxis der Wirtschaftsinformatik Bd. 197, 1997, S. 112 - 124

[HeR98] L. J. Heinrich, F. Roithmayr: Wirtschaftsinformatik-Lexikon. Oldenbourg, München/Wien, 6. Auflage, 1998

[Kön95]   W. König (Hrsg.): Wirtschaftsinformatik '95. Wettbewerbsfähigkeit, Innovation, Wirtschaftlichkeit, Physica, Heidelberg, 1995

[KrP91]   W. Krüger, P. Pfeiffer: Eine konzeptionelle und empirische Analyse der Informationsstrategien und der Aufgaben des Informationsmanagements, in: Zeitschrift für betriebswirtschaftliche Forschung 1/1991, S. 21-44

[Leh93]   F. Lehner: Informatik-Strategien. Entwicklung, Einsatz und Erfahrungen, Hanser, München/Wien, 1993

[PoB96]   G. Pomberger, G. Blaschek: Software Engineering – Prototyping und objektorientierte Software-Entwicklung, Hanser, München/Wien, 2. Auflage, 1996

[PoW97]   G. Pomberger, R. Weinreich: Qualitative und quantitative Aspekte prototypingorientierter Softwareentwicklung - Ein Erfahrungsbericht, in: Informatik-Spektrum 1/1997, S. 33 - 37

[PTB89]   M. M. Parker, H. E. Trainor, R. J. Benson: Information Strategy and Economics. Linking Information Systems Strategy to Business Performance, Prentice Hall, Englewood Cliffs/NJ, 1989

[Rei93]   H. Reinecker.: Einzelfallanalyse, in: Roth, E. (Hrsg.): Sozialwissenschaftliche Methoden, Oldenbourg, München/Wien, 1993, S. 267 - 281

[ReP97]   P. Rechenberg, G. Pomberger: Informatik-Handbuch, Hanser, München/Wien, 1997

[RoW92]   F. Roithmayr, J. Wendner: Ergebnisse einer empirischen Studie über den Zusammenhang zwischen Unternehmensstrategie und Informationssystem-Strategie, in: WIRTSCHAFTSINFORMATIK 5/1992, S. 472 - 480

[Sch98]   R. Schrank: "Rapid Prototyping" in der Strategieentwicklung, in: Frankfurter Allgemeine Zeitung vom 14. 12. 1998, S. 25

[Str85] H. Strunz (Hrsg.): Planung in der Datenverarbeitung - Von der DV-Planung zum Informationsmanagement, Springer, Berlin et al., 1985

[Szy81] N. Szyperski: Geplante Antwort der Unternehmung auf den informations- und kommunikationstechnischen Wandel, in: Frese, E. et al. (Hrsg.): Organisation, Planung, Informationssysteme, Poeschel, Stuttgart, 1981, S. 177 - 195

[WoS95] J. Wood, D. Silver: Joint Application Development. 2. Ed., John Wiley & Sons, New York et al., 1995

Modellbasiertes Business Management im Unternehmen des 21. Jahrhunderts

Peter Jaeschke, Frank Schönthaler

Abstract

Erfolgreiche Unternehmen im 21. Jahrhundert zeichnen sich durch unternehmerische Visionen sowie die schnelle und flexible Ausrichtung auf Markt und Kunden aus. Diese Schnelligkeit und Flexibilität setzen die schnelle und flexible Umsetzung der Geschäftsprozesse und die kurzfristige Implementierung geeigneter Informationstechnologien (IT) voraus.

Gewährleistet wird dies durch INCOME zur Gestaltung, Analyse und Simulation der Geschäftsprozesse sowie die INCOME Component Architecture, welche die flexible Kombination verschiedener Software-Komponenten zur operativen Unterstützung der Geschäftsprozesse und zur Analyse des Geschäftswissens für die Entscheidungsfindung ermöglicht.

1 Das erfolgreiche Unternehmen im 21. Jahrhundert

1.1 Anforderungen des Wettbewerbs

Die Anforderungen für das erfolgreiche Bestehen eines Unternehmens im Markt des 21. Jahrhunderts sind:

- Schnelligkeit
- Flexibilität
- Visionen

Voraussetzung für den Gewinn von Marktanteilen und Kunden sowie die Erschliessung neuer Märkte ist ein kurzes "Time-to-Market", die schnelle und flexible Re-

Modellbasiertes Business Management

aktion auf die Bedürfnisse des Marktes und der Kunden, um das Marktpotential vor der Konkurrenz zu nutzen und Wettbewerbsvorteile zu schaffen. Die Ausrichtung des Unternehmens und seiner Prozesse auf den Kunden ist nicht nur wichtig für den Neugewinn von Kunden und Marktanteilen, sondern ist darüber hinaus auch die Grundlage für langfristig angelegte Kundenbeziehungen.

Visionen sind nicht nur erforderlich, um potentielle Kunden, sondern auch um Investoren für das Unternehmen zu gewinnen. Diese Visionen umfassen nicht nur neue Produkte, sondern auch völlig neue Vertriebsstrategien und Geschäftsprozesse, die eine leistungsfähige IT und die Nutzung neuer Technologien voraussetzen. Beispielhaft für diese Entwicklung können Internet-Unternehmen wie Yahoo oder Amazon genannt werden.

1.2 Technologische Anforderungen

Auf der informationstechnologischen Seite steht in diesem Zusammenhang die Aussage: "The Internet changes everything". Das Electronic Business bietet heute weit mehr Möglichkeiten als das altbekannte Homebanking via BTX. Informationstechnologien haben Einzug in das tägliche Leben gehalten, und sowohl Anwender als auch Entscheider werden durch ihre Erfahrungen mit den Informationstechnologien im Privatbereich geprägt. Neben verschärften ergonomischen Anforderungen ergeben sich völlig neue Anforderungen und Möglichkeiten innerhalb von Geschäftsbeziehungen. Kunden können und wollen teilweise direkt bestimmte Anwendungen ihrer Lieferanten einsetzen oder erwarten die Nutzung ihrer eigenen Applikationen durch die Lieferanten.

1.3 Herkömmlicher Ansatz

Bei den herkömmlichen Ansätzen werden entweder überhaupt keine durchgängigen und effizienten Geschäftsprozesse konzipiert, oder ein kurzes "Time-to-Market" ist aufgrund verschiedener Schwierigkeiten bei der Implementation sowohl der erforderlichen Geschäftsprozesse als auch der zugehörigen IT-Unterstützung nicht zu erzielen.

Optimale Geschäftsprozesse setzen eine effektive Informationsversorgung und -verwaltung sowie die sinnvolle Automatisierung von Routineaufgaben voraus. Um die langwierige Entwicklung von Individualsoftware zu vermeiden, gehen viele Organisationen den Weg der Einführung einer betriebswirtschaftlichen Standard-Anwendungssoftware. Der Markt bietet neben den umfassenden Paketen der international führenden Hersteller auch Branchenlösungen, die durch günstige Preise und kurze Einführungszeiten überzeugen. Erkauft werden diese Vorteile teilweise durch die fehlende Skalierbarkeit sowie eine geringe Flexibilität in der Anpassung an individuelle Geschäftsprozesse. Dadurch werden oft bereits während der Implementierung, spätestens jedoch bei notwendigen Änderungen der Geschäftsprozesse, die vom Markt diktiert werden, erhebliche Optimierungspotentiale verschenkt. Dem gegenüber stehen langlaufende, kostenintensive und risikoreiche Einführungsprojekte, in denen die allgemein einsetzbaren Pakete der international führenden Hersteller an die spezifischen Kundenbedürfnisse angepaßt werden. Solche Lösungen bieten eine erhöhte Skalierbarkeit und auch zukünftig freisetzbare Optimierungspotentiale, die in sich rasch ändernden Märkten wettbewerbsentscheidend sind. Monolithische Architekturen und Strukturen verhindern jedoch häufig die Kombination von Komponenten und Produkten unterschiedlicher Hersteller, so daß auch hier nicht alle Vorteile genutzt werden können.

1.4 Modellbasiertes Business Management

Erfolgsfaktoren für ein erfolgreiches geschäftsprozessorientiertes Business Management liegen zunächst im prozessorientierten Handeln und Denken der Menschen.

Schnelligkeit und Flexibilität am Markt setzen jedoch auch voraus, daß die Prozesse vor ihrer Einführung verifiziert, unter Belastung getestet (Simulation) und im Anschluß daran allen Beteiligten einfach und eindeutig bekannt gemacht werden können. Schnelligkeit und Flexibilität bei der Einführung neuer Prozesse erfordern als

Modellbasiertes Business Management 131

Konsequenz ebenso die schnelle Implementierung der unterstützenden Softwareplattformen.

In INCOME liegen die Geschäftsprozesse modellbasiert und daher in einer verifizierbaren und einfach kommunizierbaren Form vor, die auch die Weiterverwendung der Modelle für die Softwarekonstruktion unterstützt. Die INCOME Component Architecture ermöglicht die schnelle und flexible Zusammenstellung der Software auf Basis vorgefertigter Komponenten, die entsprechend den Prozessen geeignet kombiniert werden können.

2 Erfolgreiches Business Management

In der lebhaften Diskussion zu den Themen Business Management und Business Re-Engineering wird oft vergessen, daß der eigentliche Schlüssel für optimale Geschäftsprozesse im prozessorientierten Denken und Handeln der Menschen in einer Organisation liegt (Abbildung 1).

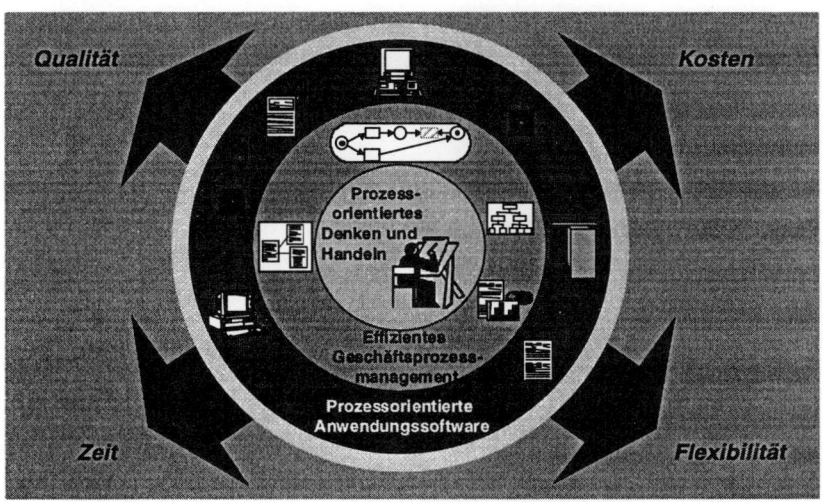

Abbildung 1: Schichtenmodell des prozessorientierten Arbeitens

Leistungsfähige Prozesstechnologien sind aber unverzichtbarer Bestandteil einer Umsetzungsstrategie: Ein effizientes Geschäftsprozessmanagement unterstützt bei der Gestaltung, Optimierung, Steuerung und Überwachung der Geschäftsprozesse. Prozessorientierte Anwendungssoftware sorgt für eine effektive Informationsversorgung und -verwaltung und eine Automatisierung von Routineaufgaben.

2.1 Effizientes Supply Chain Management

Um schnell, flexibel und kostengünstig auf den Markt reagieren zu können ist das bereichsübergreifende bzw. das unternehmensübergreifende Management der Supply Chain (Abbildung 2) erforderlich. In der Supply Chain können für jede Einheit letztendlich drei Bereiche identifiziert werden, die durch Anwendungspakete unterstützt werden: SPM - Strategic Procurement Management, ERP- Enterprise Resource Planning und CRM - Customer Relationship Management.

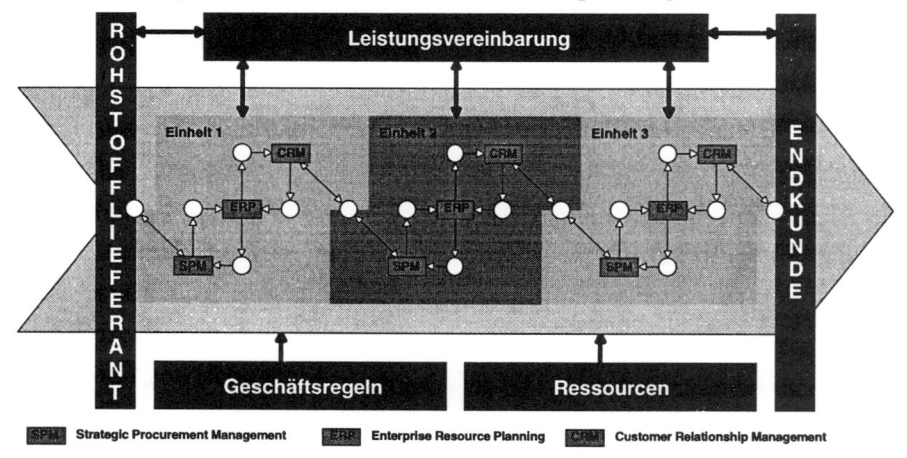

Abbildung 2: Supply Chain

Besondere Beachtung finden zur Zeit die Bereiche Customer Relationship Management und Strategic Procurement Management, da sich gerade in diesen Bereichen durch neue und weiterentwickelte Technologien, wie Internet, Digital Business, Call Center und Computer Telephony Integration, neue Möglichkeiten eröffnen, die einerseits auch völlig neue und sich ständig ändernde Geschäftsprozesse erfordern und die sich andererseits entscheidend auf das Bestehen im Wettbewerb auswirken.

Gerade im Business-to-Business Bereich stellt sich die Frage, ob nicht der Bedarf eines personalisierten Workflows besteht. In diesem Fall besteht für den Kunden entweder die Möglichkeit, zwischen verschiedenen Prozessen und Prozessvarianten bei seinen Lieferanten zu wählen oder sogar den Prozess innerhalb gewisser Grenzen individuell zu gestalten. Auf diesem Weg wird die effiziente Integration des unternehmensübergreifenden Workflows zwischen Kunde und Lieferant ermöglicht, die insbesondere bei langfristigen Geschäftsbeziehungen die Nutzung erheblicher Optimierungspotentiale für beide Seiten erlaubt.

Typische, wenn auch sehr eingeschränkte Ansätze hierzu finden sich schon lange im Consumer Geschäft, wenn ein Kunde beispielsweise zwischen verschiedenen Zahlungs- und Lieferarten wählen kann.

2.2 Effizientes Change Management für Geschäftsprozesse

Der zunehmende Wettbewerb erfordert eine schnelle und vorausschauende Anpassung der Geschäftätigkeit und damit der Geschäftsprozesse an die Erfordernisse des Marktes und die Bedürfnisse der Kunden. Die IT muß diesen Wandel permanent und flexibel unterstützen und darf kein Hindernis für schnelles Agieren und Reagieren am Markt darstellen.

Es wird eine Strategie benötigt, wie Geschäftsprozesse und die unterstützende IT permanent angepasst werden können. Dies läßt sich nur dann erreichen, wenn die Geschäftsprozesse transparent und strukturiert, d.h. modellbasiert für Anwender und Anwendungen zur Verfügung gestellt werden und einzelne Komponenten der IT-Unterstützung einfach adaptiert oder ausgetauscht werden können.

Exemplarisch für diese Anforderungen können hier die Unternehmen des Telekommunikationsmarktes genannt werden. Die Unternehmen werden beispielsweise mit der Ausrichtung auf Business Kunden im Festnetz gegründet, im Lauf der Zeit folgt dann unter Umständen eine Neuausrichtung oder Ergänzung auf Privatkunden oder Mobilfunk. Als nächstes erfolgen Fusionen oder Gesellschafter- und damit Strategiewechsel.

2.3 Nutzung verfügbarer Technologien

Die IT selbst nimmt ebenfalls, z.B. im Falle des Internets, einen wesentlichen Einfluß auf die Entwicklung und das Potential der Geschäftstätigkeit. Web-basierte Selfservice-Applikationen setzen Kapazitäten im eigenen Unternehmen frei und binden den Kunden unmittelbar in den Ablauf ein. Die Nutzung neuer Technologien muß in den wettbewerbsrelevanten Bereichen daher schnell möglich sein und darf nicht durch bestehende Anwendungen und Systeme verhindert werden.

Einen Ansatz bieten hier vorgefertigte Komponenten auf Basis einer Integrationsplattform für das Zusammenspiel der verschiedenen Komponenten. Einzelne Komponenten sind konfigurierbar und bei Bedarf austauschbar, so daß sowohl flexibel auf Änderungen in den Geschäftsprozessen als auch auf Änderungen in der Technologie eingegangen werden kann.

3 INCOME Business Management

Ein ganzheitliches Business Management bildet den Rahmen für alle Aufgaben rund um die Gestaltung, Steuerung und Überwachung von Geschäftsprozessen (Abbildung 3).

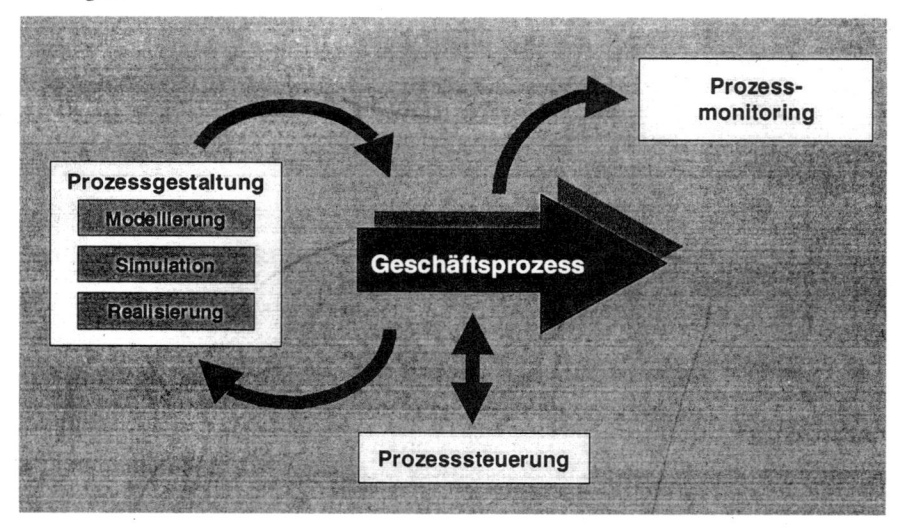

Abbildung 3: Ganzheitliches Geschäftsprozessmanagement

Modellbasiertes Business Management 135

Die Durchgängigkeit einer Business Management Umgebung wie INCOME fördert ein effizientes methodisches Vorgehen und vermeidet inkonsistente oder fehlerhafte Prozesse.

3.1 Prozessgestaltung

Die Geschäftsprozessgestaltung umfaßt die Analyse und transparente Dokumentation von Geschäftsprozessen. Außerdem müssen für die Prozessrealisierung mittels Informationssystem-Technologien leistungsfähige und offene Schnittstellen zur Verfügung stehen. Für das Change Management haben sich darüber hinaus Simulationskomponenten als unverzichtbar erwiesen, um die Auswirkungen von Änderungen im voraus abschätzen zu können. Zur Einführung von Standard-Anwendungssoftware hat sich die Analyse der Abläufe auf Basis von Referenzmodellen bewährt.

Die Offenheit von INCOME sorgt dafür, daß für alle Aufgaben die am besten geeigneten Methoden- und Software-Komponenten eingesetzt werden können. Dies bedeutet, daß ein ganzheitliches Business Management oft aus Komponenten unterschiedlicher Hersteller sowie individuell entwickelten Bausteinen aufgebaut wird, die über eine Integrationsplattform zu einer Gesamtlösung zusammengeführt werden (s. Kap. 4, INCOME Component Architecture).

3.2 Prozesssteuerung

Für die Prozesssteuerung werden idealerweise gängige Workflow Management Systeme eingesetzt, die über entsprechende Schnittstellen eingebunden werden können. Workflow-Komponenten sind immer häufiger auch integraler Bestandteil moderner betriebswirtschaftlicher Standard-Anwendungssoftware. Die Integrationsplattform muss neben der anwendungsübergreifenden Integration von Daten auch die komponentenübergreifende Steuerung des Workflows ermöglichen.

3.3 Prozessmonitoring

Die Prozessmonitoring-Komponente dient der Überwachung laufender Geschäftsprozesse, indem automatisch Prozesswerte extrahiert und mit Soll-werten aus der Unternehmensplanung oder aus Branchenvergleichen abgeglichen werden. Ergebnisse des Prozessmonitoring dienen der Identifikation von Stark- und Schwachstellen und liefern wesentliche Anhaltspunkte für die Prozessverbesserung und die übergeordnete Prozesssteuerung.

4 INCOME Component Architecture

Einen Lösungsansatz bietet die INCOME Component Architecture (ICA) aus Abbildung 4. Einzelne Base und Business Components können einfach ausgetauscht und adaptiert werden, um neue Technologien zu nutzen und um veränderten Geschäftsprozessen gerecht zu werden.

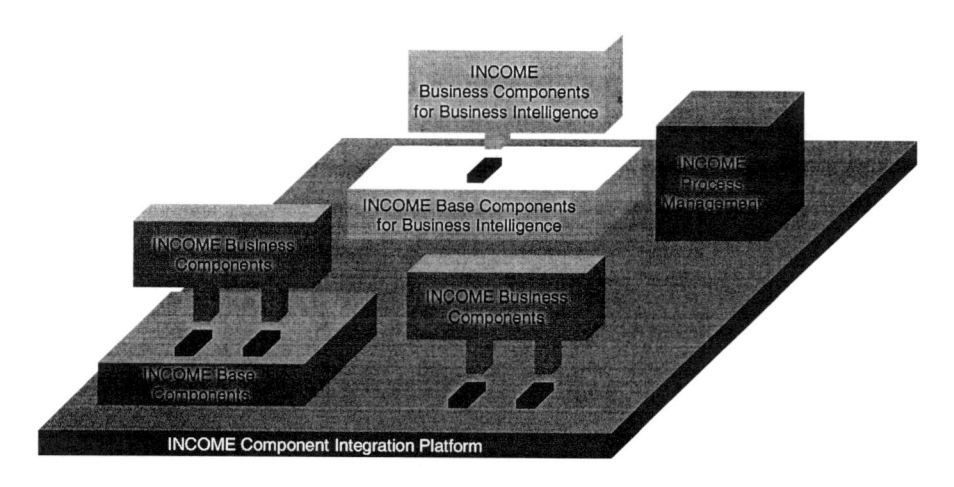

Abbildung 4: INCOME Component Architecture

4.1 INCOME Component Integration Platform (ICIP)

Die Kommunikation der einzelnen Komponenten miteinander wird durch die INCOME Component Integration Platform sichergestellt, in die sowohl Base Components als auch Business Components quasi wie auf dem Motherboard eines Rech-

Modellbasiertes Business Management 137

ners eingeklinkt werden können. Business Components können entweder direkt mit der Integration Platform oder mit den genutzten Base Components verknüpft werden.

Einzelne Base und Business Components können jederzeit ausgetauscht, hinzugefügt oder entfernt werden. Zum einen muß sicher gestellt werden, daß ein synchronisierter Datenabgleich und -austausch zwischen den Komponenten erfolgt, wenn keine gemeinsame Datenbasis zugrunde liegt. Zum anderen ist die übergreifende Steuerung und Überwachung der Geschäftsprozesse zu ermöglichen.

Grundlage für die Möglichkeiten der Integration Plattform sind Web-Technologien, die NCA (Network Computing Architecture) und CORBA (Common Object Request Broker Architecture).

4.2 INCOME Process Management

Die INCOME Process Management Components stellen sicher, daß das prozessorientierte, auf den Prozesskunden ausgerichtete Denken und Handeln im Mittelpunkt steht. Um das Time-to-Market für neue Geschäftsprozesse und deren IT-Unterstützung so kurz wie möglich zu gestalten, ist die modellbasierte Dokumentation der Geschäftsprozesse unabdingbar. Die INCOME Knowledge Bases, die vordefinierte Geschäftsprozessmodelle, Vorgehensmodelle und eine Best Practice Datenbank umfassen, ermöglichen eine zielgerichtete, effiziente und effektive Implementierung. Mittels Simulationen läßt sich die Auswirkung von Änderungen auf die Geschäftsstrategie und –tätigkeit im voraus untersuchen. Ein permanentes Monitoring der Prozesse erlaubt die Steuerung und Überwachung der Effizienz und Effektivität sowie ein rechtzeitiges Erkennen von Schwachstellen.

4.3 INCOME Base Components

Mit den INCOME Base Components werden technologisch führende und offene Bausteine für Workflow, Document & Knowledge Management und E-Commerce zur Verfügung gestellt, die von den eingesetzten Business Components gemeinsam genutzt werden. Base Component für die Datenhaltung ist bei den INCOME Business und Base Components im allgemeinen das führende Datenbankmanagementsystem Oracle.

4.4 INCOME Business Components

Mit den INCOME Business Components wurde der Anforderung Rechnung getragen, die Vorteile von Produkten unterschiedlicher Hersteller zu nutzen. Teilweise besteht der Kern verschiedener INCOME Business Components aus den bewährten Modulen der betriebswirtschaftlichen Anwendungssoftware Oracle Applications. Den Business Components zur Realisierung von Internet Shops liegen dagegen die Produkte von Intershop zugrunde. Die Software ist hinsichtlich Interaktion mit dem Benutzer in allen Fällen voll web-basiert, so daß die Administrations- und Betriebsaufwände auf ein Minimum reduziert werden.

Zur Zeit stehen INCOME Business Components für Financials, Telco, Distribution, Discrete Manufacturing, Project Manufacturing, Flow Manufacturing und Internet Shops zur Verfügung.

4.5 INCOME Base Components for Business Intelligence

Mit den INCOME Base Components for Business Intelligence werden Grundstrukturen und Grundfunktionalitäten für die Entwicklung von entscheidungsunterstützenden Informationssystemen zur Verfügung gestellt. Je nach Anforderung finden relationale oder multidimensionale Technologien Anwendung. Gerade die Anwendung von OLAP-Technologien ermöglicht das rechtzeitige Erkennen von Marktfenstern und die Analyse des Kundenverhaltens. In grossen Einzelhandelsketten gehören diese Analysewerkzeuge inzwischen zum täglichen Handwerkszeug.

4.6 INCOME Business Components for Business Intelligence

Aufbauend auf den INCOME Base Components for Business Intelligence werden zielgruppenspezifische Datenmodelle und Auswertungsoberflächen für die verschiedenen Anwendungsbereiche zur Verfügung gestellt. Die verschiedenen Zielgruppen werden mit Informationen und Geschäftswissen versorgt, um operative und auch strategische Entscheidungen fundiert treffen zu können. Aktuell stehen Business Components für Financials, Distribution, Projects, Sales & Marketing und Telco zur Verfügung. Ausgehend von diesen Teilkomponenten ist der Aufbau eines umfassenden, bereichsübergreifenden Data Warehouse möglich.

4.7 INCOME Quality Process Model (IQ-PM)

Ergänzt wird die INCOME Component Architecture durch das bewährte Vorgehensmodell IQ-PM. Integraler Bestandteil des Vorgehensmodells ist die Nutzung von Business Component-bezogenen Knowledge Bases sowie einer Best Practice Datenbank. IQ-PM gewährleistet schlanke Implementierungsansätze durch vordefinierte Projektpläne, Phasenergebnisse und bewährte Implementierungsrichtlinien und reduziert die Implementierungsrisiken erheblich.

5 Zusammenfassung und Ausblick

Um den Anforderungen der schnellen und flexiblen Ausrichtung auf Markt und Kunden gerecht zu werden, benötigen Unternehmen umfassende und offene Werkzeuge zum Business Management von der Gestaltung der Geschäftsprozesse und Implementierung der operativen Anwendungssysteme über die Steuerung der Geschäftsprozesse bis zu deren Monitoring.

Schnelligkeit und Flexibilität am Markt fordern jedoch auch Schnelligkeit und Flexibilität bei der Implementierung von Prozessen und Systemen. INCOME kombiniert mit der INCOME Component Architecture und dem Vorgehensmodell IQ-PM gewährleistet schlanke Implementierungsansätze und schnelle Einführungszeiten. Durch die vorkonfigurierten INCOME Business Components steht die klar definierte Funktionalität zu vorhersehbaren Implementierungskosten und -zeiten zur Verfügung.

Langfristig wird eine feinere Granularität der Business Components benötigt, um die Lösungen auf Basis vorgefertigter Bausteine individueller auf die Bedürfnisse der Unternehmen zugeschnitten zusammenstellen zu können. Die höhere Granularität erfordert dann eine Ergänzung der INCOME Produktfamilie um den INCOME Component Constructor, der das Zusammenstellen der Komponenten zum laufenden System unterstützt. Langfristig ist sogar vorstellbar, dass die Konfiguration teilweise zur Laufzeit erfolgt.

Literatur

[BÖV98] V. Bach, H. Österle, P. Vogler: Business Knowledge Management. Praxiserfahrungen mit Intranet-basierten Lösungen. Springer-Verlag, Berlin, 1998

[DAV92] Thomas H. Davenport: Process Innovation: Reengineering Work Through Information Technology. Harvard Business School Press, 1992

[DPP97] T.H. Davenport, L. Prusak, L. Prusak: Working Knowledge : How Organizations Manage What They Know. Harvard Business School Press, 1997

[EGL99] D.J. Elzinga, T.R. Gulledge, C.-Y. Lee (Eds.): Business Process Engineering - Advancing the State of the Art. Kluwer AcademicPublishers, 1999

[GRI98] Frank Griffel: Componentware: Konzepte und Techniken eines Softwareparadigmas. dpunkt.verlag, Heidelberg, 1998

[JAE96] P. Jaeschke: Integrierte Unternehmensmodellierung. Techniken zur Informations- und Geschäftsprozessmodellierung. Deutscher Universitäts-Verlag, Gabler, Vieweg, Westdeutscher Verlag, 1996

[ScN92] F. Schönthaler, T. Németh: Software-Entwicklungswerkzeuge - Methodische Grundlagen. 2. Auflage. B. G. Teubner, Stuttgart, 1992

Wie real ist die *Virtuelle Hochschule Oberrhein*?

Paul-Th. Kandzia und Thomas Ottmann

Zusammenfassung

Technische Innovation sowie soziale und wirtschaftliche Veränderung führt weltweit unter dem Stichwort „Virtuelle Lehre" zu einer Umgestaltung des Bildungswesens, insbesondere auch an den Hochschulen. Auch badische Universitäten sammeln auf diesem Gebiet Erfahrungen in einem umfangreichen interdisziplinärem Pilotprojekt.

1 Einleitung

So the question facing every educational leader in America is clear: „How can I introduce a transformative vision to my campus?" [DN95]

Universitäten gehören zu den ältesten und stabilsten Institutionen, die die Menschheit hervorgebracht hat. Ihre heutige Erscheinungsform ist aus dem vorigen Jahrhundert geprägt vom Humboldt'schen Ideal, der Einheit von Forschung und Lehre, obwohl sich die Rahmenbedingungen inzwischen radikal verändert haben. Der rasche Ausbau der Datennetze und die massenhafte Verbreitung von vernetzen Rechnern verschärfen nicht nur die strukturelle und finanzielle Krise der Universitäten, sondern werden zugleich auch als eine Chance gesehen, die künftigen Herausforderungen an das Bildungssystem zu meistern.

Lebenslanges Lernen Wissen wird heute zunehmend nicht nur als persönliche Qualifikation, sondern als wesentlicher Produktionsfaktor angesehen. Daher benötigt nicht nur ein immer größerer Teil der Bevölkerung eine qualifizierte Ausbildung zum Eintritt in die Berufstätigkeit, von den Erwerbstätigen wird auch die kontinuierliche Weiterbildung gefordert, um den sich ständig ändernden Anforderungen der Arbeitswelt gerecht werden zu können. Traditionelle Studiengänge genügen häufig den veränderten Anforderungen nicht. Denn sie sind zu monolithisch und ganz auf die Vollzeit-Anwesenheit der Studierenden ausgerichtet. „Lebenslang Lernende" benötigen stattdessen ein maßgeschneidertes Angebot mit den Möglichkeiten des Lernens am Arbeitsplatz oder zuhause, gezielter Teilqualifikationen und der zeitlichen Stückelung eines Studiums. Dies kann eine einzelne Universität allein in vielen Fällen gar nicht bieten.

Technologische Innovation   Die multimediale Aufbereitung von Inhalten und breitbandige Rechnervernetzung ermöglichen selbstgesteuertes und gleichzeitig tutoriell unterstütztes Lehren und Lernen in neuer Qualität: Audio, Video, Text, Datenbanken und Programme können gemeinsam auf einem Gerät, dem Computer verwendet und über Netze ausgetauscht werden. Multimediale Telekommunikation ermöglicht didaktisch hochwertige Formen der Betreuung und der Kommunikation von Lernenden untereinander.

Konkurrenz zu klassischen Bildungseinrichtungen   Neuartige Nachfrage ruft neue Anbieter hervor. Auf den entstehenden globalen Bildungsmarkt drängen internationale Konsortien aus Großunternehmen und Universitäten, firmeneigene Corporate Universities, rein virtuelle Universitäten und Netzwerke klassischer Bildungseinrichtungen, die Studierenden als Kunden maßgeschneiderte zeit- und ortsunabhängige Bildungsangebote versprechen. Dieser bunten, aber teilweise enorm finanzstarken Konkurrenz muß sich die klassische Alma Mater stellen. Nicht leichter wird diese Aufgabe durch immer knapper werdende öffentliche Haushalte, die wenig Spielraum für kostenintensive Innovationen lassen.

Als Reaktion werden inzwischen auch in Deutschland Anstrengungen unternommen, auf diese Entwicklungen zu reagieren, und Konzepte entworfen, um die Zukunftsfähigkeit der Hochschulen zu sichern. Wir wollen im folgenden über Erfahrungen aus einem konkreten Projekt berichten und dabei auch die langfristigen Ziele ins Auge fassen.

2   Das Verbundprojekt VIROR

Wir investieren in die Informationsgesellschaft!
(Broschüre des Wissenschaftsministeriums Baden-Württemberg)

Das Land Baden-Württemberg stellte im Rahmen des Förderprogramms „Virtuelle Hochschule", das Mitte 1998 anlief, insgesamt 50 Mio DM bereit, um verschiedene Verbundprojekte zu finanzieren, die die Möglichkeiten von Multimedia und Teleteaching in der Hochschulbildung ausloten und etablieren sollen. Unter diesen Projekten ist *VIROR – die Virtuelle Hochschule Oberrhein*[1] das in jeder Hinsicht

---
[1] http://www.viror.de

umfangreichste. Etwa 30 Hochschullehrer der vier beteiligten Universitäten Freiburg, Heidelberg, Karlsruhe und Mannheim haben damit begonnen, ein gemeinsames multimediales Lehrangebot zu erstellen. Beteiligt sind auch Rechenzentren, Universitätsbibliotheken, mehrere Verlage und Unternehmen. Das Vorhaben ist auf fünf Jahre angelegt mit einem finanziellen Volumen von zunächst 5,3 Mio DM für drei Jahre. Danach werden alle Projekte des Landesprogrammes evaluiert; bei positiver Evaluierung und Weiterförderung sind für VIROR insgesamt 8,8 Mio vorgesehen.

Aufgrund seines Umfanges wurde VIROR organisatorisch in vier Teilprojekte gegliedert, die sich an den unterschiedlichen Aufgabenstellungen orientieren und örtlich jeweils auf mehrere Partneruniversitäten verteilt sind. Den größten Umfang hat das Teilprojekt *Inhaltserstellung*, in dem Inhalte aus den Fächern Informatik, Physik, Statistik, Wirtschaftswissenschaften, Psychologie und Medizin gemeinsam multimedial aufbereitet und genutzt werden. Das zweite Teilprojekt, *Technik*, befaßt sich mit Aufbau, Wartung und Weiterentwicklung der technischen Infrastruktur, also Netzverbindungen, Autorenwerkzeugen, Lehrservern und anderem mehr. Im Teilprojekt *Begleitung* werden verschiedene Lehr-/Lernszenarien von Medienwissenschaftlern, Pädagogen und Psychologen wissenschaftlich begleitet und so Vorschläge für eine sinnvolle Nutzung neuer Medien erarbeitet. Schließlich haben sich die Universitäten auch die Verbesserung der organisatorischen Rahmenbedingungen, das heißt die Abstimmung von Prüfungsordnungen, gegenseitige Anerkennung von Lehrveranstaltungen und die Einigung auf eine gemeinsame technische Infrastruktur, in einem eigenen Teilprojekt *Organisation* vorgenommen.

3 Mittel und Szenarien

Eine Unterrichtsstunde in der eigenen Wohnung, die Besprechung von Übungsaufgaben am Arbeitsplatz und das alles an jedem Ort der Welt mit dem Finger an der Maus
(Broschüre des Wissenschaftsministeriums Baden-Württemberg).

Die Begriffe *Multimediagestützte Lehre* und *Teleteaching* werden oft gemeinsam genannt, obwohl sie eigentlich verschiedene Zielrichtungen markieren: Einerseits geht es darum, das Lehren und Lernen durch Animationen, Simulationen, Audio- und Videoclips anschaulicher und abwechslungreicher zu machen, andererseits wird eine Verringerung der Orts- und Zeitabhängigkeit des traditionellen Unterrichts angestrebt. Natürlich kann man beide Ziele miteinander verbinden. Es ist wohlbekannt, daß die volle Nutzung der heute zur Verfügung stehenden technischen Möglichkeiten außerordentlich zeit- und kostenintensiv ist. Das erzwingt die Kooperation auch über Hochschulgrenzen hinweg. Jedoch wird man auch von einem Projekt wie VIROR mit hohem innovativen und experimentellen Charakter kaum belastbare Aussagen zu den finanziellen Auswirkungen künftigen Alltagseinsatzes der neuen Technologien erwarten dürfen. Dagegen besteht mit Recht die Hoffnung, daß VIROR einen Beitrag zu Empfehlungen leisten kann, in welchen Situationen der Einsatz welcher Mittel sinnvoll ist, da doch ein großer Teil des Spektrums möglicher Methoden und Szenarien erprobt wird. Einige dieser Szenarien werden im folgenden genauer beschrieben.

3.1 Übernahme kompletter Vorlesungen

Die komplette Übernahme von Vorlesungen dient vor allem der Ergänzung des Lehrangebots an Orten, wo eine entsprechende Kompetenz in der Lehre sonst nicht vorhanden ist. Meist ist dabei an ein *synchrones Szenario*, also eine Übertragung von Hörsaal zu Hörsaal gedacht. Der Export erfordert zunächst keine aufwendige multimediale Aufbereitung des Stoffes. Es reicht durchaus aus, eine übliche Telepräsentation unter Verwendung von Postscriptfolien verbal zu kommentieren und mit den Werkzeugen eines *Whiteboards* (das elektronische Äquivalent zur Wandtafel) zu ergänzen und zu markieren. Diese Datenströme (Audio, Video, Whiteboard und ggf. Animationen) werden über Multicast-Verbindungen an die anderen Standorte übertragen, in umgekehrter Richtung können Rückfragen gestellt werden. Im VIROR-Projekt wurden bisher überwiegend die MBone Tools [FJLMcCZ97] benutzt. Sie erlauben wegen des "best effort" Prinzips zur Übertragung kontinuierlicher Datenströme über das Internet auch in einfacher Weise die Übertragung auf persönliche Computer über schmalbandige Verbindungen, etwa via ISDN-Leitungen. Von Hörsaal zu Hörsaal werden die Daten im „VIROR-LAN", einer PVC-ATM-Verbindung mit garantierter Dienstgüte übertragen.

Ein Schritt in Richtung Zeitunabhängigkeit und Wiederverwendbarkeit des Lehrinhalts bedeutet das automatische Aufzeichnen der bei einer (Tele)präsentation erzeugten Datenströme nach dem Prinzip des *Notetaking*[2] [BA98]: Ohne aufwendige Nachbearbeitung werden die vom Dozenten erzeugten Datenströme aufgezeichnet

---
[2]http://www.cc.gatech.edu/fce/c2000/overview/index.html

und automatisch zu offline nutzbaren, multimedialen Dokumenten verarbeitet. Das zu diesem Zweck in den letzten Jahren entwickelte *Authoring on the Fly*-, kurz *AOF*- Verfahren[3] erlaubt die synchrone Wiedergabe aller aufgezeichneten Datenströme in einer Weise, wie sie bisher von keinem vergleichbaren System erreicht wurde [MO99]. AOF wandelt die Datenströme, die während der Live-Präsentation erzeugt werden, in direkt zugreifbare Objektlisten um, so daß beliebig viele solcher Datenströme durch Interprozeßkommunikation synchron abgespielt werden können. Vorteilhaft sind dabei die geringen Erstellungskosten, Aktualität und ein gewisser vom Dozenten geprägter, persönlicher Charakter der Aufzeichnung. Inzwischen liegen mehr als 100 Stunden aufgezeichneter Lehrveranstaltungen vor, hauptsächlich aus der Informatik, aber auch aus Biologie, Archäologie und Astronomie. Das bedeutet eine teilweise Abkehr von einer heute meist üblichen universitären Praxis, die D. Tsichritzis kürzlich so beschrieben hat: *Universities generate content every day through their courses and seminars. Then they throw it away. There is a certain charm with this approach, but it is not cost effective. ... It is frustrating to be in universities where famous people have taught and not have their "live performances" available [T99].*

Das systematisch nach dem Notetaking Verfahren gespeicherte und auf Servern oder CD-ROM zugänglich gemachte Material erlaubt ganz neue Verwendungsmöglichkeiten. Statt dieselben Inhalte wiederholt zu präsentieren, kann ein Dozent sie (wenigstens teilweise) eher kommentieren und diskutieren. Darüberhinaus bieten sie ein wertvolles Repertoir für Wiederholungen z. B. zur Prüfungsvorbereitung und Recherchen aller Art. Prinzipiell möglich werden beispielsweise Anfragen wie „Finde die Stelle in einer Präsentation, an der der Dozent das Prinzip Rekursion erläutert und eine Animation eingespielt hat".

Sowohl für das synchrone als auch das asynchrone Szenario lag bereits vor Projektbeginn reiche Erfahrung bei den Partnern vor [E97, EGE97]. Inzwischen kann von einer gewisse Routine in der Handhabung der Technik gesprochen werden. Für den alltäglichen Einsatz, gar durch Nicht-Experten, ist die Technik dennoch nicht einfach genug. Probleme liegen insbesondere in der Verbindung der in der Regel analogen Audio-Technik in den Hörsälen und der digitalen Datenübertragung. Auch banale Ursachen, wie das Ziehen eines Steckers durch Reinigungspersonal, ein Flüchtigkeitsfehler beim Programmaufruf, führen bei der hohen Komplexität im-

---

[3] http://ad.informatik.uni-freiburg.de/chair.ottmann

mer wieder zu Ausfällen oder erfordern aufwendige Nachbearbeitung. Die Qualität der Videoübertragung mithilfe des MBone Tools *vic* ist für das Hörsaal zu Hörsaal Szenario unzureichend und nur für die Übertragung auf persönliche Rechner über schmalbandige Netze akzeptabel. Auch wenn der „talking head" des Dozenten in manchen Anwendungen von untergeordneter didaktischer Bedeutung ist, muß für die Übertragung zwischen Hörsälen in Zukunft mindestens PAL-Qualität angestrebt werden. Die Standards werden hier durch die Unterhaltungsindustrie vorgegeben, die, nebenbei bemerkt, ohnenhin die treibende Kraft bei der Durchsetzung neuer Technologie im „Edutainment" ist.

Von erheblicher Bedeutung ist auch die Schulung der Dozenten. Der kreative Umgang mit den Werkzeugen eines Whiteboards wie Telepointer, handschriftliche Annotation, Linienerzeugung usw. kann nicht auf Anhieb beherrscht werden. Gerade weil das „Look and Feel" eines großen Whiteboards einer traditionellen Projektionsfläche oder Wandtafel recht nahe kommt, weisen ungeübte Dozenten beispielsweise gerne mit der Hand auf Details hin, nicht daran denkend, daß ihre Gestik zwar in einer Videoaufzeichnung, nicht aber als Annotation des Whiteboardaktionsstromes festgehalten wird.

Probleme der zeitlichen und inhaltlichen Abstimmung beim beschriebenen synchronen Szenario führen zur Idee, aufgezeichnete oder eigens entwickelte Teile als Bausteine in die lokale Veranstaltung eines Dozenten vor Ort einzubinden. Dies soll im folgenden noch etwas weiter ausgeführt werden.

3.2 Multimediale Bausteine zur mehrfachen Verwendung

Zwischen vielen Fächern und den Curricula verschiedener Standorte gibt es weite inhaltliche Überschneidungen. Hier bietet es sich an, diese Inhalte hochwertig aufzubereiten und soweit möglich gemeinsam zu nutzen. Dazu werden einzeln verwendbare, aber unter den Partnern austauschbare Module multimedial und oft auch interaktiv so gestaltet, daß sie sowohl im Hörsaal von einem Dozenten als auch im Selbststudium genutzt werden können. Die Granularität solcher Bausteine reicht von 5-minütigen Darstellungen verschiedener Verschlüsselungsverfahren über kommentierte Java-Programme bis hin zu einem 1-stündigen Übersichtsvortrag zu *Parallelen Algorithmen*. Zur Herstellung kann auch hier das AOF-Verfahren mit Vorteil eingesetzt werden. Daneben werden natürlich vor allen interaktive Module als plattformunabhängige Java Applets entwickelt. Eine ganze Reihe solcher

Module liegen inzwischen für das Gebiet *Algorithmen und Datenstrukturen* und *Rechnernetze* vor.

3.3 Interaktives Lehrmaterial

Im Unterschied zum Import einzelner Bausteine oder ganzer Vorlesungen, der vor allem auf eine (kostengünstige) Erweiterung des Lehrangebots zielt, wird durch die Anreicherung von Lehrveranstaltungen mit interaktivem Material eine Verbesserung der didaktischen Qualität angestrebt. Für VIROR werden Lernanwendungen in der Physik (Animationen statistischer Konzepte), Wirtschaftswissenschaften (Simulierung der Kostenrechnung und des Marketings an Modelldaten einer virtuellen Firma), Psychologie (Durchführung psychologischer Experimente und ihre statistische Auswertung) sowie in der Medizin (Lernsysteme für Biomathematik und Pathologie, Fallsimulationen zu Pädiatrie und Infektiologie) erstellt. Die Grenzen zwischen dem Import einzelner Bausteine und der Nutzung interaktiver Moduln in Lehrveranstaltungen vor Ort sind dabei fließend.

Bei der Konzipierung solcher Anwendungen muß besonders auf Übertragbarkeit geachtet werden. Denn es besteht immer die Gefahr, daß mit hohem Aufwand und Engagement ein Produkt entsteht, das so stark das spezifische Profil der Entwickler wiederspiegelt, daß der Kreis der potentiellen Nutzer klein bleibt. Für eine virtuelle Universität ist der Aufwand aber nur dann gerechtfertigt, wenn entweder durch universitätsübergreifende Nutzung oder eine Verminderung der Orts- und Zeitbindung des Lehrangebotes eine größere Zahl von Interessenten angesprochen werden kann. Auf organisatorische Probleme, die einem Einsatz von Material außerhalb der eigenen Universität entgegenstehen, soll später noch eingegangen werden.

3.4 Gemeinsame Gruppenseminare

Ein Seminar läßt sich an verteilten Standorten durchführen, indem Vorträge, Diskussion und Besprechung, sogar die Vorbereitung der Beiträge, ähnlich wie beim Vorlesungsaustausch übertragen werden. Technisch findet man hier die gleichen Probleme wie beim Vorlesungsexport, didaktisch zeigt sich wiederum, daß ohne vorherige Schulung die Möglichkeiten der Werkzeuge, insbesondere auch zur standortübergreifenden Kommunikation (Zwischenfragen, Diskussionen, gemeinsame Nutzung des Whiteboards usw.) bei weitem nicht ausgenutzt werden. Es ist daher sinnvoll, die richtige Handhabung der Kommunikations- und Präsentationstechnik als explizites Lehrziel in solchen verteilten Seminaren zu verankern so wie im klassischen Seminar ja auch die Schulung von Rhetorik und Darstellung des Inhalts ein wichtiges Lernziel war. Eine weitere didaktische Untersuchung ist sicher lohnend.

4 Veränderung der Dozentenrolle

From the sage on the stage to the guide on the side.

Der Einsatz von interaktivem Lehrmaterial, die Nutzung von Rechnern für Präsentation und Kommunikation, der Rückgriff auf von anderen Autoren erstelltes Unterrichtsmaterial und die Bereitstellung aller Lehr-Lernmaterialien auf Servern stellt nicht nur erhebliche Anforderungen an die technische Kompetenz der Dozenten. Sie hat auch erhebliche Auswirkungen auf die Didaktik. Zum einen tritt der Anteil der formalen Präsentation gegenüber den Interaktions-, Trainings- und Testteilen in den Hintergrund. Zum anderen haben nach der bisherigen Erfahrung Studierende erhebliche Schwierigkeiten, sich in der Fülle des bereits digital verfügbaren Materials zurechtzufinden. Die Rolle des Dozenten muß sich somit vom reinen Informationsanbieter zum Informationsvermittler und „Trainings-Coach" wandeln, um der zu leistenden Lehraufgabe gerecht zu werden. Manche Autoren erwarten sogar, daß Wissenschaftler selbst kaum noch in direktem Kontakt zu Studierenden stehen werden, sondern daß Moderatoren und Tutoren als gutgeschulte Profis, welche aber an der Inhaltserstellung nicht beteiligt sind, als Mittler vorgefertigter Lehrangebote auftreten werden [ELR]. Hier wird auch von der „Taylorisierung" der Bildung gesprochen, eine Perspektive, die man je nach Standpunkt als Versprechen oder Drohung empfinden kann. Immerhin zeigt eine detaillierte Begleituntersuchung zu einer importierten Vorlesung, daß Studierende durchaus virtuos mit den neuen technischen technischen Möglichkeiten des Wissenerwerbs umzugehen verstehen [B99].

5 Organisatorische Erfahrungen

Während hochschulübergreifende Kooperation in Forschungsprojekten nichts Ungewöhnliches ist, wird mit der in VIROR organisierten Kooperation in der Lehre Neuland betreten. Es zeigte sich bald, daß kaum Erfahrung vorliegt, und es absolut unüblich ist, hier in größeren Strukturen zu denken. So wundert es nicht, daß es schwierig ist, divergierende Interessen im Sinne des gemeinsamen Projektzieles zusammenzuführen. Denn die beteiligten Hochschulen und Fächer möchten ja ihr je eigenes Profil nicht aufgeben. Naturgemäß erzwingt aber die gemeinsame Entwicklung und Nutzung von Lehrmodulen eine gewisse Standardisierung der Inhalte. Sie wird dann als akzeptabel empfunden, wenn in eigenen Lehrveranstaltungen fremde Modul hinreichend feiner Granularität einbezogen werden. Abgesehen vom Import kompletter Lehrveranstaltungen mit voller Verantwortlichkeit des jeweiligen Anbieters für Inhalt, Betreuung und Prüfung scheint jedoch die unveränderte Übernahme multimedial aufbereiteter Inhalte in grösseren Einheiten, also z.B. eines vollständigen von einem Fachkollegen erstellten Kurses, der lediglich durch begleitende Tutorien unterstützt wird, kein akzeptierter Weg zu sein, um in der Lehre zu kooperieren. Ein positiver Seiteneffekt der multimedialen und rechnergestützten Lehre ist, daß vielleicht zum ersten Mal seit langer Zeit wieder intensiv über Form und Inhalt der Wissensvermittlung nachgedacht, gestritten und auf breiter Front experimentiert wird. Daß das nicht ziellos geschieht, sichern aufwendige und sehr detaillierte pädagogische, psychologische und medienwissenschaftliche Begleituntersuchungen. Natürlich funktioniert das nur, wenn Dozenten sich auch „fachfremder" Kritik offen zu stellen bereit sind.

Neben diesen in der Tradition der Hochschullehre begründeten Schwierigkeiten gibt es auch ganz banale organisatorische Probleme, wie z. B. die unterschiedliche zeitliche Blockung an zwei Partneruniversitäten, die gemeinsam ein Teleseminar durchführen möchten, so daß gemeinsame Veranstaltungen nur noch zu exotischen Randzeiten möglich werden. Hier sind Probleme zu lösen, die außerhalb des Einflusses der am VIROR–Projekt Beteiligten liegen. Dasselbe gilt auch für Fragen der Anrechenbarkeit von Studienleistungen und die Abstimmung von Prüfungsordnungen.

Nicht ganz unerwartet traten auch Probleme bei der Stellenbesetzung auf. Der gegenwärtige Mangel an Fachkräften mit Informatikkenntnissen gerade im Bereich Multimedia, Rechnernetze, Kommunikationssysteme, elektronisches Publizieren u. ä. ist auch an den Hochschulen spürbar. Hier ergibt sich das Problem, daß wissenschaftliche Mitarbeiter nur dann in einem Projekt wie VIROR mit großem Eisatz mitarbeiten, wenn ihnen dadurch zugleich eine Chance zur persönlichen Weiterqualifikation geboten wird.

Trotz der genannten Schwierigkeiten ist das Projekt vielversprechend angelaufen. Angesichts der sehr hochgesteckten Ziele ist freilich noch sehr viel zu tun, auch außerhalb und unabhängig vom Projekt. Wenn es aber seiner Funktion als Leitprojekt für eine Richtungsänderung in der Hochschulentwicklung gerecht werden soll, ist es notwendig, das langfristige Ziel nicht aus dem Auge zu verlieren.

6 Visionen

Dabei ist es ein wichtiger Aspekt, wie durch multimediale Techniken strukturelle Änderungen in der Lehre bewirkt werden, die so nachhaltig sind, daß sie Bestand haben [MWK97].

Es ist ein bekannter – und oft nicht beherzigter – Grundsatz, daß erst die Struktur und Organisation eines Ablaufs geklärt sein sollte, bevor man seine technische Implementierung in Angriff nimmt. Beim Multimedia- und Telematikeinsatz in der Lehre an den Hochschulen ist es leider eher umgekehrt: Beispielsweise wird der Export einer Vorlesung technisch inzwischen beherrscht und durchgeführt (mit den oben genannten Einschränkungen), die routinemäßige Anerkennung importierter Veranstaltungen (unabhängig von einer ad-hoc Klärung im Einzelfall) ist aber administrativ und von Prüfungsordnungen her nicht möglich. Es gibt zwar ein Abkommen zwischen den Universitäten Mannheim und Heidelberg, das die Fächer Informatik und Physik betrifft. Aber eine problemlose Anerkennung von Studienleistungen erfordert im Grunde die konsequente Modularisierung von Studiengängen und studienbegleitende Prüfungen. Die Vergleichbarkeit von Leistungen kann durch ein Credit-Point-System gewährleistet werden (z.B. ECTS[4]). Damit wird für jeden Studierenden klar ersichtlich, wie Leistungen einer beliebigen Partneruniversität in den eigenen Studiengang eingebracht werden können. Insbesondere gilt das für Veranstaltungen, die die Partner unter dem Label VIROR austauschen oder elektronisch über das WWW anbieten. Der Name VIROR sollte dabei wenigstens informell den Ruf eines Qualitätssiegels haben. In einigen Jahren sollten sich die Partneruniversitäten wenigstens in einigen Fächern, z.B. der Informatik, auf entsprechende Studienordnungen geeinigt haben. Dasselbe wird ja auch aus Gründen des internationalen Austausches gefordert. Das Informatikstudium an einer der beteiligten Universitäten kann dann eine Mischung von traditionellen und VIROR-Veranstaltungen

---
[4] http://europa.eu.int/en/comm/dg22/socrates/ects.html

sein, wobei letztere über einen attraktiv und komfortabel gestalten Server abgerufen und von kompeteten Dozenten und Tutoren mit Hilfe rechnergestützter Kommunikationswerkzeuge betreut werden. Durch das internationale Credit-Point-System können aber auch Studierende außerhalb des Einzugsbereichs der an VIROR beteiligten Universitäten einen weithin akzeptierten Leistungsnachweis erwerben (oder umgekehrt VIROR-Studierende weltweit attraktive Angebote nutzen).

Da die Angebote i.a. in ein Präsenzstudium an einer der an VIROR beteiligten Hochschulen eingebettet sind, werden von den Studierenden sicherlich auch technisch und designerisch nicht perfekte, dafür aktuelle und kostengünstige Materialien, die z. B. nach dem Notetaking-Verfahren produziert werden, akzeptiert werden. Es muß hier also nicht in erster Linie auf Konkurrenzfähigkeit (in Hinsicht auf Gestaltung und Marketing) mit industriellen Produkten geachtet werden, die – zumindest auf kürzere Sicht – von Universitäten kaum zu leisten ist. Viel wichtiger ist, daß das Betreuungsangebot stimmt und die Studenten nicht mit ihren fachlichen und persönlichen Problemen allein gelassen wrden.

Prinzipiell wird mit dem schrittweisen Aufbau eines netzgestützten Lehrangebotes auch der Weg zu Angeboten für die wissenschaftliche Weiterbildung geöffnet. Dabei bleibt aber noch völlig offen, wie aus dem universitären Regelbetrieb heraus entsprechende Inhalte entwickelt werden sollen, oder wie solche Angebote durch Rückflüsse via Gebühren finanziert werden können.

Für Anbieter, sprich Lehrende beliebiger Fachrichtungen, muß der Zugang zu Multimedia- und Netztechnik problemlos sein. Die Universitäten müssen zentrale Hörsäle und Seminarräume aufweisen, die mit multimedialem Equipment wie Rechnern und Beamern sowie Netzanschluß fest ausgestattet sind. Diese Ausstattung muß gleichzeitig flexibel genug sein, um eine Anpassung an die schnelle technische Entwicklung zu erlauben.

Ferner halten die Rechenzentren Servicekapazitäten vor, um Verbindungen aufzubauen und Inhaltsanbieter in den Gebrauch der Technik einzuweisen. Es mag auch sinnvoll sein, Funktionen von Bibliotheken und Rechenzentren teilweise zusammenzuführen und Medienzentren an den Hochschulen zu bilden. Solche Medienzentren beraten Interessierte, übernehmen zum Teil Design und Technik für Inhaltsanbieter, betreiben Lehr–Lernserver und erschließen den unübersichtlichen Markt der Lernanwendungen.

Viele der genannten Fragen werden zwar durch die Arbeit in VIROR konkret aufgeworfen, Antworten können aber nur in einem umfassenderen Kontext als dem des Projektes gefunden werden. Wie real ist also die virtuelle Universität Oberrhein? Nach einem knappen Jahr beginnt die Vision reale Konturen anzunehmen, doch als Realität ist die Virtuelle Hochschule leider noch weitgehend visionär.

Literatur

[B99] Buchholz A. Eine ganzheitliche Betrachtung der Televeranstaltung "Rechnernetze", Interner Bericht, Mannheim, April 1999

[BA98] Jason A. Brotherton and Gregory D. Abowd. Rooms Take Note: Rooms Takes Notes! *Working Papers of AAAI '98 Spring Symposium*, March 1998.

[DN95] Michael G. Dolence, Donald M. Norris. Transforming Higher Education. 1995, Society for College and University Planning, Ann Arbor, MI 48105 USA.

[E97] W. Effelsberg. Das Projekt TeleTeaching der Universitäten Mannheim und Heidelberg. *Proceedings LEARNTEC'97*, Karlsruhe, Germany, January 1997.

[EGE97] W. Effelsberg, W. Geyer, A. Eckert. Project TeleTeaching Mannheim–Heidelberg. *Proceedings 21st Annual Conference of the Society for Classification e. V.*, University of Potsdam, Germany, March 1997.

[ELR] José L. Encarnaçao, Wolfgang Leidhold, Andreas Reuter. Hochschulentwicklung durch neue Medien – Vision 2005. *BIG – Bildungswege in der Informationsgesellschaft*. Bezug über http://www.big-internet.de/hochschule.htm.

[FJLMcCZ97] Floyd S, Jacobson V, Liu C, McCanne S, Zhang L. A Reliable Multicast Framework for Light-weight Sessions and Application Level Framing. IEEE/ACM Transactions on Networking, December 1997, Vol. 5, No. 6, pp. 784-803.

[MO99] Müller R., Ottmann Th. (1999) The "Authoring on the Fly" System for Automated Recording and Replay of (Tele)presentations, to appear in: Special Issue on "Multimedia Authoring and Presentation Techniques" of ACM/Springer Multimedia Systems Journal

[MWK97] Ministerium für Wissenschaft, Forschung und Kunst Baden-Württemberg, *Bekanntmachung über das Förderprogramm „Virtuelle Hochschule" im Rahmen der „Zukunftsinitiative Junge Generation"*, Stuttgart, Germany, 29.4.1997.

[T99] Dennis Tsichritzis: Reengineering the University, CACM, 42,6, (1999), pp. 93 - 100.

[W98] M. Will: Multimedia and Hypermedia Publishing: Vision and Reality. *Proceedings of ED-MEDIA'98*, Freiburg, Germany, June 1998.

60 Thesen

Hermann Maurer

Meinem Freund Wolffried Stucky zu seinem 60sten Geburtstag gewidmet.

Abstract

In dieser Arbeit präsentiere ich 60 (Gruppen von) Aussagen, die zu dem Zeitpunkt, zu dem sie gemacht wurden, Prognosen über zukünftige technische Entwicklungen waren. Einige von diesen haben sich inzwischen als eklatant falsch, andere als verblüffend richtig erwiesen, und wieder andere beziehen sich auf Zeiten jenseits 2000 und sind also noch "offen". Die Sammlung von Aussagen zeigt vor allem, wie schwer Prognosen über die Zukunft sind, wie schwer sich oft auch die besten Wissenschafter von liebgewonnenen Ideen trennen, selbst wenn schon alles gegen sie spricht. Sie zeigt aber auch - dort, wo sie die Zukunft betrifft - ein wie starker Wandel unserer Gesellschaft noch bevorsteht.

Den erfolgreichen Arbeiten des Jubilars entsprechend beginne ich mit Themen aus der Informatik im ersten Abschnitt der Arbeit, während ich im zweiten Abschnitt auch andere naturwissenschaftliche und technische Bereiche behandle. Zwei kurze zusammenfassende Abschnitte beschließen die Arbeit.

1 Thesen und Aussagen im Bereich Informatik

Vor genau 60 Jahren, man schrieb das Jahr 1939, baute Zuse den berühmten "ersten Computer", den "Zuse2". Durch Fehleinschätzungen wichtiger deutscher Stellen wurde Zuses Arbeit weniger gefördert als später beginnende ähnliche in den USA und in England. Dennoch: der Siegeszug der Computer begann damals und es ist amüsant, die frühen Prognosen ins Gedächtnis zu rufen.

These 1: "Meines Erachtens gibt es einen Weltmarkt für vielleicht fünf Computer." (IBM Präsident Thomas Watson, 1943)

These 2: "Computer der Zukunft werden vielleicht einmal nicht mehr als 1,5 Tonnen wiegen." (Popular Mechanics, 1949)

These 3: "Es scheint, daß wir die Grenzen dessen erreicht haben, was mit Computer Technologie möglich ist." (John von Neumann, 1949)

These 4: "I can assure you that data processing is a fad that won't last out the year." (Hauptherausgeber Business Books, Prentice Hall, 1957)

These 5: "But what ... is it good for?" (Mitarbeiter bei der Advanced Computing Division, IBM 1968, über den Microchip)

These 6: "Es gibt keinen Grund, warum Menschen zu Hause einen Computer haben sollten." (Ken Olson, Gründer von Digital Equipment Corporation, 1977)

These 7: "640.000 Bytes Speicherkapazität sollten jedem genügen." (Bill Gates, 1981)

Es ist interessant zu sehen, wie pessimistisch viele, vor allem der früheren Aussagen über Computer waren. Freilich, es gibt auch Ausnahmen. So wurde schon 1958 prognostiziert, daß ein Computer 1967 den Schachweltmeister schlagen würde, dann wurde der Zeitpunkt auf 1977 verschoben und doch dauerte es noch einige Zeit, bis es soweit war. Das richtige "Gespür" hatte Kurzweil:

These 8: "Ein Computer wird um 1998 den Schachweltmeister schlagen." (Kurzweil 1987) Tatsächlich besiegte bekanntlich Deep Blue den Schachweltmeister Kasparow 1997.

These 9: "Die Zukunft gehört dem wiederverwendbaren Papier." (Maurer 1992)

In meinem damaligen Artikel in Electronic Publishing Review konnte ich noch keine definitive Technologie vorschlagen, doch die Idee war klar, und es tut mir heute leid, daß ich sie nicht patentierte. Inzwischen ist die "electronic ink", die Papier nicht nur wiederbeschreibbar macht, sondern durch Integration von Schaltkreisen ein Eigenleben entwickeln kann, im Labor Wirklichkeit:

These 10: "Wir werden in Zukunft ein Buch haben mit schön bedruckten Seiten und sogar bewegten Bildern, das sich auf Knopfdruck in ein anderes Buch verwandelt." (Kurzweil 1998) (Weil z.B. der Buchrücken ein Terrabyte Speicher enthält und electronic ink verwendet wird.)

These 11: "Es gibt im Jahr 2000 Schreibmaschinen, in die man hineinspricht und nicht hineinschreibt, und die so weitverbreitet sind, wie im Jahre 1985 Textverarbeitungssysteme." (Maurer 1985)

These 12: "Es wird im Jahr 2000 eine gewisse Anzahl von Touristen geben, die im Ausland einen elektronischen Übersetzer mit Sprachein- und -ausgabe benutzen." (Maurer 1985)

These 13: "Die Schrift wird im Jahre 2050 noch so viel Bedeutung haben wie im Jahre 1992 das Morsealphabet für die Kommunikation oder das manuelle Stricken für die Bekleidungsindustrie." (Maurer 1992)

Thesen 11 und 12 sind insofern für mich persönlich besonders interessant, als heute tatsächlich die Grundtechnologien dafür vorhanden sind, die Geräte nach These 11 sogar beschränkt eingesetzt werden, die Verbreitung von mir aber am 19.1.1982, 2:05 Uhr früh doch falsch eingeschätzt wurde: zu diesem Zeitpunkt habe ich im Hause Stucky eine Wette über diese Thesen abgeschlossen, und ich muß heute fairerweise gestehen: ich habe verloren.

Insgesamt habe ich in meinem Leben viele Prognosen abgegeben. Einige, wie These 9, sind eingetroffen, oder wie die nächste,

These 14: "In naher Zukunft wird jede Person eine eigene Telefonnummer und ein eigenes tragbares Telefon haben" (Maurer 1994), in der ich die Handy-Lawine vorausgesagt habe. Umgekehrt habe ich mich genauso oft verschätzt und Wetten verloren, wie z.B.:

These 15: "Ab 1990 wird niemand mehr Krawatten tragen" (Maurer 1962)

und weil ich diese Wette (damals Student in Berkeley) verloren habe, trage ich seit 1990 nur mehr Ketten...

Insgesamt halte ich es wohl mit Niels Bohr:

These 16: "Vorhersagen sind immer schwierig - vor allem über die Zukunft".

Die Omnipräsenz von Computern in mehr oder minder unsichtbaren Ausprägungen wird so schnell Realität, daß einige der "schwächeren" Vorhersagen schon nur noch ein Achselzucken bewirken.

These 17: "Ohne Computer wird man sich um 2010 nackter fühlen als ohne Kleidung" (Maurer 1989): Weil ein miniaturisierter Computer alle nur erdenklichen Funktionen übernommen haben wird.

These 18: "Der Computer als gesondertes Einzelobjekt verschwindet. Things That Think werden ihn ersetzen." (Gershenfeld u.a. 1990)

Die JINI Technologie und andere steuern genau in diese Richtung: Da wird es den Kugelschreiber geben, der sich merkt, was er geschrieben hat, die Milchpackung, die sich als letzte im Kühlschrank erkennt und über das Internet automatisch weitere bestellt, u.v.m.

These 19: "Das Tragen von Hardware wird Mode" (Gershenfeld 1998)

Wer hat nicht die Jeansjacke mit eingenähten Schaltkreisen im Fernsehen gesehen, die Diamantbrosche (von Mike Hawley, die die Fa. Harry Winston um US $ 500.000,- anfertigte), die im Herzrhythmus rot aufblinkt, oder Steve Mann vom MIT mit seinen 2 Videokameras, die er statt Augen verwendet ... aber damit auch gleichzeitig nach vorne und hinten sehen kann!

These 20: "3D-Kopierer sind im Kommen" (Maurer 1994), hat sich voll bewahrheitet. Nicht nur gibt es seit Jahren die Technik der Stereolithographie; 3D-Drucker wurden 1998 erstmals am MIT vorgeführt, und

These 21: "Der PC wird in Zukunft durch einen PF (Personal Fabricator) ergänzt werden" (Kurzweil 1998), ein Gerät, das 3D-Objekte ausgibt, ist heute schon kaum mehr als Science Fiction einzustufen.

Im Vergleich dazu sind Helme und Brillen, die 3D - virtuelle Welten erzeugen, schon fast Dinge von gestern, der Cube, der eine 3D -Hologrammszene erzeugt, ist schon nicht mehr letzter Schrei und Aussagen wie

These 22: "Realistische, großflächige bewegte 3D Szenen sind bis 2041 verwirklicht" (Maurer 1989), klingen fast konservativ. Interessanter ist dabei, ob so konservative Technologien wie Holographie (Maurer), neuartigere, aber noch nicht überzeugende Methoden wie Omniview (Texas Instrument), oder radikalere zum Einsatz kommen werden.

These 23: "Mit Hilfe von Nanobotschwärmen werden visuelle, akustische und taktile Projektionen in der Realität vor 2049 geschaffen werden." (Kurzweil 1998)

Daß die Nanotechnik der Schlüssel nicht nur für die Zukunft der Robotik, sondern auch für die Medizin und die Zukunft der KI sein wird, glauben viele der berühmtesten Informatiker. Schließen wir diesen Teil über Computerprognosen noch mit weiteren kernigen Aussagen von Kurzweil (1998):

These 24: "Im Jahre 2029 besitzt ein Computer um US$ 1000,-- die Rechenleistung von annähernd 1000 menschlichen Gehirnen."

These 25: "Im Jahre 2099 verschmilzt das menschliche Denken mit der ursprünglich von der menschlichen Spezies erschaffenen Maschinenintelligenz ... 'Unsterblichkeit'

wird ein sinnleerer Begriff.... In folgenden Jahrtausenden manipulieren solche intelligente Wesen das Schicksals des Universums."

Der phantastischen Vorstellung der These 25, daß irgendwie aus Menschen hervorgehende neue Intelligenzen nicht nur "planetary engineering" betreiben werden (mit so Trivialitäten wie Wiesen auf dem Mond anzulegen (Maurer 1992) oder mit Eistrümmern aus der Oortschen Wolke den Mars bewohnbar zu machen), sondern daß ein "galactic engineering" einmal Wirklichkeit werden wird, mögen nicht alle folgen wollen. Daß irgendwann aber alles menschliche Wissen in solche Supercomputer abgebildet werden kann, glauben schon seit den späten Achtzigerjahren so bedeutende Wissenschaftler wie Marvin Minsky vom MIT oder Hans Moravec von der Carnegie Mellon Universität. Realistischer, aber noch immer fantastisch genug sind da alle, die überzeugt sind, daß Computer vor 2030 den bekannten Turingtest bestehen werden oder anders formuliert:

These 26: "Die Computer sind unsere Kinder. Wir sollen stolz darauf sein, daß unsere Kinder uns in absehbarer Zeit an Fähigkeiten und Intelligenz überholen werden." (Chip Maguire, KTH Stockholm, 1995)

Damit das Ganze nicht zu ernst wird, hier einige amüsante Formulierungen zu obigem Thema:

These 27: "Wenn wir Glück haben, werden uns die Roboter als Haustiere behalten." (Marvin Minsky)

These 28: "Biology is not destiny. It was never more than a tendency. it was just nature's first quick and dirty way to compute with meat. Chips are destiny." (Bart Kosko)

These 29: "The danger for computers is not that they will eventually get as smart as men, but that we will meanwhile agree to meet them halfway (Bernard Aviskai)

These 30: "Programming today is a race between software engineers striving to build bigger and better idiot-proof programs, and the Universe trying to produce bigger and better idiots. So far, the Universe is winning (Rick Cook)

These 31: "Computers are useless. They can only give answers." (Pablo Picasso)

Computer und Kommunikation sind untrennbar miteinander verbunden.

These 32: "Das Telefon hat zu viele Mängel, als daß es ernsthaft als Kommunikationsmittel in Betracht kommen könnte." (Manager der Western Union, 1876)

These 33: "Radiowellen werden nie ernsthaft für Kommunikationszwecke einsetzbar sein" (H. Hertz, Entdecker der Radiowellen, 1884)

These 34: "Radiowellen können den Atlantik nicht überqueren." (Poincaré, 1901).

Nach dem damaligen Stand der Wissenschaft war das "offensichtlich". Marconi - durchaus kein Forscher vom Kaliber eines Hertz oder Poincarés - schaffte es aber dann schon am 12. Dezember 1901, Funksignale von Cornwall, UK nach St. John's, Canada zu übertragen. Von der reflektierenden Heaviside Schicht wußte Marconi auch noch nichts ... aber er wurde mit Recht durch diesen Versuch weltberühmt.

These 35: "It is absurd and misleading to state that the human voice can be transmitted across the Atlantic." (US District Attorney, 1913)

Mit obiger Aussage wurde Lee de Forest, in den USA als Erfinder des Radios angesehen, als Betrüger verurteilt, weil er versucht hatte, Geld für den Bau eines Telefontransatlantikkabels zu bekommen! Die Verurteilung hat de Forest sehr viel vorsichtiger werden lassen:

These 36: "While theoretically and technically television may be feasible, commercially and financially I consider it an impossibility, a development of which we need waste little time dreaming." (de Forest, 1926)

These 37: "Television sets will be standard in everyone's home by 1985." (Popular Mechanics Magazine 1950).

Einerseits eine durchaus visionäre Aussage: Das erste tägliche Fernsehprogramm begann in Deutschland erst 1952 (NWDR) ... aber in dem ganzen Artikel wird die Idee, daß es auch einmal Farbfernsehen geben wird, nie erwähnt, obwohl PAL schon 1966 entwickelt wurde!

These 38: "Das Internet wird 1996 kollabieren." (Robert Metcalfe, Erfinder des Ethernets, 1990)

These 39: "There will be 100 million WWW Servers by 2002." (Jacob Nielsen, SUN Chief Engineer, 1998)

These 40: "There are three kinds of death in this world. There is heart death, there is brain death and there is being off the network." (Guy Almes).

2 Thesen und Aussagen in anderen Bereichen

Zu den schillerndsten Einzelpersonen der Vergangenheit, was Erfindungen, Vorhersagen und wirtschaftliche Verwertung anbelangt, gehört Thomas Alva Edison (1847-1931). Ich will dies mit drei Beispielen belegen: Als Erfinder des Phonographen, des Vorläufers der Plattenspieler, sagte er dessen Erfolg und Einsatzmöglichkeiten mit großer Genauigkeit voraus. Nur in einem Punkt machte er eine grobe Fehleinschätzung:

These 41: "... und vielleicht die wichtigste Eigenschaft des Phonographen wird es sein, daß man Musik auf Wunsch langsamer oder schneller abspielen kann."

Seine Aussage:

These 42: "Es gibt keinen Grund zur Annahme, daß Wechselstrom und Hochspannung je irgendeine Bedeutung haben werden", hat mich jahrelang gequält, weil ich mir nicht vorstellen konnte, daß er nicht wußte, daß man nur Strom bei hoher Spannung weitgehend verlustfrei leiten kann und andererseits Gleichstrom schwer transformierbar ist. Des Rätsels Lösung fand ich in einer Biographie des österreichischen Erfinders Nikola Tesla, der nur einige hundert Meter von Edison entfernt an Wechselstromanwendungen arbeitete: Edisons Aussage war nicht seine Überzeugung, sondern er wollte Teslas wirtschaftlich schädigen (was ihm übrigens erfolgreich gelang). Edison war also nicht nur ein genialer Erfinder (über 1000 Patente), sondern auch ein harter Geschäftsmann. Andererseits war seine

These 43: "Glühlampen werden einmal die Nacht erhellen" (Edison erfand 1879 die Kohledrahtglühlampe), nicht nur richtig, sondern war diese Erfindung so erstaunlich, daß sie von den berühmtesten Forschern Europas anfangs gar nicht geglaubt wurde: Preece (Schüler des berühmten Faraday) meinte: "..die elektronische Beleuchtung ist eine völlig idiotische Idee", und noch Monate später sagte Wilhelm Siemens: "Diese sensationellen Nachrichten sind nutzlos für die Wissenschaft und schädlich für den wahren Fortschritt."

Trotz der Erfolge einiger Wissenschafter gilt doch

These 44: "Von 100 Genies gehen 99 unentdeckt zu Grunde." (Rudolf Diesel)

Es ist eine traurige Pikanterie, daß dieser Ausspruch des Parisers Diesel (Patent auf den Dieselmotor 1892) aus der Zeit des großen auch wirtschaftlichen Erfolges von Diesel stammt, der aber doch ein besserer Erfinder als Firmenbesitzer war: er beging 1913 in England mittelos Selbstmord.

Zu den unentdeckten Genies gehört sicherlich auch der badische Freiherr von Drais (1785 - 1851), der Erfinder des Laufrads (Vorläufer des Fahrrads), der 1818 noch als "liebenswerter Spinner" abgetan wurde, oder Ph. Reis, der 1861 das erste Telefon entwickelte (siehe These 32!), oder der Deutsche W.J. Bauer, der schon 1851 das erste U-Boot entwickelte, wobei ein SF Autor wie H.G. Wells noch 50 Jahre später meinte:

These 45: "I refuse to see any sort of submarine doing anything but suffocating its crew and floundering at sea" (1901).

Die Geschichte des Autos ist unendlich reich an Aussagen, die oft auch durch ihre Widersprüchlichkeit überraschen: Drei Jahre, nachdem Benz 1886 das Patent für ein Benzinauto (erstmals 1879 in Betrieb) erhielt, gab es noch Aussagen wie

These 46:" Diese Anwendung des Benzins auf den Straßenverkehr ist ebenso unbedeutend wie Dampf." (van Muyden, 1889)

Auch Daimler, der 1886 sein erstes benzinbetriebenes Motorboot vorstellt, ging es nicht besser. Einer der größten deutschen Werftbesitzer meinte dazu: "Glauben Sie nicht, daß jemals ein Schiff mit so einem Motor die See befahren wird" (Handinen 1886).

Am Rande sei erwähnt, daß das erste benzinbetriebene Auto 1873 in Wien fuhr, der Marcus-Wagen, der aber nach 100 m Fahrt wegen seiner "belästigenden Wirkung" permanent verboten wurde. Das Auto hat unsere Welt revolutioniert. So ist es angebracht, mit einer Aussage Henry Fords und einigen Zitaten dieses Thema abzurunden.

These 47: "Ich beabsichtige, ein Automobil für die Menge zu bauen. Es wird groß genug sein, um die Familie mitzunehmen, aber klein genug, daß ein einzelner Mann es lenken und versorgen kann. Es wird aus dem allerbesten Material gebaut, von den allerbesten Arbeitskräften gefertigt und nach den einfachsten Methoden, die die moderne Technik zu ersinnen vermag, konstruiert sein. Trotzdem wird der Preis so niedrig gehalten werden, daß jeder, der ein anständiges Gehalt verdient, sich ein

Auto leisten kann, um mit seiner Familie den Segen der Erholung in Gottes freier, reiner Luft zu genießen." (Henry Ford, 1909)

"Wenn ein Mann ohne zwingenden Grund mehrere Autos hält, dann ist das ein gefühlsmäßiger Ersatz für einen Harem." (Peter Marsh und Peter Collett)

"Ich glaube, daß das Auto heute das genaue Äquivalent der großen gotischen Kathedralen ist: Eine große Schöpfung der Epoche, die mit Leidenschaft von unbekannten Künstlern erdacht wurde und die in ihrem Bild, wenn nicht überhaupt im Gebrauch von einem ganzen Volk benutzt wird, das sich in ihr ein magisches Objekt zurüstet und aneignet." (Roland Barthes)

"Die extrem ungleiche Verteilung von PKWs auf dem Planeten ist im Grunde nur ein Beispiel für die grundlegend ungleiche Verteilung all dessen, was gemeinhin gesellschaftlicher Reichtum genannt und in Bruttosozialprodukten zusammengefaßt wird ... " (Gerhard Mauz)

Die Entwicklung der Luftfahrt war nicht weniger von Fehlurteilen begleitet als jene des Autos:

These 48: "Sie sprachen seit langem so viel von Flugmaschinen, daß man am Ende auf den Gedanken kommen könnte, sie glaubten an solche Torheiten." (de Lalande, frz. Astronom, 1782)

Nur ein Jahr später führen die Brüder Montgolfier einen ersten bemannten Flug mit einem Heißluftballon durch! Schon 1852 baut Henri Giffard das erste dampfbetriebene Luftschiff. Aber in Deutschland kämpft Zeppelin bis 1900 gegen enorme Widerstände, obwohl sich schon 1890 sein erster Zeppelin in die Lüfte erhebt!

These 49: "Flugmaschinen, die schwerer sind als Luft, sind nicht möglich." (Lord Kelvin, 1895)

Ob man Otto von Lilienthal (erste menschliche Gleitflüge 1891), die Gebrüder Wright (1903), oder den deutschen Auswanderer Weißkopf (1901?) als ersten Menschen sieht, der mit einem Gerät schwerer als Luft geflogen ist, sei dahingestellt. Fest steht, daß Kelvin einerseits rasch widerlegt wurde, andererseits das Flugzeug nur in seinen positiven Auswirkungen gesehen wurde.

These 50: " Durch Flugmaschinen werden die Grenzen der Länder ihre Bedeutung verlieren ... und sie werden uns daher den ewigen Frieden schaffen." (Otto Lilienthal 1894)

These 51: "Flugzeuge haben keinen militärischen Nutzen." (Professor Marshal Foch 1912). Leider war die Realität anders: Im letzen Jahr des ersten Weltkrieges wurden bereits Bomben abgeworfen.

Ähnlich stark wie der Traum zu fliegen, ist bei manchen Menschen heute der Traum, den Weltraum zu erforschen und zu besiedeln: 1927 gründet Hermann Oberth den Verein für Raumschiffahrt. Dagegen spricht

These 52: "Interplanetarischer Verkehr ist sicher unmöglich." (Auguste Piccard, 1937).

Trotz der V2 Raketen des zweiten Weltkrieges schreibt jener Vannevar Bush, der mit seinem "Memex" den Grundstein für Hypertext legte, noch 1945, daß interkontinentale Raketen völlig unmöglich sind! Noch massiver:

These 53: "Landing and moving around the moon offers so many serious problems that it may take 200 years to solve them" (Science Digest, 1948).

Zwanzig Jahre später steht der erste Mensch auf dem Mond! 1992 schreibe ich das erste Mal über Wiesen auf dem Mond und interplanetarische Raumfahrt und wage

These 54: "Das erste Hotel am Mond wird vor 2030 eröffnet." (Maurer, 1992)

Ja, Hotel. Denn die Finanzierung der Besiedelung unseres Sonnensystems wird durch den Tourismus geschehen. Und dafür gibt es konkrete Pläne: Meine These ist in guter Gesellschaft, wie ich noch mit zwei Zitaten belegen möchte:

"Möglicherweise werden die meisten Menschen in Weltraumsiedlungen geboren sein und eines Tages könnten sie die irdische Bevölkerung zahlenmäßig weit übertreffen" (Al Globus)

"Warum Weltraumsiedlungen bauen? Warum wächst Unkraut durch die Spalten der Bürgersteige? Warum kroch das Leben aus den Ozenanen heraus und kolonisierte das Land? Weil Lebewesen wachsen und sich ausbreiten wollen. Wir haben die Fähigkeit, im Weltraum zu leben ..., und deshalb werden wir das auch tun -- wenn auch nicht in diesem Fiskaljahr." (Al Globus)

Ob Kurzweil wohl recht hat, wenn er spekuliert

These 55: "Besucher aus dem Weltall werden mikroskopisch klein sein - ihre Raumschiffe in der Größe eines Sandkorns. Vielleicht ... einer der Gründe, warum noch keine UFO's entdeckt wurden." (Kurzweil 1998)

Diese für sich alleinstehende, sehr verblüffende Aussage wird im Lichte der These 25 verständlicher, in der die Verschmelzung menschlicher Intelligenz mit mikroskopischen mächtigen Computern vorhergesagt wird, und für raumfahrende Wesen schon "sicher" stattgefunden hat.

Ich wende mich nun kurz noch einigen anderen Themen zu.

Während Rutherford 1919 die erste Atomspaltung gelingt, schreibt er selbst zwanzig Jahre später noch:

These 56: "An die Verwertung dieser Energie ist in keiner Weise zu denken." (Rutherford 1933, Winker 1934, Admiral Leahy 1945 ... ein Jahr vor dem Abwurf der ersten Atombomben)

Im Futurland Disney's wird seit 1970 die Besiedelung der Böden der Ozeane und die weite Verbreitung der Atomenergie gezeigt, und es gab Jahre, da war der Atomoptimismus so unbegründet und gewaltig, wie es heute der Atompessimismus ist.

These 57: "It can be taken for granted that before 1980 ships, aircraft, locomotives and even automobiles will be automatically fueled." (David Sarnoff, former head of RCA, 1955).

Niemand ist vor Fehlurteilen sicher, und die größten Entdeckungen werden oft jahrzehntelang nicht anerkannt!

Der berühmte Physiker Sir Isaac Newton konnte sich Gravitation (d.h. eine Fernwirkung) ohne ein übertragendes Medium nicht vorstellen (und gegen alle "Vernunft" und meine Physikkenntnisse, ich mir auch nicht).

Zu seinen größten Irrtümern gehört jedoch die Ansicht, daß man sich zur Navigation von Schiffen nur auf astronomische Fakten stützen kann. Zur Erinnerung: Während der Breitengrad eines Ortes jederzeit durch die Höhe des Polarsterns bestimmbar ist, ist der Längengrad (dessen Nullwert ja willkürlich durch einen Punkt in Greenwich festgelegt ist) sehr viel schwerer zu bestimmen, es sei denn, man hat eine sehr genau gehende Uhr, mit der man die lokale Zeit mit der durch die Uhr "mitgenommene" Greenwich Zeit vergleichen kann. Auf Grund der Bewegung der Schiffe, der Feuchtigkeit, der Temperaturschwankungen (die z.B. die Pendellänge verändern), gab es bis weit nach 1700 keine auch nur annähernd genau gehende Schiffsuhr. Nach wiederholten großen Schiffsunglücken auf Grund fehlerhafter Längenbestimmungen verabschiedete die englische Admiralität am 8.7.1714 den "Longitude Act", nachdem Newton ausgesagt hatte:

These 58: "Eine Uhr, die auf Schiffen pro Tag auf ca. 3 Sekunden genau geht, ist undenkbar." (Newton 1714)

Während man also (a) eine so genaue Uhr für verläßliche Längengradbestimmungen gebraucht hätte, (b) eine solche nach These 58 nie existieren würde, beschäftigte man sich mit anderen Methoden der Längengradbestimmung: z.B. wurden Tabellen für Mondes- und Sonnenfinsternisse, Mondstand von Fixsternen, das Verschwinden der großen Jupitermonde hinter diesem Planeten, die Parallaxe zwischen Nordpol und magnetischen Nordpol, usw. verwendet. Keine Methode war echt befriedigend. Der einfache Tischler John Harrison aus Mittelengland baute hingegen allen Schmähungen und Hindernissen zum Trotz eine superb genaufunktionierende Uhr und erhielt nach langem Streit (alle Wissenschaftler waren gegen ihn) 1776 den im Longitude Act ausgesetzten Preis.

Auch moderne Gurus machen Fehlprognosen:

These 59: "Lange vor dem Jahr 2000 wird das gesamte antiquierte Gefüge aus Collegeabschlüssen ein Trümmerfeld sein" (Alvin Toffler, 1987).

So sehr auch ich an die Auswirkungen neuer Unterrichtstechnologien glaube, siehe z.B. http: //wbt.iicm.edu , so bin ich doch erstaunt, daß selbst im Bericht der Bertelsmannstiftung 1999 wieder überschäumener Optimismus zu entdecken ist. "Im Jahre 2005 studieren bereits 50% aller Studenten nicht mehr an Universitäten."

Zum Abschluß eine wahre These, deren Wahrheit fast ein halbes Jahrhundert angezweifelt wurde:

These 60: "Die Kontinente sind durch das Auseinanderdriften eines Urkontinents entstanden" (Wegener 1912).

H.V. Ihering bezeichnet dies als "Phantasiegebilde, das wie eine Seifenblase vergehen muß" (1912). Max Semper nennt sie die "Fieberphantasie eines Kranken" (1914), R.T. Chamberlain sagt offen: "Wenn wir der Wegnerschen These folgen, müssen wir alles vergessen, was wir in den letzten 70 Jahren gelernt haben" (1926). (Man sieht: es kann nicht sein, was nicht sein darf!) Noch 1954 bzw. 1955 nennen V.V. Belussow bzw. F. Hagle Wegeners Theorie "etwas, das mit Wissenschaft nichts zu tun hat".

Wegener stirbt 1930 bei einer Expedition im Grönlandeis, bevor (durch Satellitenmessungen) seine Theorie gegen 1970 endgültig bewiesen wird ...

3 Was kann man daraus lernen?

Ich glaube, daß man es erstens mit Jacques Hebenstreit halten muß: "Jede Vorhersage über mehr als 20 Jahre ist reine Spekulation." Zweitens, man darf globalen Aussagen wie etwa, "Die wichtigsten grundlegenden Gesetze und Tatsachen der Physik sind entdeckt ... und daher ist die Wahrscheinlichkeit, daß sie jemand durch neue Entdeckungen ergänzt, äußerst gering" (Albert Abraham Michelson, 1903), keinen großen Stellenwert zugestehen, sondern es mit Regge halten: "Man muß das Eigenrecht des Unwahrscheinlichen und seiner Verfechter respektieren".

Leider gilt auch der Ausspruch von Max Planck: "Eine neue wissenschaftliche Wahrheit triumphiert nicht, indem sie ihre Gegner überzeugt, sondern weil ihre Gegner schließlich sterben."

Wenn heute jemand behauptet (Kurzweil oder Maurer, aus ganz verschiedenen Gründen), "um unsterblich zu werden, muß man nur die nächsten 100 Jahre überleben", dann darf man das eben nur cum grano salis ernst nehmen, wie es Woody Allen macht, indem er sagt: "Manche Leute wollen durch ihre Arbeit oder durch Nachkommen Unsterblichkeit erlangen. Ich beabsichtige, dadurch unsterblich zu werden, daß ich nicht sterbe".

Leider ist mein Freund Wolffried Stucky, für den ich dies geschrieben habe, so jung, daß ich viele weitere Anekdoten - von den 250 Jahren der Erfindung der Dampfmaschine bis zur Leugnung, daß die Meteoriten aus dem Weltall kommen (bis 1803!), nicht mehr in den 60 Thesen unterbringen konnte.

Ich gratuliere dem Jubilar, daß er sich nicht oft zu wilden Prognosen hinreißen ließ, und nie zur Verurteilung auch der ungewöhnlichsten Vorhersagen. Ich schließe diesen Bericht mit vier Haikus und einem Gedicht:

Haiku 1: Hüpf über das Blatt
         durch die Löwin
         die in meiner Seele kauert

Haiku 2: Träum jetzt und sing
         schaff Mythen
         form' Edelsteine aus dem fallenden Schnee

Haiku 3: Das erstickende stickige
         katholische Klassenzimmer,
         wo ich nicht wahrhaftig sein kann

Haiku 4: Verrücktes Mondkind
hüte dich vor dem Sarg
trotz deinem Schicksal

Gedicht: Lange Jahre sind vergangen
ich denk an Abschied
Gefangen in der Nacht
denk ich an Liebe;
Angelockt von Trübsinn, die Nacht
Auf diesem Blatt
Die Scherben meines Lebens
der Freude Anblick
der Liebe Scherben
Die Scherben meiner Liebe
sind schal geworden.

Was diese Gedichte gemeinsam haben? Sie wurde alle nicht von einem Menschen, sondern von einem Programm von Ray Kurzweil geschrieben!

4 Vorbehalt

Ich hoffe, daß diese Zusammenstellung dem Leser so viel Spaß gemacht hat, wie mir die Recherchen, die ich zum Teil durchführen mußte. Ich bitte um Verständnis für etwaige Fehler und die vielen Vereinfachungen, die ich machen mußte. Wenn ich z.B. unter These 44 vom "Selbstmord" Diesels schreibe, dann weiß ich, daß es auch eine Unfalltheorie gibt; wenn ich W.S. Bauer 1851 als Erfinder des U-Bootes angebe, ist mir bewußt, daß schon fünfzig Jahre früher in den USA in diese Richtung experimentiert wurde und das erste wirklich brauchbare U-Boot wohl erst 1898 vom Iren J.P. Holland gebaut wurde. Jede große Idee hat meist viele Väter, oft gibt es Parallelentwicklungen, manche Zitate sind in der Gesamtumgebung weniger radikal, als wenn man sie verkürzt wiedergibt. Sollte sich aber irgendwo ein wirklicher Fehler eingeschlichen haben, dann bitte ich um einen Hinweis an hmaurer@iicm.edu. Danke!

Literatur

[Bür98] L. Bürgin: Irrtümer der Wissenschaft, Gondron, 1998

[DiT97] F. Di Trocchia: Newtons Koffer, Campus, 1997

[Ger99] N. Gershenfeld: Wenn die Dinge denken lernen, Econ, 1999

[Kur99] R. Kurzweil: Homo S@piens, Kiepenheuer + Witsch, 1999

[Mau82] H. Maurer, I. Sebestyen, J. Charles: Prinating without papers?, *Electronic Publishing Review*, Vol 2, No. 2, 1982, S. 151-159

[Mau89] H. Maurer: Sklaverei in Österreich? oder: Obst in die Parks!, Fric, 1989

[Mau92] H. Maurer: Gras auf dem Mond? oder: Frauen in alle Gremien!, Fric, 1992

[Mau95] H. Maurer: Der Tod als Hilfe? oder: Der Berg von hinten!, ÖVG, 1995

[Mor90] H. Moravec: Mind Children, Hofmann + Campe, 1990

[Sob98] D. Sobel: Längengrad, btb, 1998

Data Warehousing:
Chancen für die Telekommunikationsbranche

Thomas Mochel

Abstract

Seit jeher gibt es Bestrebungen, durch die Übertragung von Konzepten und Vorgehensweisen von einer Branche auf eine andere, speziellen Herausforderungen zu begegnen. Ein weiteres Beispiel hierfür ist die steigende Zahl an Implementierungen von Data Warehouses in der durch den steigenden Wettbewerbsdruck gekennzeichneten Telekommunikationsbranche. Mit Begriffen wie Kundenbindung, Customer Relation Management, Churn Management usw. wird versucht, eine Vorgehens- bzw. Denkweise zu etablieren, die letztlich doch stets zentraler Punkt aller unternehmerischen Tätigkeiten sein sollte: die konsequente Kundenorientierung. Inwieweit können nun solche Ansätze, systemtechnisch unterstützt mit Data Warehouse-Implementierungen, in der Telekommunikationsbranche nachhaltig ein Umdenken und vor allem Erfolge erzielen?

1 Einleitung

Durch die in den letzten Jahren eingesetzte Liberalisierungswelle im Telekommunikationsbereich stehen weltweit alle ehemaligen Monopolisten und seit Anfang 1998 auch die Deutsche Telekom unter extremem Wettbewerbsdruck. Gerade am Beispiel der Bundesrepublik Deutschland, wo die Liberalisierungsbestrebungen sehr weitreichend sind, hat der Wettbewerb dramatische Formen angenommen. So versuchen sich die Kontrahenten nicht nur über ihre Produkte und Leistungen zu differenzieren, sondern auch über einen brutalen Preiskampf.

Vor diesem Hintergrund wappnen sich die Unternehmen der Telekommunikationsbranche mit "Verschlankungsprogrammen", Prozeßoptimierungen und systemtechnischen Hilfsmitteln gegen Angriffe der Wettbewerber. Eines dieser neuen

"Wundermittel", welches in anderen Branchen, z. B. im Handel, schon lange im Einsatz ist, nennt sich Data Warehouse (DWH).

Im folgenden wird nun diskutiert, was die Anforderungen des Marktes (Wettbewerb, Kunden) sind, was die Unternehmen wünschen und letztlich, ob ein Data Warehouse in der Lage ist, diese Anforderungen der Telekommunikationsbranche zu erfüllen. Der nächste Abschnitt gibt einen Abriß über die Entwicklungsgeschichte des "Data Warehouse" und stellt die aktuellen Ansätze vor. Im dritten Abschnitt wird auf spezielle Aspekte der Telekommunikationsbranche eingegangen. Schwerpunkt ist dabei die Ausleuchtung der Markt- und Kundensicht und das Aufzeigen eines möglichen Entwicklungsszenarios für den Aufbau eines Data Warehouse. Abschluß bildet im vierten Abschnitt eine kritische Bewertung der Einsatzmöglichkeiten eines Data Warehouse und Data Mining-Tools.

2 Grundlagen des Data Warehousing

2.1 Entwicklungsgeschichte und Abgrenzung

Der Wunsch nach der intelligenten Weiterverwertung und Nutzung der bereits in einem Unternehmen vorhandenen Daten brachte in den vergangenen 30 Jahren eine Vielzahl von "Informationssystemen" hervor. Exemplarisch können an dieser Stelle genannt werden: Management-Informationssysteme (MIS), Vertriebsinformationssysteme (VIS), Büroinformationssysteme (BIS), Executive Informationssysteme (EIS). Alle hatten zum Ziel, umfangreiche und komplexe Datenbestände in einer normalisierten und aggregierten Form den Entscheidern und teilweise auch den Experten (z. B. Marktforschern) zur Verfügung zu stellen, um eine flexible und zeitnahe Steuerung zu ermöglichen. Tatsächlich blieb aber der Nutzen in den meisten Fällen weit hinter den Erwartungen zurück.

Seit Anfang der 90er Jahre setzt sich ein neuer Begriff durch, der erstmalig die Chance hat, den gestellten Anforderungen gerecht zu werden: Data Warehousing.

Unter dem Prozeß des Data Warehousing versteht man die Fähigkeit, aus den vielen Gigabyte (u. U. Terabyte) an Information, die sich in den (großen) operativen Systemen und Datenbanken befinden, die relevanten Daten automatisch zu organisieren und vielfältigen Analysen als Basis bereitzustellen. Das dazu notwendige (Informations-) System nennt man i. A. ein Data Warehouse.

Glaubt man den Marktforschungsergebnissen der META Group, so hat sich die Data Warehouse-Technologie bereits im Markt durchgesetzt [Mar98a]. In über 90 % der *Global 2000 Unternehmen* laufen demnach Data Warehouse-Initiativen und Projekte. In über 50 % dieser Unternehmen wird eine Data Warehouse-Architektur sogar schon produktiv eingesetzt.

Warum aber verzeichnet gerade das Data Warehousing diesen Erfolg, wo doch seit den 70er Jahren die verschiedensten Ansätze erprobt wurden, aber nie einen entscheidenden Durchbruch erzielen konnten? Ist das Konzept derart anders, daß diese Technologie wirklich auch Nutzen für das Unternehmen produziert?

2.2 Die Komponenten eines Data Warehouse

Wie oben schon angeführt, ist grundsätzlich zwischen dem Prozeß des Data Warehousing und dem System (als Instrument für den Prozeß) zu unterscheiden. Idealerweise ist der Prozeß soweit automatisiert, daß im wesentlichen die Systemabläufe den Prozeßschritten entsprechen. Abbildung 1 zeigt einen Überblick über die grundsätzlichen Komponenten eines Data Warehouse.

Was ist OLAP?

Fast untrennbar verknüpft mit dem Begriff Data Warehouse ist das Online Analytical Processing (OLAP). Darunter wird die Möglichkeit verstanden, komplexe (Geschäfts-) Analysen in einer mehrdimensionalen Umgebung mittels entsprechender Tools (OLAP-Tools) durchzuführen. Im Prinzip stellt OLAP den nächsten logischen Schritt im Hinblick auf Abfragen und Berichtserstellung in Richtung einer ganzheitlichen Entscheidungsunterstützung dar.

Der OLAP-Ansatz versucht die meist relationalen und flachen Daten in einen für die Datenanalyse optimierten mehrdimensionalen "Datenwürfel" zu transformieren. Der Datenwürfel (Hyper Cube) speichert die Daten entlang von Dimensionen, welche dann die Ausgangspunkte für Analysen bilden. Die beiden grundlegenden Analyse-Methoden sind "slice and dice" und "drill down".

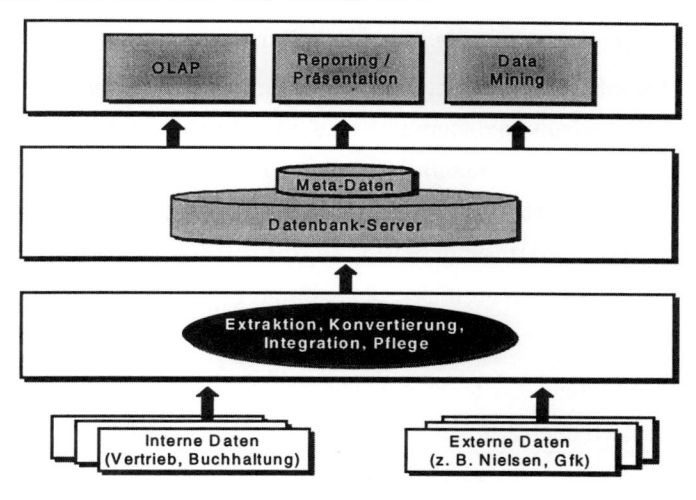

Abbildung 1

Slice and Dice

Unter "slice and dice" wird die Technik verstanden, die es erlaubt, einen bestimmten Ausschnitt der aggregierten Daten auszuschneiden und aus verschiedenen Blickwinkeln zu betrachten. Beispielsweise können zuerst die Umsätze eines Produktes aufgeteilt nach Quartalen und anschließend für ein bestimmtes Quartal aufgeteilt nach Regionen untersucht werden (siehe Abbildung 2).

Drill Down

Unter "drill down" wird die Technik verstanden, ausgehend von einem aggregierten Wert (z. B. Umsatz eines Produktes in Region Mitte im Jahre 1998) systematisch "tiefer zu bohren", um detailliertere Analyse durchzuführen (Quartal, Monat, Kalenderwoche etc.). Neben "drill down" kann natürlich auch systematisch nach oben aggregiert werden ("drill up") oder auf einer bestimmten Ebene, z. B. auf ein anderes Produkt gewechselt werden ("drill through").

Datenbank und Metadaten

Kern eines jeden DWH bildet eine (zentrale) Datenbank für die Speicherung der Informationen und zugehörige Metadaten, welche die Inhalte der Datenbank (Informationen) fachlich beschreiben. Wurden für die "ersten" DWH noch Standardprodukte von Datenbanken eingesetzt, die ursprünglich für Online Transaction Processing (OLTP-Anwendungen) konzipiert wurden, so finden heute spezielle Produkte für DWH-Anforderungen (insbes. OLAP) Verwendung. Der wesentliche Unterschied besteht in der potentiellen Zugriffsart auf die gespeicherten Daten. OLTP-Anwendungen orientieren sich dagegen an den typischen Geschäftsvorfällen eines Unternehmens. Demzufolge bilden die Objekte dieser Datenbanken, die Geschäftsvorfälle in Teilen oder als Ganzes in den Tabellen ab.

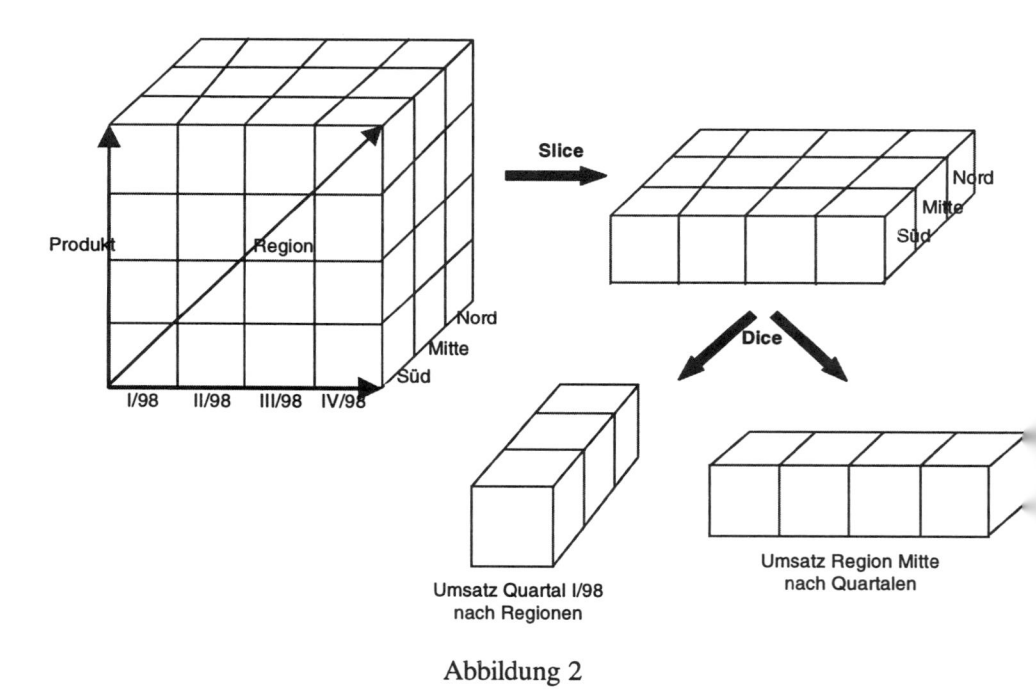

Abbildung 2

Im Unterschied dazu werden für Data Warehouse-Anwendungen mehrdimensionale Sichten auf die Daten benötigt, um später die unterschiedlichsten Fragestellungen beantworten zu können. Dadurch wird ermöglicht, daß Analysen nach verschiedenen Kriterien bzw. Gesichtspunkten, orientiert an mehreren Dimensionen (Zeit, Produkt, Region, ...), durchgeführt werden können (siehe auch unter OLAP-Tools).

Extraktion und Transformation

Das Befüllen des DWH (Initial Load) als auch das regelmäßige Aktualisieren der Daten stellt mit die größte Herausforderung dar. Schwierig ist an dieser Stelle das Zusammenführen der Informationen aus unterschiedlichen Quellen und insbesondere die dabei auftretende Frage, welche Daten im Zweifelsfall die richtigen sind. Viele DWH-Projekte scheiterten daran, weil die Daten aus unterschiedlichen Systemen nicht konsolidiert werden konnten und somit die Datenqualität für spätere Auswertungen unzureichend war. Die Akzeptanz eines DWH steht und fällt mit der Qualität der Daten [Häu98].

Die meisten DWH bieten heute schon Tools (Filter), um bereits beim Laden Konsistenzprüfungen zu ermöglichen, und entsprechende Korrekturmaßnahmen durchzuführen. Idealerweise werden die fehlerhaften Daten nicht nur "abgewiesen" bzw. im DWH korrigiert, sondern versehen mit einem Fehlercode an die Eigentümer (Anlieferer des Systems) zur Korrektur zurückgegeben. Dadurch können künftige Fehler, die auf die gleiche Ursache zurückgehen, vermieden werden.

Bei der eigentlichen Extraktion der Daten haben sich zwei Verfahren durchgesetzt:

Bereitstellung durch operative Systeme

Bei dieser Variante stellen die operativen Systeme die Daten in einer definierten Schnittstelle (i. d. R. eine Datei) bereit, auf welche dann die Ladeprozeduren der DWH zugreifen. Vorteil dieser Variante ist, daß der Zugriff auf die operativen Daten der jeweiligen Anwendung überlassen bleibt, und daß bei Änderungen im Datenmodell des operativen Systems die Ladeprozeduren des DWH i. A. nicht angepaßt werden müssen.

Extraktion durch das DWH

Bei dieser Variante wird mit speziellen (Extraktions-) Tools direkt auf den Datenbestand der operativen Systeme zugegriffen. Diese Methode ist deutlich schneller und effizienter, da unnötige Konvertierungen (z. B. ASCII) und Zwischenspeicherungen (File) entfallen. Insbesondere bei großen Datenmengen macht sich dieser Vorteil deutlich bemerkbar.

3 Data Warehousing in der Telekommunikationsbranche

3.1 Der Wandel zur Kundenorientierung

Bedingt durch den Wettbewerb in der Telekommunikationsbranche müssen sich die Unternehmen am Markt verstärkt nach den Kundenwünschen ausrichten. Bislang standen in hohem Maße die Technik- und Produktorientierung ausgerichtet auf einen (monopolistischen) Massenmarkt im Vordergrund.

Die ursprüngliche Strategie, um im aufkeimenden Wettbewerb mitzuhalten, bestand im wesentlichen aus der Steigerung der Werbebudgets bei kontinuierlichen Preissenkungen. Die Folge war, daß einerseits die früheren Gewinnspannen nicht gehalten werden konnten und zudem die Loyalität der Kunden sank (abnehmende Kundenbindung). Gleichzeitig bedeuten aber die steigenden Ansprüche der Kunden (hinsichtlich Qualität und Leistung), die extrem steigende Innovationsgeschwindigkeit und der weiterhin zunehmende Wettbewerb eine grundlegende strategische Neuausrichtung, um eine Verbesserung der Kundenbeziehungen und eine höhere Profitabilität zu erzielen.

Demzufolge sieht die neue Strategie vieler Telekommunikationsunternehmen das "Maßschneidern" von Produkten ausgerichtet auf individuelle Kunden vor. Ressourcen werden künftig zielgerichtet zur Kundenbindung im Verhältnis zum Lifetime Value eines Kunden eingesetzt. Kunden, deren Produkt- / Leistungsspektrum hohe Gewinnspannen verspricht, wird größte Aufmerksamkeit geschenkt. Dies bedeutet, daß die (unterstützenden) Informationssysteme diesem Aspekt Rechnung zu tragen haben.

Untersucht man die derzeit vorherrschende Systemlandschaft in der Telekommunikationsbranche, so stellt man fest, daß die meisten Systeme ausschließlich für die oben beschriebene "technik- und produktorientierte" Strategie konzipiert sind.

Sicherlich bewältigen diese Systeme sehr effektiv das Tagesgeschäft, stellen aber nur unzureichende Informationen zur Unterstützung einer kundenorientierten Strategie bereit [TCC98a].

3.2 Data Warehousing – Der Schlüssel zur Kundenorientierung?

Eine neu definierte strategische Ausrichtung der Unternehmen stellt letztlich auch neue Anforderungen an deren Systemlandschaft. Diese Anforderungen sind nicht nur im entscheidungsunterstützenden Bereich (Business Intelligence), sondern bis hin zum Tagesgeschäft (Business Operations) zu berücksichtigen.

Eine Schlüsseltechnologie zur Bewältigung dieser gestiegenen Anforderungen im Bereich Business Intelligence sind Data Warehouses. Fast unbemerkt (im Vergleich zu den Aktivitäten im Handel) haben Telekommunikationsunternehmen frühzeitig begonnen, Data Warehouses für verschiedene Aufgabenstellungen einzusetzen [TCC98a].

Herausragendes und oft zitiertes Beispiel ist MCI. Durch Analyse und Untersuchung des in Form von Kommunikationsfällen (CDR) in einem Data Warehouse gespeicherten "Telefonie-Verhalten" der Kunden wurde 1995 festgestellt, daß der Großteil von Gesprächen im Durchschnitt mit fünf Rufnummern geführt wird. Daraufhin wurde der Tarif "friends and family" eingeführt, der zu fünf ausgewählten Teilnehmern verbilligte Gespräche ermöglicht. Die hervorragende Akzeptanz dieses Tarifs ließ den Marktanteil von MCI in ungeahnte Höhen wachsen. Die Deutsche Telekom plant, dieses Jahr (1999) einen ähnlichen Tarif einzuführen.

3.3 Customer Care in der Telekommunikationsbranche

Die Verwirklichung der Kundenorientierung kann nur mit Unterstützung der zugrundeliegenden Systeme erfolgen. Auch die mögliche Einbindung eines Data Warehouses sollte auf einer ganzheitlich ausgerichteten Konzeption erfolgen. Die notwendigen Bestandteile für eine kundenorientierte Konzeption sind [TCC98a]:

- Ausgangspunkt ist ein Billing House, welches für alle Leistungen und Dienste eine (genau eine) aussagefähige Rechnung für den Kunden erstellt (im Unterschied zu anderen Branchen, ist die "Fakturierung" eine strategische Waffe).
- Zweite Komponente ist ein Customer Care Center, welches ein zentrales Eingangstor für den Kunden für alle Anfragen oder Belange darstellt.
- Die dritte Komponente ist das Data Warehouse für die Analyse und Untersuchung des Kundenverhaltens.

Bei jedem Prozeßschritt der Wertschöpfungskette entstehen große Datenmengen, die in den jeweiligen operativen Systemen gespeichert werden. Nachteil ist nun, daß der Kunde nicht als Ganzes mit allen seinen Aktivitäten und Wünschen sichtbar wird. An diesem Punkt setzt das Data Warehouse auf.

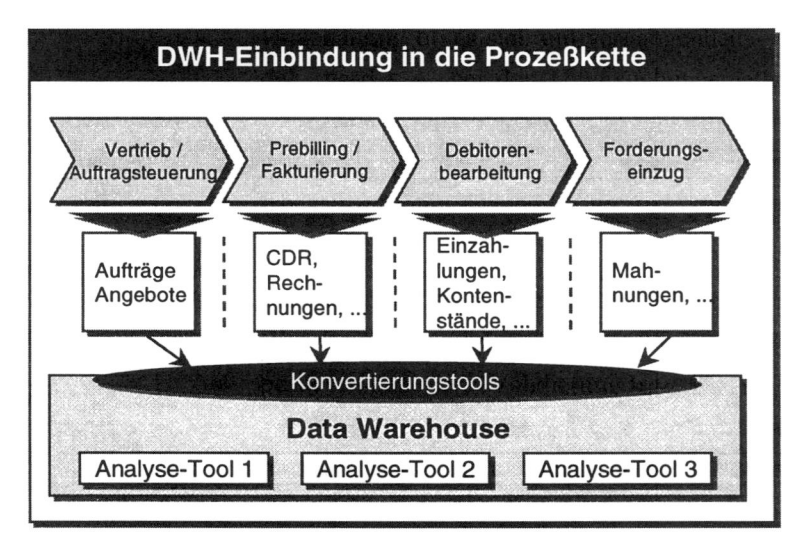

Abbildung 3

Es sammelt in regelmäßigen Intervallen die relevanten Daten aus den operativen Systemen, konsolidiert, filtert und ordnet diese nach Themen, um sie für Analysen zur Verfügung zu stellen (siehe Abbildung 3). Diese Analysen können grob in zwei Kategorien unterteilt werden:

Vergangenheitsorientierte Auswertungen

Sie dienen im wesentlichen dem Verständnis, was in der Vergangenheit passiert ist und welches die Gründe dafür sind (z. B. Wo ist der Umsatz rückläufig, welche Kunden sind abgewandert?).

Zukunftsorientierte Auswertungen

Diese Analysen verfolgen das Ziel, Aussagen für die Zukunft auf Basis vergangenheitsorientierter Daten zu treffen (z. B. Was wird passieren, bei welchem Kunden droht eine Abwanderung?).

3.4 Data Mining in der Telekommunikationsbranche

Unabhängig, ob es sich um vergangenheits- oder zukunftsorientierte Analysen handelt, wird i. A. bei den Untersuchungsmethoden von Data Mining-Techniken gesprochen. Data Mining ist nach [Mar98b] ein semi-automatischer, iterativer Prozeß zur Identifikation und / oder Extraktion vorher unbekannter, unerwarteter, nichttrivialer geschäftsrelevanter Informationen aus großen und sehr großen Datenmengen.

Meistens werden in einem (statistischen) Berechnungsmodell mit den in dem Data Warehouse gespeicherten Daten vorhandene Hypothesen überprüft oder neue Hypothesen generiert (Validierung bzw. automatisches Entdecken von Hypothesen). In [Kur98] sind die zur Zeit gängigsten Data Mining-Techniken wie z.B. Warenkorbanalysen beschrieben. An dieser Stelle soll im weiteren nur auf die speziellen für Telekommunikationsunternehmen relevanten Data Mining-Anwendungen eingegangen werden [TCC98b]:

Kundenverteilungs- und Marktpotential-Analyse

Ziel ist die Klassifizierung von Kundensegmenten nach spezifischen Merkmalen und Verhalten für die Identifikation von relevanten Zielgruppen und Vertriebswegen. Neben Abschätzungen des Neukundenpotentials werden auch generelle Erfolgsabschätzungen durchgeführt.

Rate Plan-Analyse

Darunter versteht man die Untersuchungen bezüglich der Tarifstruktur sowie der Produkt- und Preispläne. Ziel sind Aussagen über die eigentliche Nutzung der Tarife und deren Verteilung über die Kundencluster. Eine weiterführende Analyse ist dann die Simulation von Tarifen. D. h. wie wirken sich neue Tarife sowohl für die Kunden als auch für das Unternehmen aus (finanziell, Marktanteile etc.)? Die Kür besteht in der Identifikation von neuen Tarifen und Rabatten, die auf einzelne Kunden bzw. Kundencluster zugeschnitten sind (siehe Beispiel MCI).

Customer Retention

Wie schon unter 3.1. angeführt, muß die Kundenbindung insbesondere bei Kunden mit einem hohen Lifetime Value gestärkt werden. Ist ein Kunde erst abgewandert, sind die Kosten für dessen Rückgewinnung ungleich höher. Mittels CHURN-Analysen ("change and turn") werden zuerst Profile abwanderungsgefährdeter Kunden ermittelt, anschließend die Kunden selbst identifiziert und mit entsprechenden Kampagnen bzw. Tarifen / Rabatten zum Bleiben bewogen.

Mißbrauchserkennung und Kundenschutz

Ziel der Mißbrauchserkennung ("fraud detection") ist das frühzeitige Erkennen der mißbräuchlichen Nutzung eigener bzw. fremder Anschlüsse. Insbesondere seitdem die Nachweispflicht auf Seiten der Telekommunikationsunternehmen liegt, bedeutet das zu späte "Einschreiten" ein hohes finanzielles Risiko.

Bonitätsanalysen und Forderungsmanagement

Die scheinbar anonyme Nutzung der (Dienst-) Leistung Telekommunikation ohne sofortiges Entgelt führte in den letzten Jahren teilweise zu Überschuldungen und zu hohen Forderungsausfällen bei den Telekommunikationsunternehmen. Mittels detaillierter Bonitätsanalysen wird versucht, potentielle (Über-) Schuldner zu identifizieren. Ausgeklügelte Forderungsanalysen zeigen frühzeitig mögliche Ausfälle auf und reduzieren durch rechtzeitiges "Eintreiben" die Verluste.

4 Zusammenfassung und Ausblick

Augenscheinlich liegt der Nutzen eines Data Warehouse gerade für Telekommunikationsunternehmen auf der Hand. Neben der detaillierten Analyse des Kundenverhaltens und frühzeitigen Erkennen einer Abwanderung können schnell umfassende Auswertungen für das Management erstellt werden.

Jedoch bleibt als Wehrmutstropfen, daß bislang die vorhandenen Data Mining-Tools immer noch von Experten mit entsprechenden "Fachvorgaben" und Parametern auf den richtigen Weg gebracht werden müssen. Das selbständige Generieren von neuen Informationen und Erkenntnissen können diese Tools nicht. Das technische Instrumentarium für die Marktforscher hat sich dennoch verbessert; es können aufgrund der umfassenden Datenbasis exaktere Prognosen getroffen werden. Dies sind die eigentlichen Vorteile der Data Mining-Tools.

Betrachtet man die Möglichkeiten für umfassende und für Ad hoc-Auswertungen, so stellt man fest, daß nun endlich die technischen Grundlagen (hinsichtlich der Massendatenverarbeitung) durch ein Data Warehouse geschaffen werden, um die in der Vergangenheit angestrebten Konzepte (MIS, EIS etc.) zu verwirklichen.

Sicherlich ist eine umfassende Datenanalyse Grundlage für Entscheidungen und die Qualität der Daten ein wesentlicher Erfolgsfaktor. Der Erfolg hängt aber auch in hohem Maße von unternehmerischem Geschick ab. Die vorgestellten Ansätze sind somit als eine deutliche Verbesserung für das Agieren in der Telekommunikationsbranche anzusehen. Durch das zukünftige Zusammenwachsen von IT und Telekommunikation dürfte dieser Trend sich noch stärker fortsetzen.

Literatur

[Häu98] Christa Häusler: Datenqualität, in: W. Martin (Hrsg.): Data Warehousing, International Thomson Publishing, Bonn, 1998, S. 75-89

[Kur98] Andreas Kurz: Neue Wege der Datenanalyse mittels neuartigen Knowledge Discovery- und Data Mining-Methoden, in: W. Martin

(Hrsg.): Data Warehousing, International Thomson Publishing, Bonn, 1998, S. 249-281

[Mar98a] Wolfgang Martin: Data Warehouse, Data Mining und OLAP, in: W. Martin (Hrsg.): Data Warehousing, International Thomson Publishing, Bonn, 1998, S. 19-37

[Mar98b] Wolfgang Martin (Hrsg.): Data Warehousing, International Thomson Publishing, Bonn, 1998, Anhang A, Glossar

[TCC98a] TCC The Consulting Company: Marktanalyse - Einsatz der Data Warehouse-Technologie, Interne Studie, 1998

[TCC98b] TCC The Consulting Company: Konzeption eines Data Warehouse für ein Telekommunikationsunternehmen, Interne Studie, 1998

Management von Informatikprojekten: Zutaten für ein Laborpraktikum

Reinhard Richter

Abstract

Das *Praktikum Management von Informatikprojekten* am Institut AIFB der Universität Karlsruhe fand bislang drei Mal in Folge statt. Es beschäftigt sich mit der Planung und Durchführung von informatikzentrierten Organisations-, Entwicklungs- und Einführungsprojekten. Im vorliegenden Aufsatz werden zunächst die Grundzüge des Praktikums beschrieben. Danach werden einige erfolgsrelevante Zutaten für die Veranstaltung besprochen und Erfahrungen geschildert. In einem Ausblick wird die zukünftige Ausgestaltung des Praktikums skizziert.

1 Einleitung

Die große Bedeutung des Projektmanagements für den Erfolg oder das Mißlingen von Informatikprojekten ist allgemein akzeptiert. Unternehmen wie IBM oder SNI entwickelten deshalb eigene Managementmethoden und -werkzeuge. Viele Veranstalter bieten Weiterbildungsmaßnahmen zu dem Thema an, unter anderem auch der einschlägige deutsche Fachverband, die Gesellschaft für Projektmanagement [GPM]. In der Gesellschaft für Informatik e.V. (GI) gibt es seit einigen Jahren Gliederungen, die sich dem Thema widmen [GIAKe], und eine Reihe von Tagungen, beispielsweise [MSP95] oder [SEUH], greifen das Thema auf oder sind diesem explizit gewidmet. An den Hochschulen wurde Projektmanagement lange Zeit vor allem in ingenieur- und wirtschaftswissenschaftlichen Studiengängen gelehrt. Seit einigen Jahren ergänzen die informatischen Studiengänge ihr Lehrangebot entsprechend. Als Beispiele seien [Dei95] und [Mag96] genannt, weitere finden sich in [SEUH]. Am Institut für Angewandte Informatik und Formale Beschreibungsverfahren (AIFB) der Universität Karlsruhe wird seit 1996 das *Praktikum Management von Informatikprojekten* durchgeführt. Es soll versuchen, Projektwirklichkeit ins Universitätslabor zu holen und ergänzt vor allem die Vorlesungen Management von Informatikprojekten und Software Engineering.

2 Grundzüge des Praktikums

In diesem Abschnitt werden die wesentlichen Konturen des Praktikums beleuchtet. Dazu wird auf die Ziele, die Themen und den typischen Ablauf eingegangen.

2.1 Ziele

Im Praktikum sollen die Teilnehmer die Projektdimensionen Methodik, Technik, Organisation und Mensch wirklichkeitsnah erleben können. Die Teilnehmer sollen lernen, ein Projekt selbständig zu analysieren, zu planen, abzuarbeiten, zu verfolgen und zu steuern. Dabei sollen sie Methoden und Techniken des Projektmanagements eigenverantwortlich auswählen und praktisch anwenden. Ihr Verständnis über den Nutzen und die Angemessenheit informatischer Methoden und Techniken soll vertieft werden. Das Praktikum dient ferner der Übung von Präsentationen, teamorientierter Arbeitsweise und der Einbindung in eine übergeordnete Organisation. Ferner soll es die Durchführung von Sitzungen und die Herbeiführung von Entscheidungen schulen. Etliche der genannten Ziele wurden auch verfolgt in [SEUH94], [Hor95], [NK96], [NS97] und [RS97], wobei jedoch meistens klassische Themen der Softwareentwicklung im Mittelpunkt standen.

2.2 Themen

Die thematischen Schwerpunkte des Praktikums liegen nicht auf der Programmierung sondern auf Managementaspekten und auf den frühen Entwicklungsphasen. Beispiele für Themen sind Aufwandsschätzung, Modellierung und Optimierung von Abläufen, Wirtschaftlichkeitsbetrachtung, Auswahl von Standardsoftware, Konzeption und Implementierung eines Prototyps für eine multimediale Bedienoberfläche

Management von Informatikprojekten: Zutaten für ein Laborpraktikum

oder die Implementierung eines intranetbasierten Informationssystems. Einige dieser Themen waren Gegenstand anderer Veranstaltungen, beispielsweise von [Ko95], [NS97], [RS97] und [SP97]. In diesen und ähnlichen Veranstaltungen wird Projektmanagement tendenziell verstanden als Management der Entwicklungstätigkeit. Darüber hinaus werden im hier betrachteten Praktikum die unternehmerische und die fachliche Sichtweise spürbar vertreten. Diesbezüglich gibt es Übereinstimmungen zu [SP97].

2.3 Typischer Ablauf

Zu Beginn eines Praktikums werden alle Teilnehmer in ein fiktives Unternehmen "versetzt". Dort erhält dann ein studentisches Projektsteuerungsteam von der Geschäftsleitung (Rolle des Dozenten) Informationen über die anstehenden Projekte. Das Projektsteuerungsteam gibt seinerseits in einem Kick-off-Meeting Aufträge an die Projektteams weiter und steuert fortan das Geschehen weitgehend selbständig, d.h. nur gelegentlich veranlaßt oder abgestimmt mit dem Dozent.

Im Verlauf des Praktikums finden geplante und außerordentliche Projektsitzungen statt, bei denen alle Teams über den Fortschritt in ihren Projekten berichten und über die weitere Vorgehensweise entscheiden. Im Mittel gibt es acht solche Projektsitzungen, normalerweise mit einer Dauer von 3-4 Stunden. Einen Eindruck von einer Sitzung gibt folgende verkürzte Tagesordnung:

Sitzung 6 (achte Woche, Dauer ca. 4,5 Stunden):

Statusberichte, Präsentationen und Entscheidungsvorlagen zu den Themen:

im Rahmen des Projekts 'Außendienstanbindung'
- detaillierte Wirtschaftlichkeitsbetrachtung
- Projektplanung
- Einsatz von Lotus Notes als Groupwaresystem

im Rahmen des Projekts 'Auftragsabwicklung'
- Aufwandsschätzung und Risikoanalyse
- das Vorgehensmodell bei Einsatz von OOA und OOD

- Kosten- und Terminplan
- der Vertriebsleiter referiert über Marktaussichten des Produktportfolios

Unmittelbar nach jeder Projektsitzung gibt es eine Feed-Back-Runde, in welcher der Dozent und die Teilnehmer außerhalb ihrer Projektrollen die Inhalte und den Ablauf der Sitzung analysieren. Zwischen den Projektsitzungen werden von den einzelnen Projektteams Aufgaben bearbeitet und Abstimmungen getätigt. Ziel der eigenverantwortlichen Bearbeitung ist nicht unbedingt die perfekte Lösung, sondern die Erkenntnis, was zu einer solchen gehört und wie man sie erreichen kann. Dies lernt man unter anderem aus Fehlern (vgl. [Ko95]).

Neben der eigentlichen Projektarbeit gibt es einen Einführungskurs in das Projektmanagementwerkzeug MS Project (die Teilnahme am Kurs ist freiwillig). Außerdem wird von Mitarbeitern einer Unternehmensberatung ein Training (z.B. zum Thema Präsentationstechnik) sowie in begrenztem Umfang Beratung angeboten. Ähnliche Angebote finden sich z.B. bei [Hor97] und [RS97].

3 Zutaten für das Praktikum

In diesem Abschnitt werden einige erfolgsrelevante Zutaten für das Praktikum sowie Erfahrungen geschildert.

3.1 Auswahl der Teilnehmer

Projekte werden von Menschen gemacht – auch in einem Praktikum an einer Hochschule. Es ist daher wichtig, geeignete Teilnehmer zu gewinnen. Ein erster Schritt dafür ist das Ansprechen der Zielgruppe, ein zweiter das Sammeln von Informationen über die Bewerber, ein dritter die Zusammenstellung der Teams.

3.1.1 Ansprechen der Zielgruppe

Um schon bei der Ankündigung des Praktikums inhaltliche und praktische Elemente einzubauen, wird die Veranstaltung nur knapp durch einen Aushang (wie üblich) angekündigt und von dort aus auf eine ausführliche Web-Seite verwiesen. Auf dieser befinden sich prüfungsrelevante und organisatorische Informationen, ein erster Einblick in das Unternehmens- und Branchenumfeld, Informationen über anstehende Projekte sowie ein elektronisches Bewerbungsformular einschließlich eines Hinweises auf ein mögliches "Einstellungsgespräch".

3.1.2 Sammeln von Informationen über die Bewerber

In dem elektronischen Bewerbungsformular werden von jedem Bewerber unter anderem folgende Angaben erbeten:

- persönliche Angaben (Name, Semester, Matrikelnr., Studienrichtung, eMail)
- Angaben über den Besuch von einschlägigen Lehrveranstaltungen
- praktische Erfahrungen mit Softwareprojekten
- welches der im Web skizzierten Projekte besonders interessiert
- welche Projektrolle (Projektleiter, Systemanalytiker, Internetexperte, Softwareentwickler u.a.m.) übernommen werden möchte und aus welchem Grund
- welcher Charakter verkörpert werden möchte (ruhig, ehrgeizig u.a.m.)

Es hat sich gezeigt, daß für interessierte Studierende die Nutzung des Web und die Angabe persönlicher Informationen keine Hürde darstellt.

3.1.3 Zusammenstellung von Teams

Bei der Zusammenstellung von Teams haben sich folgende Regeln bewährt:

(1) Einige Teilnehmer sollten praktische Erfahrungen in der Softwareentwicklung oder in der Beratung haben. Andernfalls kann es schwierig werden, in einem Projekt das Wichtige zu erkennen und auf den Punkt zu bringen. Stattdessen droht die Gefahr, Methoden losgelöst nebeneinander um ihrer selbst willen anzuwenden.

(2) Wichtig sind Teilnehmer, die methodisch in der Lage sind, ein Projekt zu planen

und es dann entsprechend zu steuern. Ansonsten besteht das Risiko, daß die Teilnehmer die Festlegung von Zielen, Projektabgrenzung, Vorgehensweise, Aufgaben usw. "pragmatisch" knapp halten und deshalb ein Projekt ungeplant von Sitzung zu Sitzung schlingert.

(3) Die Rollen und der Skillmix der Teilnehmer sollten das ganze Spektrum der Projekterfordernisse ausgewogen abdecken, denn die Dominanz irgendeiner Berufsgruppe oder Fähigkeit kann zu einer ungewollten Einseitigkeit in der Projektarbeit führen.

(4) Das Praktikum braucht Persönlichkeiten, die beispielsweise eine Kosten-Nutzen-Analyse als Wunschgebilde entlarven oder die als Qualitätsbeauftragte gegen den Widerstand des Teams Nachbesserungen durchsetzen. Unterstützend können dafür den Rolleninhabern bestimmte Verhaltensweisen mit auf den Weg gegeben werden in der Erwartung, daß beispielsweise ein Controller vom Typ "Buchhalter ohne DV/Org-Kenntnisse" sich im Projektverlauf anders verhält als einer, der früher jahrelang selbst entwickelt hat.

Die in (1) bis (4) genannten Eigenschaften lassen sich direkt oder indirekt aus den Antworten im Bewerbungsbogen erkennen. Das Konzept, jedem Teilnehmer entsprechend seiner Veranlagung eine Rolle plus Charakter zuzuweisen, hat sich bislang besonders bewährt. Vertiefende Aufsätze zum Thema Teambildung finden sich unter anderem in [Hor95] und [Web95].

3.2 Trennung von Projektrolle und studentischer Rolle

Es ist wichtig, daß sich Studierende mit ihrer Projektrolle ungehemmt identifizieren können. Dies wird durch eine Trennung von Projektrolle und studentischer Rolle unterstützt. Hilfestellungen für die Trennung sind:

(1) Im ersten Praktikum wurden die Teilnehmer veranlaßt, sich zu "Siezen". Der Umgang zwischen den Studierenden war in dieser Veranstaltung in Einzelfällen zwar hart, aber in der Sache begründet. In der zweiten Veranstaltung wurde zunächst das übliche Du beibehalten, was die Unterscheidung zwischen der Projek-

Management von Informatikprojekten: Zutaten für ein Laborpraktikum

trolle und der studentischen Rolle verschwimmen ließ. Ein Effekt, der daraufhin beobachtet wurde, war die mangelhafte Auseinandersetzung mit den Ergebnissen der jeweils anderen Teilnehmer auch in Fällen, in denen Kritik angebracht gewesen wäre – was in der Projektrolle gesagt werden kann, will man als Kommilitone nicht immer sagen.

(2) Bei Projektsitzungen tritt der Dozent nicht als solcher in Erscheinung. Inhalt und Verlauf der Sitzungen liegen ganz in der Verantwortung der Teams, und alles, was in einer Sitzung passiert, passiert nur wegen der Projekte. Dies soll helfen, sich gedanklich ausschließlich im Unternehmen und in den Projekten zu bewegen.

(3) Um der Projektrolle wie auch der studentischen Rolle ausreichend Raum zu geben sowie um Tatendrang, Erfolgsgefühle und Frustrationen verarbeiten zu können, sollten Projektsitzungen auf den Nachmittag gelegt werden. Endet eine Sitzung gegen 18:00, ist es den Teilnehmern leicht möglich, bei einem Glas Bier Psychohygiene und Motivation vor der nächsten Sitzung wieder herzustellen.

3.3 Nachvollziehbare Einzelbewertungen

Ein grundsätzliches Problem von Teamarbeit ist die Bewertung der individuellen Leistungen. Folgende Maßnahmen können dabei helfen:

(1) Den Teams wird zu verstehen gegeben, daß ein gewisser Gruppendruck erlaubt ist. (Wenn alle Teammitglieder ähnlich gut sind, ist eine Differenzierung der Einzelleistungen nicht mehr so wichtig.) Ist das Leistungsgefälle innerhalb eines Teams dennoch besonders groß, so kann über den Dienstweg (Projektleiter - Projektsteuerungsteam - Geschäftsleitung) entweder die Trennung von einem Teammitglied erreicht, zumindest aber das Leistungsgefälle thematisiert werden.

(2) Als zweite Maßnahme wird von jedem Teilnehmer eine Einzelleistung verlangt. Eine Einzelleistung kann ein klassisches Referat sein, eine ausführliche Präsentation im Rahmen der Projektarbeit oder auch die Führung des Projektordners. Um den persönlichen Veranlagungen der Teilnehmer Spielraum zu lassen, schlagen die Teil-

nehmer die Themen für ihre Einzelleistungen selbst vor. Der Dozent akzeptiert die Themen oder verlangt andernfalls einen neuen Vorschlag.

(3) Als weitere Maßnahme empfiehlt sich am Schluß des Praktikums ein Ranking, bei dem entweder Schulnoten vergeben werden oder jeder Teilnehmer jeden anderen und sich selbst auf einen Platz zwischen 1 und n (Anzahl Teilnehmer) plaziert.

3.4 Ein Projektumfeld schaffen

Will man viele Facetten eines Projekts aufzeigen, muß ein ausführliches Projektumfeld geschaffen werden. Es wird deshalb für das Praktikum ein Unternehmen erfunden und in Anlehnung an die Webseiten bekannter Unternehmen Web präsentiert, unter anderem mit einem Bild der Firmenzentrale, Produkten, Stellenausschreibungen, Links zu anderen (echten) Unternehmen der gleichen Branche usw. Darüber hinaus werden die Geschäftspolitik und anstehende Projekte erläutert. Eine Maßnahme zur Förderung einer praxisnahen Atmosphäre ist die Mitwirkung von Externen. Diese können neben "Feeling" zudem wichtige Umfeldinformationen einbringen, oder sie bilden die Teilnehmer in einem bestimmten Thema fort.

3.5 Vorhalten fachlich-organisatorischer Informationen

Die Teilnehmer sollen lernen, sich im Korridor ihrer groben Projektaufträge die Einzelheiten der Aufgabenstellung selbst zu erarbeiten. Dabei kommt es immer wieder vor, daß neue und weitergehende Informationen benötigt werden. Das sind zum einen strategische Informationen, zum anderen fachliche Detailinformationen. Das am häufigsten nachgefragte Strategiepapier ist die IV-Strategie mit Festlegungen beispielsweise zu Vorgehensweisen, Methoden, Standards, Hardware, Software usw. Ein schwierigeres Problem stellen die fachlichen und organisatorischen Detailinformationen dar, beispielsweise über die Zusammensetzung von Herstellungskosten, über den Aufwand des Außendienstes pro Kundenberatung, über bestimmte Datenvolumina, Zugriffshäufigkeiten oder die Komplexität wichtiger Dienstleistungen. In den ersten beiden Praktika mußten sich die Teilnehmer entsprechende schlüssige Zahlen und Begründungen dafür selbst überlegen, was zum sehr Teil aufwendig war. In der dritten Veranstaltung konnte ein Unternehmen als Ansprechpartner für die Projektteams gewonnen werden.

3.6 Förderung der Kommunikation

Eine wichtige Voraussetzung für einen kontinuierlichen Arbeitsfortschritt ist eine gut funktionierende Kommunikation zwischen den Teilnehmern. Hierfür sollten alle gängigen Mittel eingesetzt werden. Im Praktikum werden dafür eMail, Telefon, Post, ein spezielles Projektinformationssystem im Internet sowie ein eigener Arbeitsraum mit Zugang per Codenummer genutzt.

4 Zwischenbilanz

Am Ende der bisherigen Praktika füllten die Teilnehmer einen Fragebogen aus. Er enthielt auf vier Seiten insgesamt 49 Fragen, beispielsweise über den Gesamteindruck der Veranstaltung, wodurch und welcher Lernerfolg erzielt wurde, die organisatorische und fachliche Betreuung u.a.m. Insgesamt war die Resonanz sehr positiv. Es gab aber wichtige Punkte, bei denen die Einschätzungen nicht einheitlich waren oder bei denen sie sich im Laufe der Zeit verändert haben:

(1) Einige Teilnehmer wurden von Sitzungsatmosphäre und Konfliktsituationen unangenehm berührt. Für andere waren Themen wie Organisation, Fachkonzepte oder Wirtschaftlichkeitsbetrachtungen unerwartete Projektschwerpunkte. Etliche Teilnehmer gaben nach der Veranstaltung an, sich besser orientieren zu können in dem Sinn "Fürs Projektgeschäft fühle ich mich gut (bzw. nicht) geeignet".

(2) Einige Teilnehmer beantworteten die Frage "Werden Sie das Praktikum anderen Studierenden empfehlen" mit Nein und gaben als Grund den hohen Arbeitsaufwand an. Da Projektmanagement (wie auch Software Engineering) erst ab einer gewissen

Projektgröße richtig erfahrbar wird, ist dies ein grundsätzliches Dilemma der bisherigen, zwei Semesterwochenstunden umfassenden, Veranstaltung.

(3) Im dritten Praktikum gab es erstmalig Teilnehmer, die ihren Lernerfolg lediglich als gering einstuften. Erklärt wird dies durch die Tatsache, daß etliche Teilnehmer bereits "Projektprofis" waren: Sie arbeiteten neben dem Studium bei Unternehmensberatungen oder Softwarehäusern und brachten dadurch ganz andere Voraussetzungen mit als die übrigen Teilnehmer. Ähnliche Beobachtungen wurden vielerorts gemacht: "Dienstag ist Studientag." lautet das entsprechende Fazit der Teilnehmer an der [SEUH99].

Für Dozenten sind außerdem folgende Erfahrungen relevant:

(4) Manche Teilnehmer neigen dazu, einem Auftrag(-geber) zu unkritisch gegenüber zu stehen. Anstatt selbständig den größtmöglichen unternehmerischen Nutzen anzustreben, wird oftmals eine technologieorientierte Sichtweise bevorzugt oder argumentiert "Das war so vorgegeben.".

(5) Ein Dozent kann normalerweise nicht mehr als zwei Teams mit zusammen höchstens zehn Teilnehmern wirksam betreuen.

(6) Externe können das Praktikum vor allem fachlich bereichern.

5 Ausblick

Nach drei Veranstaltungen desselben Grundmusters ist es an der Zeit zu fragen: Stimmen die Ziele noch? Stimmt das Konzept noch? Aus heutiger Sicht lassen sich für die Zukunft folgende Ziele als vorrangig hervorheben:

(1) Selbständigkeit und Eigenverantwortung sollen gefördert werden. Diesbezüglich scheint das bisherige Konzept, ausgehend von einem Projektauftrag die Teams weitgehend alleine vorarbeiten zu lassen, weiterhin sinnvoll zu sein.

Management von Informatikprojekten: Zutaten für ein Laborpraktikum

(2) Problemlösungskompetenz soll gefördert werden. Das bedeutet zunächst, daß das Aufspüren und Beschreiben von Problemen gelernt werden muß. Das bedeutet weiter, daß nicht automatisch die wissenschaftlich populärste Methode eingesetzt werden sollte, sondern eine, die ein konkretes Problem wirksam und wirtschaftlich löst. Auch hierfür scheint die selbständige Teamarbeit zusammen mit den Feed-Back-Gesprächen eine vernünftige Vorgehensweise zu sein. (Die Fragen der Problemidentifikation und der Angemessenheit von Methoden scheinen in typischen Lehrveranstaltungen wenig vermittelt zu werden.)

(3) Ein reales Projektumfeld soll bereitgestellt werden. Dadurch soll der Ehrgeiz der Teams gefördert und die Qualität der Auftraggeber- und Anwenderbeiträge erhöht werden. Im Rahmen seiner Aktivitäten für Existenzgründer hat das Institut AIFB eine Reihe von realen Kleinprojekten akquiriert. Es ist denkbar, Praktikumsteilnehmer gezielt in jene Projektteams einzubauen.

Weitere Veränderungen des Praktikums werden eintreten bzw. sind möglich. Beispielsweise wird der Lehrveranstaltungstyp 'Praktikum' bezüglich Zeit und Notengewichtung besser ausgestattet werden als es bisher der Fall war. Technisch bietet sich Teleprojektmanagement an, wie es seit einem Jahr am Institut möglich ist. Eine weitere Spielart ist das Betrauen unterschiedlicher Teams mit derselben Projektaufgabe. Dies könnte die Qualität der Lösungen fördern und würde vermutlich die Projekte inhaltlich und technisch nach mehreren Seiten ausloten.

Literatur

[BS97]   M. Brunner, U. Schroeder: Anwendung innovativer Lernformen bei der Software Engineering Ausbildung mit Unternehmensbeteiligung, in [SEUH97]

[Dei95] M. Deininger, A. Drappa: SESAM - a simulation system for project managers, in [MSP95]

[For97] P. Forbrig: Probleme der Themenwahl und der Bewertung bei der Projektarbeit in der Software Engineering Ausbildung, in [SEUH97]

[GI20/2] Diverse Aufsätze zum Thema "Informatik: Selbstverständnis - Anwendungsbezüge - Curricula", Informatik-Spektrum, Band 20, Heft 2, April 1997, Springer-Verlag

[GIAKe] GI-Arbeitskreis Management von Softwareprojekten der FG 2.1.1; GI-Fachgruppe 5.1.2 Projektmanagement

[GJRS97] O. Golly, K. Janik, R. Richter, W. Stucky: Seminar/Praktikum Management von Informatikprojekten, in M. Jarke, K. Pasedach, K. Pohl (Hrsg.): Informatik '97, Springer-Verlag, Reihe Informatik aktuell, 1997

[GPM] GPM Gesellschaft für Projektmanagement INTERNET Deutschland e.V.

[Hor95] E. Hornecker: Teamtrainung und Präsentationstechniken für das Software-Engineering-Praktikum, in [SEUH95]

[Koc95] W. Koch: Das Projektpraktikum als Kern einer praxisnahen Software-Engineering-Grundausbildung -Ein Erfahrungsbericht -, in [SEUH95]

[Mag96] Magin, J. Q.: Software-Engineering in der Ausbildung am Beispiel eines Projektkurses, Softwaretechnik-Trends 16:2, Mai 1996

[MSP95] P.F. Elzer, R. Richter (Hrsg): Fifth International Workshop on Experience with the Management of Software Projects, Pergamon Press, Oxford, 1996

[NK96] K.L. Nance, P.J. Knoke: A Dual Approach to Software Engineering Project Courses, Paper der Third International Workshop on Software Engineering Education, März 1996, in: Softwaretechnik-Trends, Heft 1, 1996

[NS97] F. Nickl, R. Stabl: Praxisbezug bei Software-Entwicklungs-Praktika an der LMU München, in [SEUH97]

[Ric99] R. Richter: Projektarbeit und Projektmanagement in Informatikprojekten, in [SEUH99]

[RS97]   J. Raasch, A. Sack-Hauchwitz: Kooperation, Kommunikation, Präsentation: Lernziele im Software-Engineering-Projekt, in [SEUH97]

[SEUH]   Software Engineering im Unterricht der Hochschulen. Tagungsbände von 1992 - 1999, erschienen als Berichte des German Chapter of the ACM, Teubner-Verlag, Stuttgart

[SP97]   H. Sikora, W. Pree: Die "Meisterklasse Software-Engineering": Ein Ansatz für Industriekooperationen zur Bewältigung großer Technologiesprünge, in [SEUH97]

[Uhl97]   J. Uhl: What we expect from Software Engineers in the Industry, in Proceedings of the 6th European Software Engineering Conference, Sept. 1997, Springer-Verlag

[Web95]   D. Weber-Wulff: Teambildung in Programmierung und Software-Engineering Kursen, in [SEUH 95]

Aufbau und Einsatz einer Software Architektur

Volker Sänger

Abstract

Eine Software Architektur beschreibt die Struktur und den Aufbau von Software Systemen. Das wichtigste Ziel einer Software Architektur ist die Schaffung von softwaretechnischer Infrastruktur, die über mehrere Versionen und über ganze Produktfamilien hinweg eingesetzt werden kann.

Im vorliegenden Artikel wird die evolutionär ausgelegte Software Architektur der SGZ-Bank beschrieben, die auf der Objektorientierung und der Komponententechnologie basiert. Diese Software Architektur dient als technologische Basis für den Aufbau der Multi-Dialog-Bank, mit der dem Kunden neben dem persönlichen Zugang in der Filiale alle elektronischen Zugangswege zu seiner Bank geöffnet werden.

1 Software Architektur

Der Begriff *Architektur* kommt aus dem griechischen und bedeutet Baukunst. Software Architektur kann infolgedessen beschrieben werden als die Kunst Software zu bauen.

Software Architektur ist seit einigen Jahren als eigenständiges Teilgebiet innerhalb des Software Engineering identifiziert. Grundlegende Arbeiten stammen von Perry und Wolf [PeW92] sowie von Garlan und Shaw [GaS93]. Einen Überblick über das Umfeld der Software Architektur, ihre Bedeutung und insbesondere eine ausführliche Literaturliste ist in [SEI99] zu finden.

In der Literatur sind vielfältige Definitionen des Begriffs Software Architektur auffindbar; eine interessante und umfassende Sammlung von Definitionen bietet [SEI98]. Prinzipiell greifen die meisten Definitionen die Tatsache auf, daß eine Software Architektur die strukturellen Aspekte eines Software Systems beschreibt, im Gegensatz zu den fachlich/funktionalen Aspekten. Für die weiteren Ausführungen soll die folgende sinngemäße Übersetzung von Garlan und Perry aus dem Jahre 1995 genügen [GaP95]:

Die Software Architektur eines Systems beschreibt die Struktur und den Aufbau der einzelnen Teile eines Software Systems, sowie ihre gegenseitigen Abhängigkeiten, Prinzipien und Richtlinien.

Software Architekturen beschreiben Charakteristika, die über mehrere Versionen und sogar über ganze Produktfamilien hinweg konstant sein können. Folglich ist die Wiederverwendung von Design und Code-Teilen aber auch von großen Anwendungsbausteinen in neuen Systemen ein Ziel beim Aufbau und Einsatz von Software Architekturen.

Im vorliegenden Artikel werden Zweck und Aufbau einer Software Architektur in einer innovativen Bank des genossenschaftlichen Sektors beschrieben. Es werden Erfahrungen aus den bisher durchgeführten Aktivitäten diskutiert und ein Ausblick auf das weitere Vorgehen gegeben.

2 Das Umfeld im Bankenbereich

Das aktuelle Umfeld der Informationstechnologie im Bankenbereich ist geprägt von hohem Anwendungsdruck, der neben gesetzlichen Rahmenbedingungen, wie etwa aus den Vorgaben für das Jahr 2000, aus den folgenden Aspekten resultiert:

- *starke Konkurrenz*
  Die aufgrund der hohen Bankenkonzentration ohnehin bestehende starke Konkurrenz wird verstärkt durch das Eindringen von Non- und Nearbanks in das traditionelle Geschäftsfeld der Banken. Beispiele sind Discountbroker im Wertpapierbereich.

- *deutliche Veränderung des Kundenverhaltens*
  Viele Kunden benötigen keinen oder nur wenig Filialkontakt – statt dessen Zugang über elektronische Medien wie etwa Telefon, Fax, Handy, Internet usw.

Dabei stehen die Kundenwünsche Bequemlichkeit, breite Servicezeiten und niedrige Kosten im Vordergrund. Gleichzeitig nimmt die Loyalität und die Bindung des Kunden gegenüber seiner Hausbank ab.

Eine Bank, die den geschilderten Herausforderungen nicht offensiv begegnet, wird mit hoher Wahrscheinlichkeit Marktanteile verlieren.

Unglücklicherweise stehen dem geschilderten Innovationsdruck vielfältige Altlasten gegenüber. Aufgrund der langjährigen fortgesetzten Automatisierung existieren extrem heterogene System- und Anwendungslandschaften, die nur sehr aufwendig miteinander verknüpft werden können. Probleme, die daraus resultieren, wie mangelnde Flexibilität gegenüber neuen Anforderungen, schlechte Wartbarkeit und Plattformabhängigkeit sind weithin bekannt.

Alleine durch noch höheren Projektdruck kann diesen Herausforderungen und Problemstellungen auf Dauer nicht begegnet werden. Es genügt nicht, unter Aufbietung aller Kräfte, ständig kurzfristigen hochgesteckten Projektzielen hinterher zu jagen. Statt dessen sollte eine langfristige Stabilität angestrebt werden. Da - wie häufig zu hören ist - in der IT-Branche nur der ständige Wandel stabil ist, muß der Wandel als Zustand begriffen werden, und dies muß sich in Planung und Aufbau von Anwendungssystemen niederschlagen.

3 Ausgangslage und Zielsetzung der SGZ-Bank

Die SGZ-Bank AG (Südwestdeutsche Genossenschafts-Zentralbank) ist Zentralbank der genossenschaftlichen Volksbanken und Raiffeisenbanken im südwestdeutschen Raum und stellt u.a. auch IT-Dienstleistungen für diese Banken und deren Kunden bereit. Die IT-Strategie der SGZ-Bank kann man mit dem Schlagwort "Make and Buy" beschreiben. Dies bedeutet, daß die wettbewerbsrelevanten Kernprozesse durch innovative, flexible, eigenentwickelte Anwendungen bedient und vorangetrieben werden, um dem Unternehmen eine Spitzenposition am Markt zu sichern. Dabei sind die Eigenentwicklungen mit der eingesetzten Standardsoftware, z.B. SAP R/3, zu integrieren.

Aufbau und Einsatz einer Software Architektur

Der in Kapitel 2 beschriebene hohe Marktdruck führt auch in der SGZ-Bank zu einer Vielzahl von Entwicklungsprojekten. Dreh- und Angelpunkt bildet dabei der Ansatz der Multi-Dialog-Bank; diese stellt dem Bankkunden sämtliche elektronischen Medien als Zugangswege zu seiner Bank zur Verfügung, wobei breite Servicezeiten, hohe Servicequalität und attraktive Preise geboten werden. Gleichzeitig stehen dem Kunden für dieselbe Kontoverbindung wie für die elektronischen Zugangswege in den Filialen Berater bereit, die ihm in beratungsintensiven Geschäftssparten kompetent zur Seite stehen.

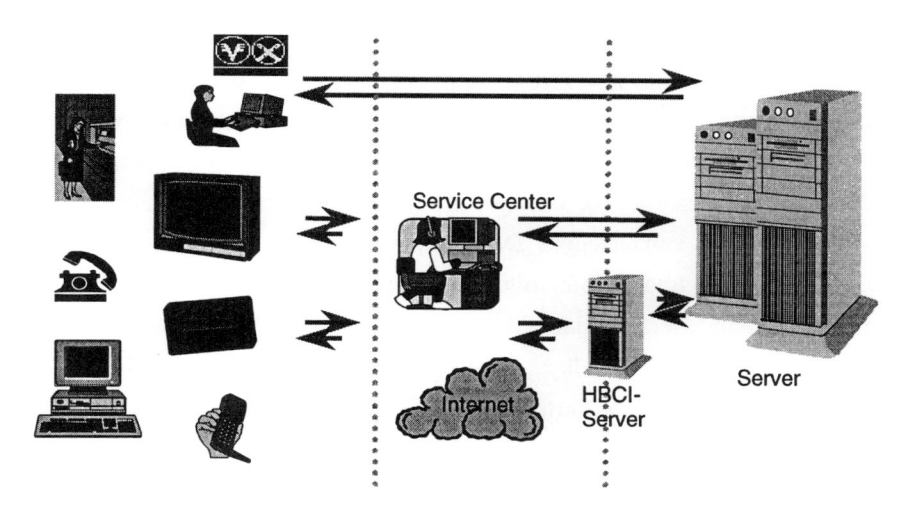

Abbildung 1: unterschiedliche Zugangsmedien zur Multi-Dialog Bank

Um die hochtechnisierte, innovative und kundenfreundliche Multi-Dialog-Bank schnell zu realisieren und auszubauen, sind in kurzen zeitlichen Abständen neue Anwendungen für die unterschiedlichen Geschäftssparten in den verschiedenen Vertriebswegen zu erstellen. Der technologischen Vielfalt in Bezug auf die eingesetzte Hardware und Software wären somit insbesondere aufgrund des hohen Zeitdrucks Tür und Tor geöffnet. Die Gefahr, daß durch die Erstellung bzw. den Kauf neuer Software für unterschiedliche fachliche Anforderungen die Altlasten von morgen geschaffen werden, liegt auf der Hand.

Beispielsweise mag ein Softwaresystem für einen gegebenen Zweck, etwa Wertpapierbroking über das Internet, geschaffen und infolgedessen hervorragend geeignet sein. Ob es allerdings mit den gegebenen Backoffice Systemen kommunizieren kann, ob es mit Broking-Systemen für andere Medien zusammenarbeiten kann, ob es die gleichen Hardwarevoraussetzungen benötigt, vergleichbare Wartungsaktivitäten erfordert, ähnlichen Dokumentationsstandards genügt, ist mehr als fraglich.

Um weiter auseinanderdriftenden Anwendungen, weiteren Schnittstellenproblemen offensiv zu begegnen, wurde im Jahr 1997 bei der SGZ-Bank ein Architekturprojekt aufgesetzt, das eine Klammer über die vielfältigen Projekte bzw. Anwendungssysteme legen soll. Zentrales Ziel war es dabei, mehr *Infrastruktur* für die unterschiedlichen Anwendungen bereitzustellen, um die Menge des zu produzierenden Codes und damit den Spezifikations-, Programmier- und Testaufwand zu reduzieren (siehe Abbildung 2). Vorher war die einzige anwendungsübergreifende Infrastruktur die Datenbank bzw. ein gemeinsames Datenbankschema. Jegliche Geschäftslogik war anwendungsbezogen und mußte folglich für jede Anwendung, in der sie benötigt wurde, neu implementiert werden. Gleiches galt für Basisdienste wie etwa Fehlerbehandlung, das in jeder Bank allgegenwärtige 4-Augen-Prinzip oder die im Zusammenhang mit elektronischen Vertriebswegen enorm wichtige Behandlung von Sicherheitsaspekten.

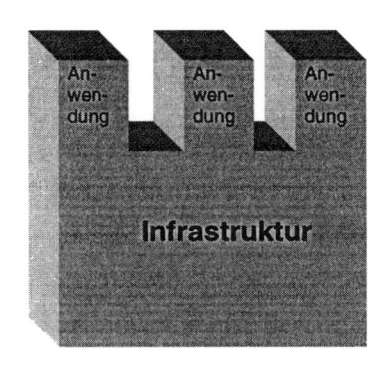

Abbildung 2: Verbreiterung der softwaretechnischen Infrastruktur

Aufbau und Einsatz einer Software Architektur 203

Insgesamt sollte mit Hilfe der Software Architektur die Grundmenge an neu zu schaffender Funktionalität pro Anwendung gemindert werden.

Mit der geschilderten Vorgehensweise sollten die Ziele *bessere Wartbarkeit* und *kürzere Entwicklungszeiten* sowie *höhere Flexibilität* erreicht werden. Des weiteren wurde angestrebt, zukünftige Anwendungen *plattformunabhängig* zu gestalten, da unterschiedlichste Plattformen (Betriebs- und Hardwaresystem) zum Einsatz kommen.

Aufgrund der verschiedenen Niederlassungen und Filialen der SGZ-Bank ergab sich die Forderung nach der *Verteilbarkeit* der Anwendungen. Schließlich wurde festgelegt, sich nicht von einem einzelnen Anbieter abhängig zu machen.

4 Bisherige Vorgehensweise

Nach einer ausführlichen Phase der Informationssammlung wurden vom Projektteam einige Eckpfeiler einer Software Architektur festgelegt. Diese leiten sich aus den in Kapitel 3 genannte Zielen ab. Aufgrund der Forderung nach Plattformunabhängigkeit wurde als (Client-) Programmiersprache Java gewählt. Um anwendungsübergreifende Anwendungsteile zu schaffen und eine verbesserte Wartbarkeit zu erzielen, wurde vereinbart, ausschließlich objektorientierte Software zu entwickeln. Für die Verteilung wurde CORBA [OMG95] gewählt, das eine transparente Zusammenarbeit unterschiedlicher Programme erlaubt und gleichzeitig verschiedenste Plattformen verknüpfen kann.

Da die SGZ-Bank keine Eigenentwicklung betreibt, wurde ein externer Partner – die Firma Interactive Objects GmbH in Freiburg - ausgewählt, die in den genannten Technologien umfassendes Know How besitzt. In einem Pilotprojekt wurde zunächst ein Teil einer vorhandenen Eigenentwicklung auf CORBA-Basis implementiert. Die Ergebnisse waren vielversprechend, innerhalb von 3 Monaten war ein Prototyp verfügbar.

Aufgrund der guten Ergebnisse wurde als nächster Schritt ein breit angelegtes Schulungsprogramm entworfen und umgesetzt, damit sämtliche betroffenen Projektmanager der SGZ-Bank die entsprechenden Kenntnisse in objektorientierter Technologie, Java und CORBA erwerben konnten.

Anschließend wurde als erstes Produkt das AuslandsKredit-InformationsSystem AKIS ausgewählt. Für dieses System war aufgrund der Anforderungen des Euro ein neues Release zu erstellen, wobei gleichzeitig die Anwendung von OS/2 auf Windows NT portiert werden sollte. Das neue Release wurde als Gemeinschaftsarbeit des fachlichen AKIS-Projektes und des Architekturprojektes produziert, d.h. es erfolgte sowohl die Einarbeitung fachlicher Neuerungen als auch eine architektonische Überarbeitung. Bis zum Ende des Jahres 1998 konnte das neue Release überaus erfolgreich in Produktion genommen werden. Das Produkt lief von Anfang an stabil und in dem vorgegebenen Rahmen performant. Der große Erfolg von AKIS wird unterstrichen durch die Tatsache, daß es mit dem 1. Preis des OMG Award 1999 in Berlin ausgezeichnet wurde.

Derzeit befinden sich zwei weitere Produkte in der Umsetzung.

5 Das Softwarehaus

Für die Software Architektur der SGZ-Bank wurde der Name "das Softwarehaus" gewählt. Dieser Begriff veranschaulicht, daß es sich bei der Software Architektur um ein Gebäude handelt, das im Verlauf der unterschiedlichen Projekte durch die verschiedenen erstellten Produkte weiterentwickelt und ausgebaut wird.

Zentrales Anliegen des Softwarehauses ist die Schaffung von Infrastruktur für alle Systeme, die als dessen Teil entwickelt werden. Daraus wird unmittelbar ersichtlich, daß es evolutionär ausgelegt sein muß, da es sich mit neuen Systemen verändert und weiterentwickelt. Weil eine Software Architektur auch technische Aspekte beschreiben muß, die sich rasch ändern können, ist offensichtlich, daß im zeitlichen Verlauf auch ein teilweiser Umbau möglich sein muß.

5.1 Umfang des Softwarehauses

Im Softwarehaus wird die Struktur der Anwendungen beschrieben, die gemäß den Architekturvorgaben erstellt wurden. Wichtigster Aspekt ist dabei, daß jede Anwendung aus Komponenten besteht. Unter einer Komponente soll hier – ohne tiefer in die Begriffsdefinition einzusteigen – ausführbare Software verstanden werden, die eine festgelegte und dokumentierte Funktionalität bietet, und die insbesondere mit standardisierten Schnittstellen ausgestattet ist und auf diesem Wege mit anderen Komponenten zusammenarbeiten kann. Eine eingehende Diskussion des Komponenten-Begriffes bietet [Gri98] und die dort zitierte Literatur.

Eine wichtige Besonderheit der im Softwarehaus eingesetzen Komponenten ist das Full-Life-Cycle Konzept, d.h. die Komponenten werden nicht nur als implementierte Komponente sondern im gesamten Lebenszyklus von ihrer Entstehung über Design, Entwicklung, Betrieb und Wartung betrachtet.

Im Softwarehaus werden auch technische Rahmenbedingungen beschrieben, die sich allerdings, wie bereits erwähnt, ändern können. Diese sind folglich nicht so stabil wie die Grundstruktur, d.h. der prinzipielle Aufbau von Komponenten.

Des weiteren werden anwendungsspezifisch die jeweiligen Umsetzungen für ein konkretes System beschrieben. Auf diese Aspekte wird beispielhaft in Abschnitt 5.3 anhand der Anwendung AKIS eingegangen.

Über die genannten Sachverhalte hinaus enthält das Softwarehaus aber auch Richtlinien für die Software Entwicklung. Grundlegende Basis ist dabei die Verwendung objektorientierter Technologien, sowohl die Spezifikation, die Implementierung als auch insbesondere die iterative Vorgehensweise betreffend. Darauf aufbauend wird die Methodik des Convergent Engineering angewendet [Tay95]. Weitere Richtlinien, die für ein effizientes Projektmanagement notwendig sind, wurden aus den bestehenden Standards der SGZ-Bank verwendet und teilweise angepaßt.

5.2 Grundstrukturen

Der zentrale Baustein jeder Anwendung innerhalb des Softwarehauses ist die Komponente. Jede Komponente der Architektur ist entweder eine Geschäfts-Komponente, eine Utility-Komponente oder eine sog. Non-Komponente. Non-Komponenten kapseln Zugriffe auf Systeme, die außerhalb der Architektur liegen, dies kann z.B. SAP R/3 sein. Utility-Komponenten sind Komponenten, die keine fachliche sondern eher technische Funktionen besitzen; ein Beispiel ist eine Error-Komponente, die zuständig für die komplette Fehlerbehandlung ist. Jede Geschäftskomponente ist nach Taylor entweder Resource, Organisation oder Prozeß. Das Komponentenmodell einer Anwendung wird mit der Symbolik von UML beschrieben, folglich existieren die Relationen Spezialisierung, Komposition und Kollaboration.

Aufgrund der Forderung nach Verteilung sind sämtliche Komponenten innerhalb des Softwarehauses verteilt realisiert. Mit dem Konzept der verteilten Komponente wird nicht nur ermöglicht, verschiedene Komponenten auf unterschiedlichen Rechnersystemen miteinander zu verbinden, sondern es werden insbesondere einzelne Komponenten über verschiedene Systeme verteilt. Technisch gesehen setzt sich jede verteilte Komponente aus einer sogenannten Server- und einer oder mehreren Client-Personalities zusammen. Abbildung 3 veranschaulicht ihren Aufbau.

Die Client-Personality einer verteilten Komponente ist der sichtbare Teil für den Anwender der Komponente und stellt die externe Komponentenschnittstelle bereit. Die Client-Personality wird so gut wie möglich der Technologieumgebung des Komponenten-Anwenders angepaßt, d.h. wird eine Komponente in einer C++-

Umgebung eingesetzt, so sollte auch die Client-Personality in C++ angeboten werden.

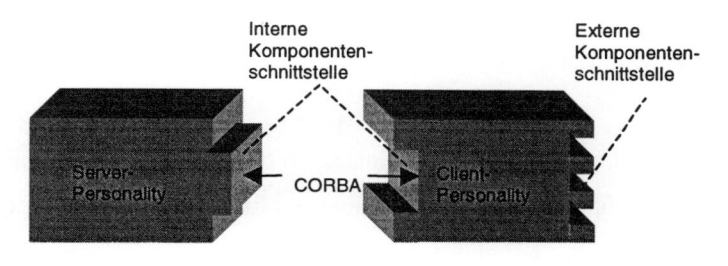

Abbildung 3: Aufbau einer Komponente

Die Server-Personality einer verteilten Komponente ist für den Anwender der Komponente nicht sichtbar und wird von der oder den Client-Personalities der verteilten Komponente oder auch von anderen Server-Personalities benutzt. Hierfür stellt eine Server-Personality eine innere Schnittstelle bereit. Client- und Server-Personality sind via CORBA miteinander verknüpft.

5.3 AKIS – eine Anwendung im Softwarehaus

Da AKIS keine Neuentwicklung war, konnte auf vorhandenen Informationen aufgesetzt werden. Das Datenmodell wurde zunächst entsprechend den fachlichen Anforderungen erweitert. Der Neuentwurf eines Objektmodells wurde nicht durchgeführt, da eine Analyse ergab, daß das vorhandene Entity-Relationship-Modell für das Objektmodell adaptiert werden konnte. Sämtliche Informationen des ER-Modells wurden in ein Repository geladen, das Bestandteil des vorhandenen Entwicklungsmanagementsystems ist. Zusammen mit den Sources des Altsystems und den Datenbankdefinitionen wurde damit eine zentrale Beschreibung aller Aspekte jeder Komponente des Systems in Form eines Meta-Komponenten Formates generiert (CDF - Component Definition Format). Alle weiteren Aspekte, die bisher noch nicht darin enthalten waren, wurden von Hand eingepflegt.

Dieses CDF war Dreh- und Angelpunkt der weiteren Entwicklung und des gesamten Lebenszyklus jeder Komponente. Es enthält sämtliche fachlichen Zusammenhänge, Fehlerverhalten, Schnittstellenbeschreibungen, Tabellen, Relationen, Attribute, Versionsnummern usw., die über sogenannte Tags ansprechbar sind.

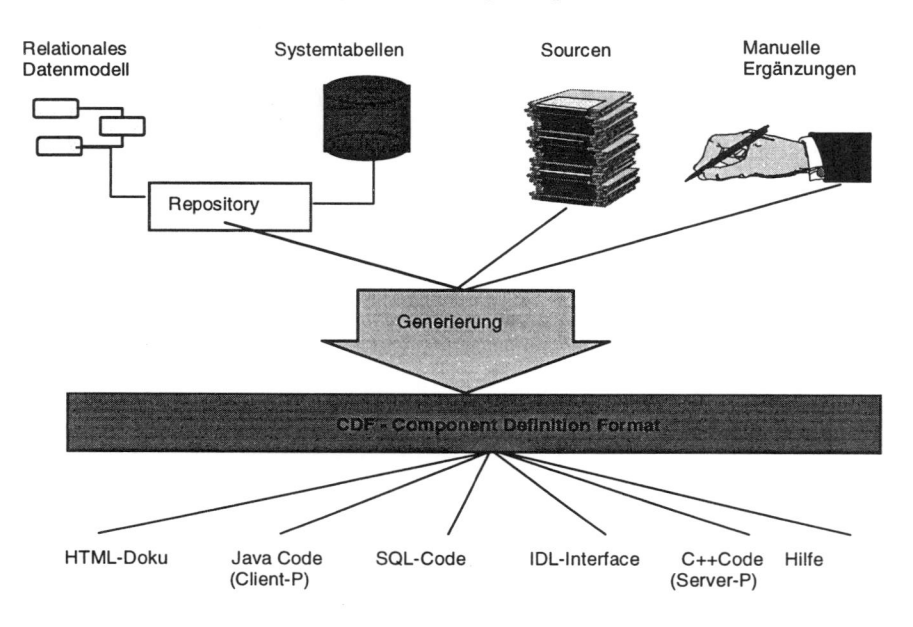

Abbildung 4: Entwicklungsprozeß einer AKIS-Komponente

Zum einen wurde daraus das Gerüst des Java Codes für den Client generiert. Für die Server-Personality wurde der Code – hier wurde C++ eingesetzt, um in C vorhandene Altanwendungsteile wiederverwenden zu können - und der SQL-Code für den Zugriff auf die unterliegende relationale Datenbank generiert. Des weiteren wurden damit die IDL-Interfaces für Client- und Server-Personalities erstellt. Schließlich diente das CDF als Ausgangspunkt für die automatische Erzeugung der Dokumentation der Komponenten in HTML und für die Online-Hilfefunktion. CDF als zentrales Format für die Spezifikation, Implementierung und Dokumentation hat den Vorteil, daß spätere Erweiterungen einer Komponente an zentraler Stelle pflegbar sind, und durch die Generierung kann sowohl die Dokumentation als auch die Implementierung immer auf dem neuesten Stand und konsistent gehalten werden.

5.4 Anstehende Arbeiten

Mit den in Abschnitt 5.2 erwähnten aktuell laufenden Projekten wird das Softwarehaus weiter ausgebaut. Ein wichtiger Themenbereich ist dabei die Verwendung von Komponentenstandards wie etwa Java Beans, aber auch Intra-/Internet- verbunden mit Push- und Pull-Technologie und den entsprechenden Sicherheitsaspekten werden betrachtet.

Darüber hinaus wird das Softwarehaus im Rahmen der Projekte auf eine weitere geschäftskritische Systemfamilie ausgedehnt. Dabei wird im ersten Schritt eine fachliche Komponente aufgebaut, die beiden Systemfamilien angehört und somit Brückenfunktion einnimmt. Bisher wurde die Funktionalität in zwei verschiedenen Programmen mit unterschiedlichen Datenbeständen abgebildet.

6 Fazit und Ausblick

Das Softwarehaus ist eine objektorientierte, komponentenbasierte Software Architektur mit evolutionärem Charakter. Im Unterschied zu verschiedenen in der Literatur beschriebenen Software Architekturen enthält es auch Aspekte des Software-Entwicklungsprozesses.

Mit der Anwendung AKIS wurde das Ziel Plattformunabhängigkeit erreicht, da die Anwendung sowohl unter OS/2 als auch unter Windows NT funktionsfähig ist. Weiterhin wurde Verteilung realisiert, erstens da Anwendungsserver, Client und Datenbank getrennt gelagert sind, und zweitens weil jede Komponente verteilte Verarbeitung auf der Basis von CORBA unterstützt.

Die verbesserte Infrastruktur zeigt sich in den aktuell laufenden Folgeprojekten. Zum einen kann die Generierung mit Hilfe des CDF wiederverwendet werden, zum anderen können einige der bereits vorhandenen Utility-Komponenten wiederverwendet werden, z.B. die Life-Cycle Komponente (4-Augen-Prinzip) oder der Error Server. Speziell in einem der beiden aktuell laufenden Projekte ist eine kürzere Entwicklungszeit gegeben, da in diesem Projekt nur wenige architektonische Neuerungen erfolgten und somit große Teile der vorhandenen Infrastruktur direkt verwendet werden können.

Der weitere Weg des Softwarehauses hin zur Multi-Dialog-Bank ist aufgrund der Erfolge vorgezeichnet. Aber die Entwicklung der IT wird über die Multi-Dialog-Bank hinausgehen; absehbare Schritte können mit Schlagworten wie Customer-Relationship-Management und 1-2-1-Marketing umrissen werden. Hierfür werden neue Paradigmen der Software Entwicklung hinzukommen, die in das Softwarehaus zu integrieren sind. Ein Beispiel für die genannten Anwendungsbereiche sind intelligente Agenten, die für einen Kunden aktiv sein werden. Es wird zu prüfen sein, wie derartige Bausteine als Komponenten gemäß den Architekturvorgaben beschrieben und implementiert werden können.

Literatur

[GaP95]   Garlan, D.; Perry D. *Editorial of IEEE Transactions on Software Engineering*, April 1995

[GaS93]   Garlan, D.; Shaw, M. *An Introduction to Software Architecture*, Advances in Software Engineering and Knowledge Engineering. Vol. 1. River Edge, NJ, World Scientific Publishing Company, 1993

[Gri98]   Griffel, F. *Componentware – Konzepte und Techniken des Softwareparadigmas*. Dpunkt-Verlag, Heidelberg, 1998

[OMG95]   Object Management Group. *CORBA 2.0 Specification*, Adresse: http://www.omg.org/corba, 1995

[PeW92]   Perry, D.E.; Wolf, A.L. *Foundations for the Study of Software Architecture*, Software Engineering Notes, ACM SIGSOFT 17, 4, pp. 40-52, Oktober 1992

[SEI98]   Software Engineering Institute der Carnegie Mellon University, *Software Architecture*, Adresse: http://www.sei.cmu/architecture/ definitions.html, August 1998

[SEI99]   Software Engineering Institute der Carnegie Mellon University, *Software Architecture: An Executive Overview*, Technical Report, Adresse: http://www.sei.cmu.edu/publications/documents/96.reports/ 96tr003, Januar 1999

[Tay95]   Taylor, D.A. *Business Engineering with Object Technology*, John Wiley & Sons, Inc, New York, Chichester, Brisbane, Toronto, Singapore, 1995

Die Skalierung der Preisschwankungen an einem virtuellen Kapitalmarkt mit probabilistischen und trendverfolgenden Agenten

Frank Schlottmann und Detlef Seese

Abstract

In diesem Artikel wird ein virtueller Kapitalmarkt vorgestellt, der zur Untersuchung finanzwirtschaftlicher Fragestellungen von uns entwickelt wird und sich an Komponenten des XETRA®[1]-Systems der Deutschen Börse AG orientiert. Ziel ist es, die Strukturen der Händler und des Marktes gezielt festzulegen, um einerseits bestimmte Phänomene realer Kapitalmärkte mit Hilfe von Informatikmethoden zu untersuchen, die durch die klassische Finance-Theorie nicht erklärt werden können und um andererseits intelligente Softwareagenten zu entwickeln bzw. zu trainieren, die später an realen Kapitalmärkten einsetzbar sind. Ferner werden die Ergebnisse einer ersten Studie mit zwei einfachen Händlertypen dargestellt, in der die Skalierung der Preisschwankungen bezüglich des Zeitablaufes in einem simulierten Marktmodell untersucht wurde. Diese wird im Kontext der Struktur der modellierten Marktteilnehmer interpretiert. Schließlich werden Prämissen für eine Untersuchung des Einflusses von Insider-Händlern im Marktmodell entwickelt, die ein explizites Wissen über die Struktur des Marktes besitzen und ausnutzen.

1 Einleitung

Die Vorgänge an den Kapitalmärkten bewegten und bewegen stets einen Teil der akademischen Welt: Eine Vielzahl von Forschern verschiedenster Disziplinen befaßt sich gegenwärtig mit der Untersuchung der Strukturen und der Komplexität von Kapitalmärkten. Sie suchen nach geeigneten Erklärungsansätzen und Modellen für bestimmte, an realen Märkten beobachtbare Phänomene, die durch das Spektrum

---

[1] XETRA® bedeutet eXchange Electronic TRAding und ist ein eingetragenes Warenzeichen der Deutschen Börse AG.

der bereits erforschten Methoden noch nicht oder nur unzulänglich erfaßt wurden. Die klassische Theorie der Finanzwirtschaft interpretiert solche Phänomene meist als sogenannte "Anomalien", die Ausreißer in bezug auf die theoretischen Aussagen darstellen.

Als Alternative zur klassischen Theorie, die insbesondere eine ständige, perfekte Rationalität der Marktteilnehmer unterstellt, welche an realen Kapitalmärkten nicht immer beobachtet wird, entwickelte sich im betriebswirtschaftlichen Bereich insbesondere in der angelsächsischen Literatur seit den achtziger Jahren eine stärkere Orientierung am Verhalten ("behavioral finance") und an der Psychologie der Marktteilnehmer bei der Analyse realer Kapitalmärkte.[2]

Parallel dazu wurden einige der im Bereich der künstlichen Intelligenz entwickelten "artificial life"-Ansätze auf die Simulation von Kapitalmärkten übertragen.[3] Hierbei können Multi-Agenten-Systeme eingesetzt werden, in denen mehrere künstliche Händler durch Interaktion simulierte Wertpapierpreise und Umsätze generieren.

Der vorliegende Artikel knüpft im Sinne der soeben dargestellten Entwicklungen an eine Reihe von Untersuchungen an, die in der Forschungsgruppe Komplexitätsmanagement am Institut für Angewandte Informatik und Formale Beschreibungsverfahren der Universität Karlsruhe (TH) durchgeführt wurden.[4]

Allgemeines Ziel unserer gegenwärtigen Forschung ist das Studium der Wechselwirkungen zwischen Agenten- bzw. Händlerstrukturen, Marktstrukturen und der daraus resultierenden Marktdynamik. Wir erhoffen uns dadurch ein tieferes Verständnis von Kapitalmärkten durch einen Übergang von einem geschlossenen, rein stochastischen Modell zu einem Erklärungsmodell mit Feinstruktur. Die spezielle Zielsetzung unseres virtuellen Kapitalmarktes besteht dabei einerseits darin, die Untersuchung von Kausalitäten zwischen Struktureigenschaften von realitätsnahen

---

[2] Siehe hierzu beispielsweise [MR94].

[3] Interessante Ergebnisse des "artificial life"-Ansatzes bei der Erforschung von Kapitalmärkten wurden am Santa Fe Institute erzielt. Siehe hierzu unter anderem [Tay95].

[4] Siehe hierzu [FHKNS96], [HKSZ98] und [Sch99].

Märkten und ihren Auswirkungen zu unterstützen und andererseits, eine möglichst realitätsnahe Umgebung für die Entwicklung und Evaluierung von künstlich intelligenten Marktteilnehmern zu schaffen.

In der Literatur existierende, artifizielle Kapitalmärkte[5] beinhalten oft Vereinfachungen in bezug auf reale Märkte, da nur bestimmte Eigenschaften überprüft bzw. nachgebildet werden. So werden z. B. idealisierte Preisfindungsmechanismen in Form makroönomischer Gleichgewichtsbeziehungen verwendet und/oder die Tatsache vernachlässigt, daß die Händler nicht jederzeit zum aktuellen Marktpreis kaufen und verkaufen können, sondern zunächst Kauf- und Verkaufsaufträge in das Marktsystem eingeben müssen, welche wiederum die Preisfindung entscheidend beeinflussen.

Der hier dargestellte, erste Prototyp unseres Modells orientiert sich dagegen in bezug auf den Preisfindungsmechanismus und die Ordermodalitäten stark an den aktuellen deutschen Gegebenheiten: In Deutschland spielt der Handel in Auktionen auf dem Parkett (sogenannter Call-Markt) traditionell eine bedeutende Rolle, gleichzeitig hat sich nach und nach eine deutliche Verschiebung des Auftragsvolumens zugunsten des elektronischen Handels seit der Einführung des XETRA®-Handelssystems der Deutschen Börse AG am 28. November 1997 ergeben. Daher diente bei der Festlegung unserer Marktstruktur ein Teil von XETRA® als Vorbild. Konkret wurde im ersten Schritt der Handel in Auktionen innerhalb des XETRA®-Systems an unserem virtuellen Kapitalmarkt in leicht modifizierter Form nachgebildet.

2 Das Modell des virtuellen Aktienmarktes

Im gegenwärtigen Entwicklungsstadium des virtuellen Kapitalmarktes wird in der Modellökonomie eine feste Stückzahl einer Aktie ohne Dividendenzahlungen von einer zu Beginn der Simulation festgelegten Anzahl Marktteilnehmer gehandelt.

Jede Simulation besteht aus einer festen Anzahl von Auktionen, die sequentiell durchgeführt werden. Eine Auktion besteht aus einer Aufrufphase, in der jeder

---

[5] Siehe beispielsweise [BSP96] und [Tay95].

künstliche Händler genau einmal aufgerufen wird, um gegebenenfalls einen Kauf- oder Verkaufsauftrag am Markt zu spezifizieren. Der Marktpreis und der Umsatz der betrachteten Auktion werden nach Beendigung der Aufrufphase gemäß dem Höchstumsatzprinzip aus den vorliegenden Aufträgen festgelegt, die die Marktteilnehmer für diese Auktion spezifiziert haben. Die entsprechend der Marktlage in der betrachteten Auktion ausführbaren Aufträge werden dann alle zum ermittelten Marktpreis durchgeführt, die nicht ausführbaren Aufträge werden gelöscht.

Bei der Auftragseingabe müssen die künstlichen Händler simultan mehrere realitätsgetreue Entscheidungsprobleme lösen: Es muß nicht allein die Entscheidung über Kauf oder Verkauf getroffen werden, sondern auch die Menge und das Preislimit als Obergrenze bei Kaufaufträgen bzw. Untergrenze bei Verkaufsaufträgen sind festzulegen. Das Orderbuch ist geschlossen, d. h. es hat kein Händler Zugriff auf die am Markt vorliegenden Auftragsdaten der anderen Händler, damit die Chancengleichheit für die einzelnen Marktteilnehmer und somit ein fairer Handel gewährleistet ist. Als Entscheidungsgrundlage dient im vorliegenden Entwicklungsstadium der Simulation ausschließlich die komplette Preis- und Umsatzhistorie, auf die alle Händler zurückgreifen können.

Die Opportunität zur Investition in die Aktie stellt die risikolose Anlage zu einem festen Zinssatz zwischen jeweils zwei oder mehr aufeinanderfolgenden Auktionen dar. Auch Transaktionskosten können als prozentuale Gebühr für durchgeführte Aufträge berücksichtigt werden.

Der virtuelle Aktienmarkt wurde objektorientiert modelliert und aus Laufzeit- sowie Portabilitätsgründen in C++ implementiert. Die Objektorientierung bringt insbesondere bei der Modellierung der Marktteilnehmer erhebliche Vorteile: Neue Händlertypen können aufgrund der definierten Schnittstellen als Erben der implementierten Klasse "Trader" sehr leicht realisiert werden, was eine gute Erweiterbarkeit bei gleichzeitiger Konsistenz des bestehenden Systems gewährleistet.

3 Empirische Ergebnisse der Simulationsstudie

Im Rahmen einer Simulationsstudie wurde zunächst eine möglichst einfache Händlerstruktur realisiert, die zu realitätsnahen Kursverläufen sowie einer hinreichenden Marktliquidität führen und somit als Ausgangsbasis für die Entwicklung intelligenterer Agenten bzw. zukünftige Untersuchungen dienen sollte. Dazu wurden zwei verschiedene Händlertypen in Form von probabilistischen und trendverfolgenden Agenten realisiert, die nun vorgestellt werden.

Das Entscheidungsverhalten eines probabilistischen Händlers $(=: i \in \{1,...,m\})$ des Typs "RandomTrader" (nachfolgend als RT abgekürzt) in jedem Handelszeitpunkt $(=: t)$ basiert ausschließlich auf Zufallsexperimenten und dem zuletzt festgestellten Marktpreis $(=: P_{t-1})$ für die Aktie. Seine Entscheidung über Kauf oder Verkauf einer einzelnen Aktie wird mittels der Ziehung einer standardnormalverteilten Zufallszahl $(=: Z_{i,t})$ getroffen. Denn es gilt:

$$\forall i \forall t : (Z_{i,t} \geq 0 \Rightarrow \text{Händler } i \text{ kauft in } t) \wedge (Z_{i,t} < 0 \Rightarrow \text{Händler } i \text{ verkauft in } t) \quad (1).$$

Also sind wegen der Symmetrie der Standardnormalverteilung die Wahrscheinlichkeiten

$$\forall i \forall t : Prob(\text{Händler } i \text{ kauft in } t) = Prob(\text{Händler } i \text{ verkauft in } t) = 0{,}5 \quad (2),$$

was ein wichtiges Strukturmerkmal in Hinblick auf die Liquidität des Gesamtmarktes darstellt.

Als Preislimit $(:= \tilde{P}_{i,t})$ für den entsprechenden Auftrag wird das Produkt aus dem zuletzt festgestellten Kurs und der Summe aus Eins und einer weiteren standardnormalverteilten Zufallszahl $(=: \varepsilon_{i,t})$ als Störgröße verwendet:

$$\forall i \forall t : \tilde{P}_{i,t} := P_{t-1} \bullet (1 + \varepsilon_{i,t}).$$

Damit ist der Erwartungswert für den nächsten Aktienkurs aus Sicht jedes einzelnen Händlers dieses Typs gleich dem zuletzt festgestellten Kurs:

$$\forall i \forall t : E_i[P_t] = E[\tilde{P}_{i,t}] = E[P_{t-1} \bullet (1 + \varepsilon_{i,t})] = P_{t-1} \quad (3).$$

Dies entspricht dem Martingalmodell der Random-Walk-Hypothese für den Aktienkursverlauf, sofern keine anderen Händlertypen am Markt präsent sind.

Für die erwartete Anzahl von Kaufaufträgen $(=: k_{RT})$ und Verkaufsaufträgen $(=: v_{RT})$ im Orderbuch gilt wegen (2): $E[k_{RT}] = E[v_{RT}] = \frac{m}{2}$ (4).

Der Erwartungswert der Limite von insgesamt m RT-Agenten in der Periode t auf der Kauf- $(=: E_{RT,Kauf}[\tilde{P}_t])$ sowie der Verkaufsseite $(=: E_{RT,Verkauf}[\tilde{P}_t])$ des Orderbuches ergibt sich jeweils wegen (2), (3), (4) und der Linearität des Erwartungswertoperators als Mittelwert über die erwarteten Limite auf der jeweiligen Seite:[6]

$$E_{RT,Kauf}[\tilde{P}_t] = E_{RT,Verkauf}[\tilde{P}_t] = \frac{1}{E[v_{RT}]} \cdot \sum_{i=1}^{E[v_{RT}]} E[\tilde{P}_{i,t}] = P_{t-1} \text{ (5)}.$$

Der andere Händlertyp "TrendChasingTrader" (fortan als TCT abgekürzt) repräsentiert einen kurzfristigen Trendverfolger, dessen Entscheidungsverhalten auf der Stärke der zuletzt am Markt aufgetretenen, prozentualen Preisveränderung $\left(=: \Delta_{t-1} = \frac{P_{t-1} - P_{t-2}}{P_{t-1}}\right)$ basiert. Jeder einzelne Händler $(=: j \in \{1,...,n\})$ des Typs TCT besitzt eine zu Beginn der Simulation festgelegte, individuelle Aktivierungsschwelle $(=: q_j \in (0,1))$, die von Δ_{t-1} überschritten werden muß, damit er eine Aktie kauft oder verkauft:

$$|\Delta_{t-1}| > q_j \Rightarrow (\Delta_{t-1} > 0 \Rightarrow \text{Händler } j \text{ kauft in } t) \wedge (\Delta_{t-1} < 0 \Rightarrow \text{Händl. } j \text{ verkauft in } t)$$

Daher gilt für die Wahrscheinlichkeiten:

$$\forall j \forall t : Prob(\text{Händler } j \text{ kauft in } t) = \begin{cases} 1, \text{ falls } \Delta_{t-1} > 0 \\ 0, \text{ sonst} \end{cases}$$
$$\wedge Prob(\text{Händler } j \text{ verkauft in } t) = \begin{cases} 1, \text{ falls } \Delta_{t-1} < 0 \\ 0, \text{ sonst} \end{cases} \text{ (6)}.$$

Als Limit für den Auftrag wählt er eine von ihm prognostizierte Verstärkung des zuletzt festgestellten Trends:

---

[6] O. B. d. A. seien die Aufträge jetzt so durchnumeriert, daß die Indizierung in der folgenden Summation lediglich die Verkaufsaufträge umfaßt.

$$\forall j \forall t : \tilde{P}_{j,t} := P_{t-1} + \Delta_{t-1} \bullet q_j \bullet P_{t-1} = P_{t-1} + (P_{t-1} - P_{t-2}) \bullet q_j \quad (7).$$

Der Erwartungswert über alle Limits der TCT-Agenten in t hängt damit von der Verteilung von q_j, dem letzten Marktpreis und der letzten Preisveränderung ab. Unter der Voraussetzung einer Gleichverteilung von $q_j \in (0,1)$ ergibt sich wegen (6), (7) und der Linearität des Erwartungswerts für $\Delta_{t-1} > 0$ im Orderbuch:

$$\Delta_{t-1} > 0 \Rightarrow \left(\begin{array}{l} E_{TCT,Kauf}[\tilde{P}_t] = \dfrac{1}{n} \bullet \sum_{j=1}^{n} \tilde{P}_{j,t} = P_{t-1} + (P_{t-1} - P_{t-2}) \bullet 0{,}5 \\ \wedge E_{TCT,Verkauf}[\tilde{P}_t] = 0 \end{array} \right) \quad (8).$$

Verkaufsaufträge werden von den TCT-Agenten bei $\Delta_{t-1} > 0$ nicht gegeben.

Analog konzentrieren sich für $\Delta_{t-1} < 0$ die Aufträge der TCT-Händler ausschließlich auf die Verkaufsseite im Orderbuch, und bei unveränderter Gleichverteilungsannahme für q_j erhält man:

$$\Delta_{t-1} < 0 \Rightarrow \left(\begin{array}{l} E_{TCT,Verkauf}[\tilde{P}_t] = \dfrac{1}{n} \bullet \sum_{j=1}^{n} \tilde{P}_{j,t} = P_{t-1} + (P_{t-1} - P_{t-2}) \bullet 0{,}5 \\ \wedge E_{TCT,Kauf}[\tilde{P}_t] = 0 \end{array} \right) \quad (9).$$

Die Händler verstärken damit einen am Markt entstehenden Trend. Das Verhalten der TCT-Agenten bildet eine in der Realität beobachtbare Rückkopplung zwischen Marktgeschehen und Marktteilnehmern nach: Das aktuelle Marktgeschehen geht in Form der letzten Preisbewegung in das Entscheidungsverhalten der Händler ein, die Entscheidung der Händler beeinflußt wiederum das Marktgeschehen usw. Dabei entstehen in der Simulation starke Preisschwankungen, die auch an realen Kapitalmärkten als Spekulationsblasen und/oder Herdeneffekte auftreten. Solche Preisblasen können in der Realität beispielsweise durch entsprechende Methoden der technischen Aktienanalyse verursacht werden, die aus kurzfristigen Preisschwankungen Kauf- und Verkaufssignale ermitteln.

In der getesteten Simulationsstudie wurden insgesamt 300 Einzelsimulationen von jeweils 1000 Handelstagen mit 10000 Händlern bei variierendem Anteil der TCT durchgeführt. Die Struktur der Preisschwankungen in den am künstlichen Markt durch Interaktion der Händler entstandenen Aktienkursverläufen wurde auf ihre Skalierung im Zeitablauf und damit auch auf die Eigenschaft eines klassischen (aber in der Realität selten in seiner reinen Form auftretenden) Random-Walk-Prozesses der finanzwirtschaftlichen Theorie hin überprüft.

Deshalb wurde für jede Einzelsimulation der Hurst-Exponent[7] $H \in [0,1]$ geschätzt, welcher für die Untersuchung von Zeitreihen, die durch komplexe dynamische Systeme wie beispielsweise Aktienmärkte erzeugt werden, besonders gut geeignet ist, da er keine besonderen Verteilungsannahmen bezüglich der zu untersuchenden Zeitreihe voraussetzt. Er stellt den exponentiellen Skalierungsfaktor für die Volatilität des Aktienkursverlaufes in bezug auf den Zeitablauf dar. Formal kann dies wie folgt ausgedrückt werden:

$$s(\Delta t) = c \bullet (\Delta t)^H, c \in \Re \; fest \wedge c > 0,$$

wobei H den gesuchten Hurst-Exponenten, $s(\Delta t)$ ein geeignetes Maß für die Schwankungen[8] des Aktienkurses im Zeitraum Δt und c eine positive, reellwertige Konstante repräsentiert.

Bei einem klassischen Random-Walk-Prozeß der Finanzmarkttheorie, der eine Brownsche Bewegung des Aktienkurses voraussetzt, ist $H = 0{,}5$. Für reale Aktienkursverläufe werden typischerweise Werte von H ermittelt, die deutlich größer als 0,5 sind, da reale Kapitalmarktdaten in der Regel innerhalb eines festen Vergleichszeitraumes höhere Schwankungsbreiten aufweisen, als durch die Brownsche Bewegung erklärt werden können. Beispielsweise berechnete Peters[9] für den US-amerikanischen Aktienindex Dow Jones Industrial Average im Zeitraum von 1888 bis 1991 Werte von $H \in [0{,}58; 0{,}72]$.

---

[7] Der Hurst-Exponent wurde von dem Hydrologen Hurst in [Hur51] verwendet, um die Schwankungen von Wasserständen an Staudämmen zu untersuchen.

[8] Als geeignetes Streuungsmaß kann beispielsweise die Stichprobenstandardabweichung verwendet werden. Hier wurde die von Hurst verwendete Rescaled Range Statistic eingesetzt. Siehe hierzu auch die vorherige Fußnote.

[9] Siehe hierzu [Pet94], S. 112 ff.

Der empirischen Ergebnisse über die Einzelsimulationen bei entsprechendem Anteil von TCT-Agenten sind in der folgenden Graphik nach H sortiert:

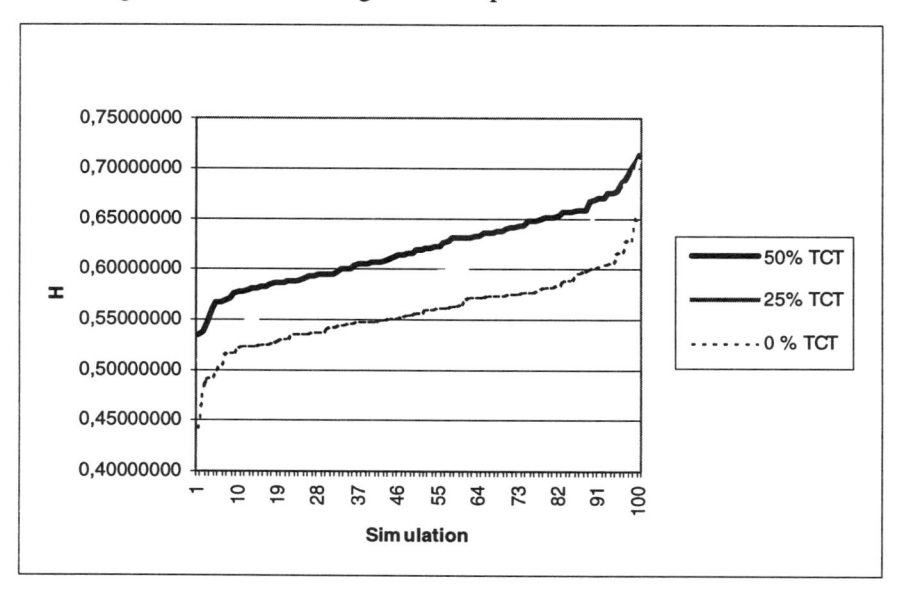

Zusätzlich sind ausgewählte statistische Kennzahlen in der folgenden Tabelle zusammengefaßt:

Prozentualer Anteil TCT	Mittelwert von H	Minimalwert von H	Maximalwert von H
0%	0,56	0,44	0,65
25%	0,60	0,51	0,71
50%	0,62	0,53	0,71

Diese Ergebnisse sind intuitiv einleuchtend, da ein stärkerer Anteil an trendverfolgenden Händlern auch zu stärkeren Schwankungen des Aktienkurses im Zeitablauf führen muß. Gleichzeitig erkennt man, daß die Einführung von Händlern des Typs TCT eine gesteigerte Realitätsnähe in bezug auf die Aktienkursschwankungen bewirkt: Der Hurst-Exponent steigt mit dem prozentualen Anteil der trendverfolgenden Händler deutlich über 0,5 an, was auf eine strukturelle Analogie der simulierten Aktienkursschwankungen zur Volatilität realer Marktdaten hinweist. Damit liegt im Mittel, aber auch in der überwiegenden Mehrzahl der Fälle, am simulierten Aktienmarkt kein Random-Walk-Prozeß im Sinne einer Brownschen Bewegung für den Aktienkurs vor, wie es gemäß der Struktur der modellierten Marktteilnehmer, insbesondere wegen der für die TCT geltenden Beziehung (7), auch zu erwarten ist.

4 Ausblick

Eine interessante Fragestellung für eine nachfolgende Simulationsstudie ist die Untersuchung des Einflusses von Insidern auf das Gesamtmarktverhalten. Dazu muß ein Händlertyp entwickelt werden, der gezieltes Wissen über die Struktur und das zu erwartende Entscheidungsverhalten der anderen Marktteilnehmer besitzt.

Falls am Markt beispielsweise zunächst lediglich a Händler des Typs RT und $(1-a)$ TCT-Agenten vertreten sind, so werden Insider, denen diese Tatsache in Verbindung mit den Entscheidungsstrategien der verschiedenen Händlertypen bekannt ist, aufgrund der gezeigten Beziehungen (5), (8) und (9) folgende Einschätzung bezüglich des Erwartungswertes der im Orderbuch vorliegenden Preislimits auf der Kauf- und Verkaufsseite für den nächsten Handelszeitpunkt t formulieren:[10]

$$E_{Kauf}[\tilde{P}_t] = a \bullet E_{RT,Kauf}[\tilde{P}_t] + (1-a) \bullet E_{TCT,Kauf}[\tilde{P}_t] \text{ und}$$

$$E_{Verkauf}[\tilde{P}_t] = a \bullet E_{RT,Verkauf}[\tilde{P}_t] + (1-a) \bullet E_{TCT,Verkauf}[\tilde{P}_t].$$

Daher stellt sich die Frage, in welchem Umfang die Insider nach ihrem Eindringen in den Markt ihren Informationsvorsprung ausnutzen können, um den Markt bewußt zu beeinflussen und/oder systematisch Gewinne zu erzielen.

Als weiteres Forschungsziel erscheint es uns sinnvoll, die Komplexität der Marktstruktur zu steigern. Dabei werden Dividendenzahlungen und weitere fundamentale Größen in das System integriert. Ferner wird der Handel auf mehrere, gleichzeitig gehandelte Wertpapiere ausgedehnt. Es müssen weitere Händlertypen entwickelt werden, die sich an verschiedenen Verhaltensweisen realer Marktteilnehmer orien-

---

[10] Auch hier wird die Linearitätseigenschaft des Erwartungswertes verwendet.

tieren und die komplexere Entscheidungsstrategien besitzen. Ferner sollte die Intelligenz der Händler mittels maschineller Lernverfahren modelliert und der Erfolg dieser Verfahren mittels des virtuellen Kapitalmarktes sowie realer Marktdaten evaluiert werden.

Literatur

[BSP96]   P. Bak, M. Paczuski, M. Shubik: Price variations in a stock market with many agents, Department of physics, Brookhaven National Laboratory, Upton, 1996

[FHKNS96]   A. Frick, R. Herrmann, M. Kreidler, A. Narr, D. Seese: A genetic approach for the derivation of trading strategies on the German stock market, Proceedings ICONIP'96, Springer, 1996, S.766-770

[HKSZ98]   R. Herrmann, M. Kreidler, D. Seese, K. Zabel: A fuzzy-hybrid approach to stock trading, in: Proceedings ICONIP'98, IOS Press, 1998, S. 1028-1032

[Hur51]   H. Hurst: Long term storage capacity of reservoirs, *Transactions of the American society of civil engineers 116*, 1951, S. 770-799

[MR94]   L. Menkhoff, C. Röckemann: Noise Trading auf Aktienmärkten, *Zeitschrift für Betriebswirtschaft 3*, 1994, S. 277-295

[Pet94]   E. Peters: Fractal market analysis, John Wiley, New York, 1994

[Sch99]   F. Schlottmann: Modellierung, Implementation und Test eines realitätsnahen, virtuellen Aktienmarktes, Diplomarbeit, Universität Karlsruhe (TH), Institut AIFB, 1999

[Tay95]   P. Tayler: Modelling artificial stock markets using genetic algorithms, in: S. Goonatilake und P. Treleaven (Hrsg.): Intelligent Systems for Finance and Business, John Wiley, New York, 1995, S. 271-287

Elektronische Zahlungssysteme

Hartmut Schmeck

Abstract

Der kommerzielle Einsatz von Informations- und Kommunikationsdiensten im Internet erfordert die Verfügbarkeit sicherer elektronischer Zahlungssysteme. Dies gilt insbesondere für den elektronischen Handel. Sowohl business-to-business- als auch business-to-consumer-Transaktionen übers Internet werden erst dann breite Akzeptanz finden, wenn auch die Abwicklung von Zahlungsvorgängen zuverlässig und korrekt unter Beachtung der üblichen Anforderungen in elektronischer Form möglich ist, ohne wesentliche Mehrkosten zu verursachen. Grundlage für elektronische Zahlungsverfahren sind Methoden der sicheren Kommunikation. Dieser Beitrag beschreibt typische Anforderungen an derartige Systeme sowie Ansätze für ihre Realisierung.

1 Einleitung

Betriebliche Informations- und Kommunikationssysteme haben strategische Bedeutung für die Abwicklung von Geschäftsprozessen in einer Vielzahl von Aufgabenbereichen eines Unternehmens. Die weite Verbreitung des Internet eröffnet vielfältige Möglichkeiten, auch die Geschäftsbeziehungen zwischen Unternehmen und zwischen Unternehmen und Kunden durch elektronische Kommunikationsverfahren zu unterstützen. Die Bezahlung von Waren oder Dienstleistungen ist ein wesentlicher Teil dieser Geschäftsbeziehungen. Typische Zahlungsverfahren sind der Kauf auf Rechnung und Zahlung durch Überweisung oder Abruf, Kauf und Zahlung unter Verwendung von Kreditkarten oder auch die direkte Bezahlung durch Übergabe von Bargeld. Bei all diesen Zahlungsverfahren spielen neben Kunden und Händlern auch Banken eine wesentliche Rolle, da sie den Transfer des Geldwertes entweder direkt ausführen oder die Einlösung gültiger Münzen bei Verwendung von Bargeld garantieren. Bei Übertragung in ein elektronisches Zahlungsverfahren muß die Kommunikation zwischen Kunde, Händler und Bank so gestaltet werden, daß zumindest die üblichen Sicherheitsanforderungen an den Zahlungsvorgang erfüllt werden.

Dieser Beitrag beschreibt als Grundlage zunächst Modelle für elektronische Zahlungssysteme und zugehörige Anforderungen bzw. Bewertungskriterien, gibt dann eine Übersicht über Verfahren zur Gewährleistung sicherer Kommunikation und stellt schließlich mit *SET (Secure Electronic Transaction)* [Loe98, SET97] und *eCash* [Cha85, FuW97] zwei Ansätze zur Bezahlung mit Kreditkarten bzw. zur Realisierung elektronischen Geldes vor.

2 Modelle elektronischer Zahlungssysteme

In diesem Abschnitt stellen wir drei Modelle wachsender Funktionalität für elektronische Zahlungssysteme vor.

Das einfachste Modell ist ein *Zweiparteienzahlungssystem* ("two-party stored value system"). Wie in Abbildung 1 beispielhaft dargestellt, besteht es aus
- einem *Herausgeber* von Zahlungsmitteln ("Universität") und
- *Kunden* ("Studenten") die Geld gegen "gespeicherte Werte" eintauschen (z.B. Telefonkarte, Copycard, Mensa-Chip oder ähnliches).

Kunden können die Zahlungsmittel einzig dazu einsetzen, um direkt beim Herausgeber für Dienstleistungen oder Waren zu bezahlen.

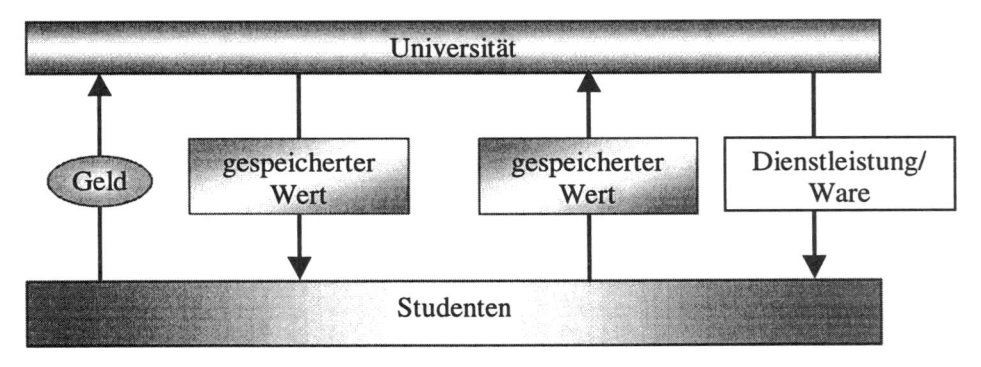

Abb. 1: Beispiel für Zweiparteienzahlungssystem

Dieses Modell erlaubt offensichtlich nur sehr eingeschränkte Zahlungsvorgänge,

Elektronische Zahlungssysteme 225

aufgrund seiner Einfachheit ist es jedoch weit verbreitet.

Wesentlich flexiblere Einsatzmöglichkeiten bietet das *Dreiparteienzahlungssystem* ("three-party stored-value system"), das in Abbildung 2 dargestellt ist. Als dritte Partei kommt hier der Händler dazu. Er akzeptiert das vom Herausgeber ausgestellte Zahlungsmittel und läßt sich aus dem gespeicherten Wert von der Bank bzw. dem Herausgeber den Zahlungsbetrag erstatten.

Beispiele für Dreiparteienzahlungssysteme sind Kreditkarten, EC-Karten und Geldkarten. Allerdings unterscheiden sich diese Systeme in der Reihenfolge, in der die in Abb. 2 durch Pfeile angedeuteten Transaktionen zwischen Kunde, Bank und Händler ablaufen:

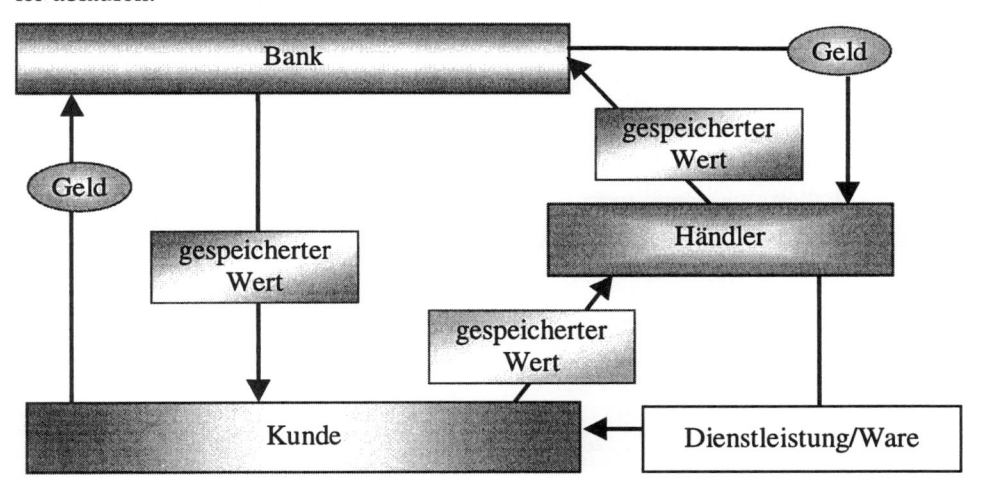

Abb. 2: Beispiel für Dreiparteienzahlungssystem

- Bei Geldkarten wird ein Geldbetrag des Kunden von der Bank auf der Geldkarte gespeichert. Von diesem gespeicherten Betrag zieht der Händler mit dem entsprechenden Zahlungsterminal den Kaufpreis ab, der ihm anschließend von der Bank gutgeschrieben wird.
- Bei Kreditkarten ist kein Geldbetrag sondern nur Zahlungsinformation (Name und Kreditkartennummer) des Kunden gespeichert. Der Händler kann mit dieser Information beim Kreditkartenunternehmen nachfragen, ob der erforderliche Kaufpreis durch den verfügbaren Kreditrahmen gedeckt ist. Das Kreditkartenunternehmen sichert in diesem Fall die Erstattung des Kaufbetrages zu. Der ex-

plizite Geldtransfer vom Kunden zum Kreditkartenunternehmen und vom Kreditkartenunternehmen zum Händler erfolgt erst später.

- Die EC-Karte unterscheidet sich von der Kreditkarte dadurch, daß der Geldtransfer vom Kunden- zum Händlerkonto bereits vor Abschluß des Kaufvorgangs (d.h. vor Auslieferung der Ware) erfolgt.

Das allgemeinste Zahlungsmodell ist das *offene Zahlungssystem* ("open-loop stored-value system"). Es ist in Abbildung 3 skizziert und entspricht weitestgehend dem üblichen Geldkreislauf bei Verwendung von Bargeld. Die wesentliche Erweiterung gegenüber dem Dreiparteienzahlungssystem besteht darin, daß die vom Herausgeber ausgestellten Zahlungsmittel (hier genannt "Wertmarken") wie Bargeld mehrfach weitergegeben und zur Bezahlung verwendet werden können, bevor irgendwann der von der Bank garantierte Geldbetrag eingelöst wird. Außerdem sind in offenen Zahlungssystemen die Rollen von Kunden und Händlern nicht mehr grundsätzlich verschieden (insofern sind die in Abbildung 3 angedeuteten Transaktionen zwischen Kunden, Händlern und Bank nicht vollständig; außerdem hätte man auch noch weitere Banken in die Geldkreisläufe einbeziehen können).

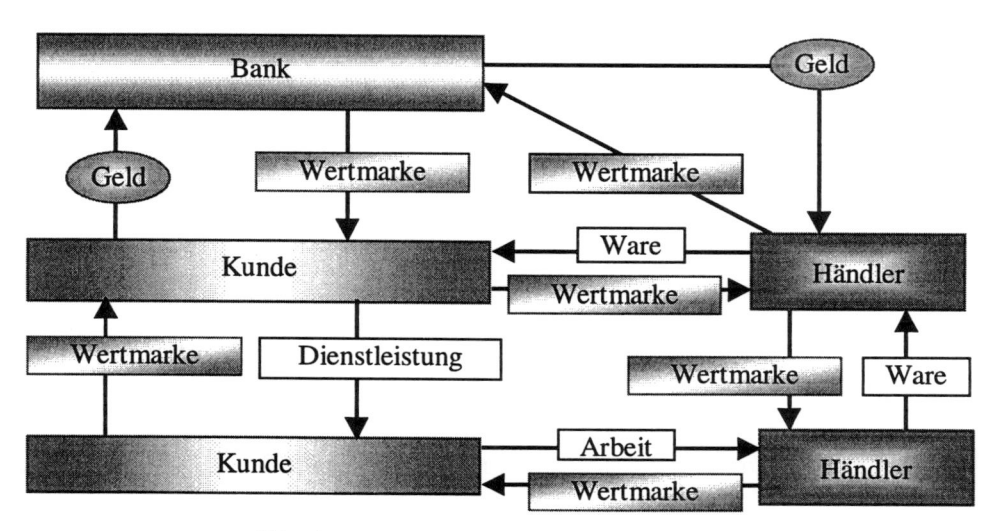

Abb. 3: Beispiel für offenes Zahlungssystem

Elektronische Zahlungssysteme

3 Anforderungen und Bewertungskriterien

Elektronische Zahlungssysteme müssen eine Reihe von Anforderungen erfüllen, ihre Qualität wird anhand mehrerer Kriterien gemessen, die im folgenden kurz zusammengestellt und erläutert werden (siehe auch [LyL97]):

- *Systemsicherheit*:
  Elektronische Zahlungsverfahren müssen hohen Sicherheitsanforderungen genügen, insbesondere bezüglich des Schutzes vor Mißbrauch oder Betrug und bezüglich der Zuverlässigkeit ihrer Ausführung. Die Transaktionen sollten deshalb so erfolgen, daß die übertragenen Informationen gegen unberechtigten Zugriff und gegen Modifikationen geschützt sind. Üblicherweise werden hierfür Kennwörter, PIN's, Verschlüsselungsverfahren und digitale Signaturen eingesetzt.
- *Transaktionskosten*:
  Die Kosten der Transaktion haben entscheidende Bedeutung für die *Wirtschaftlichkeit* und *Durchsetzungsfähigkeit* des Zahlungssystems. Sie setzen sich zusammen aus dem *Zeitaufwand* jeder einzelnen Transaktion und dem finanziellem Aufwand durch
    - *Gebühren* (z.B. bei Kreditkartenbuchungen),
    - *Übertragungskosten* (z.B. Telefonkosten im Netz),
    - *anteilige Software- und Hardwarekosten*,
    - Kosten für *weitere Verarbeitung*.

  Transaktionskosten müssen in einem vertretbaren Verhältnis zum übermittelten Wert stehen. Dies ist insbesondere bei den im Internet immer häufiger auftretenden "Micropayments" ein Problem, da sich die Abrechnung kleiner Beträge nicht lohnt, wenn die Transaktionskosten in der gleichen Größenordnung wie der Zahlungsbetrag liegt.
- *Rückverfolgbarkeit*:
  Unter Rückverfolgbarkeit versteht man die Fähigkeit, aus elektronischen Zahlungsverfahren darauf zurückzuschließen,
    - *wer* ein Zahlungsmittel eingesetzt hat,
    - *wofür* es eingesetzt wurde (d.h. für welche Ware oder Dienstleistung) und
    - *wann* und *wo* das Zahlungsmittel eingesetzt wurde.

Rückverfolgbarkeit hat sowohl positive als auch negative Aspekte. Kenntnisse über das Kaufverhalten sind wertvolle Informationen, die sich kommerziell nutzen lassen. Aus Sicht des Kunden wird jedoch zum Schutz der Privatsphäre eher ein möglichst geringes Maß an Rückverfolgbarkeit gefordert.

- *Online-Überprüfung*:
Wird für jeden Zahlungsvorgang eine Online-Überprüfung der Gültigkeit des Zahlungsmittels durchgeführt, kann dies zu erheblichem Zeit- und Kostenaufwand führen. Ein Verzicht auf diese Überprüfung kann jedoch das Mißbrauchsrisiko erhöhen und dadurch je nach Zahlungssystem zu erhöhten Kosten für Kunde, Bank oder Händler führen.

- *Akzeptanzfähigkeit*:
Die Bereitschaft der am elektronischen Zahlungsverkehr Beteiligten (Kunden, Händler, Banken,...), das Zahlungssystem einzusetzen, ist offensichtlich für die Durchsetzung eines Systems entscheidend. Die Akzeptanz wird nachhaltig beeinflußt durch den Zusatzaufwand, der bei Kunden und Händlern durch den Einsatz des Zahlungssystems entsteht, sowie durch das Vertrauen in die sichere Funktionsweise und durch den Grad der Verbreitung des Systems.

- *Übertragbarkeit*:
Die Übertragung von Zahlungsmitteln zwischen Benutzern des Systems ohne Beteiligung der ausstellenden Bank ist wünschenswert, aber nur bei offenen Zahlungssystemen möglich.

- *Teilbarkeit*:
Während bei kontenbasierten Zahlungsverfahren Guthaben in beliebige Beträge unterteilt werden können, gibt es beim traditionellen Bargeldsystem nur eine eingeschränkte Teilbarkeit. Der Großteil der Zahlungsvorgänge im elektronischen Handel kann auch bei Stückelung elektronischer Zahlungsmittel entsprechend den Münzwerten von Bargeld problemlos ausgeführt werden. Die bei der Abrechnung elektronischer Dienstleistungen häufig auftretenden sehr kleinen Beträge erfordern jedoch eine nahezu beliebige Teilbarkeit.

Elektronische Zahlungssysteme 229

4 Sichere Kommunikation

Grundlage elektronischer Zahlungssysteme ist die Verfügbarkeit sicherer Kommunikationsverfahren. Dabei interessieren vor allem die folgenden Eigenschaften:

- *Vertraulichkeit*:
  Kein Unberechtigter darf Zugriff auf Informationen über den Inhalt von Nachrichten erhalten. Zumindest soll der Kostenaufwand für den unberechtigten Zugriff den Wert der Informationen erheblich übersteigen.
- *Integrität*:
  Der Inhalt von Nachrichten soll auf Korrektheit überprüft werden können.
- *Verbindlichkeit*:
  Weder der Absender noch der Empfänger einer Nachricht soll den Versand bzw. den Empfang der Nachricht abstreiten können. Dies erfordert die Übermittlung zusätzlicher Informationen zur *Authentifizierung*.

Im folgenden wird anhand der Kommunikation zwischen den fiktiven Kommunikationspartnern Alice und Bob beschrieben, wie der Versand eines Briefes durch geeignete Kombination kryptographischer Verfahren sicher gestaltet werden kann. Abbildung 4 zeigt den Ablauf eines derartigen Kommunikationsprotokolls, die einzelnen Schritte werden im folgenden erläutert. Allerdings ist aus Platzgründen eine ausführliche Darstellung nicht möglich, für weitere Details sei deshalb z.B. auf [Sch95, Wob98] verwiesen.

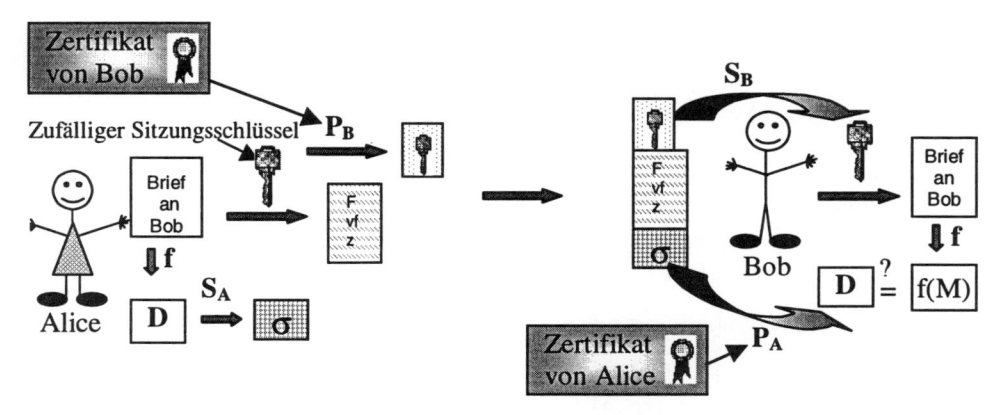

Abb. 4: Sicherer Versand eines Briefes von Alice an Bob

Das Kommunikationsprotokoll umfaßt die folgenden Schritte:
1. Alice berechnet mit einer geeigneten Funktion (einer "Einweg-Hashfunktion") aus dem Brief M einen Wert D=f(M) (den "message digest"). Bei Verwendung der Funktion MD5 ist dies ein 128 Bit Wert, aus dem M nicht wieder berechnet werden kann, der sich aber mit sehr großer Wahrscheinlichkeit ändert, falls M modifiziert wird.
2. Alice verwendet ihren geheimen Schlüssel S_A zur Berechnung der Signatur σ. Bei Verwendung des RSA-Verfahrens wäre also $\sigma = D^{S_A} \bmod N$, falls N der zu S_A gehörende Modulus ist.
3. Alice generiert einen zufälligen Sitzungsschlüssel **k** aus einer großen Menge möglicher Schlüssel und verwendet ihn, um den Brief mit einem symmetrischen Verfahren (z.B. Triple-DES, IDEA oder CAST) zu verschlüsseln.
4. Alice entnimmt einem Zertifikat den öffentlichen Schlüssel P_B von Bob und verschlüsselt damit (unter Verwendung von RSA) den Sitzungsschlüssel **k**. Das Zertifikat ist mit der Signatur einer vertrauenswürdigen Person oder einer Zertifizierungsstelle versehen, die die Gültigkeit des öffentlichen Schlüssels zusichert.
5. Alice verschickt den verschlüsselten Brief, die Signatur σ und den verschlüsselten Sitzungsschlüssel an Bob.
6. Bob verwendet seinen geheimen Schlüssel S_B, um den Sitzungsschlüssel **k** zu erhalten. Dies ist nur mit Hilfe von S_B möglich. Da **k** zufällig gewählt war und die Menge möglicher Sitzungsschlüssel ausreichend groß ist, gibt es keinen anderen praktikablen Weg, **k** zu ermitteln.
7. Bob verwendet **k**, um den erhaltenen Brief zu entschlüsseln und erhält dadurch das Dokument M'.
8. Bob berechnet mit der Hashfunktion f den Message Digest D'=f(M').
9. Bob entnimmt einem Zertifikat den öffentlichen Schlüssel P_A von Alice und entschlüsselt damit die Signatur, d.h. er berechnet $D = \sigma^{P_A} \bmod N$.
10. Bob vergleicht D und D'. Stimmen sie überein, ist M' der von Alice verschickte Brief M, da die Signatur σ nur mit dem geheimen Schlüssel von Alice erzeugt werden konnte.

Unter der Annahme, daß nur Alice und Bob jeweils Zugriff auf ihre geheimen Schlüssel haben, weiß Bob nach Ausführung dieses Protokolls, daß Alice ihm diesen

Elektronische Zahlungssysteme 231

Brief geschickt hat, und daß der Brief nicht modifiziert wurde. Wenn er Alice diesen Brief vorlegt, kann sie nicht abstreiten, ihn geschickt zu haben, da sie ihn mit ihrer digitalen Signatur versehen hat. Das Protokoll hat also die anfangs geforderten Eigenschaften.

5 Kreditkartenzahlungsverfahren SET

IBM, Mastercard und VISA haben gemeinsam ein sicheres Verfahren für die elektronische Zahlung mit Kreditkarten entwickelt, genannt SET für "Secure Electronic Transaction". Unter Verwendung des oben skizzierten sicheren Kommunikationsprotokolls gewährleistet es
- Vertraulichkeit der Informationen bezüglich Zahlungsvorgang und Kaufauftrag,
- Datenintegrität, sichergestellt durch Digitale Unterschriften und
- Authentifizierung von Händler, Kunde und Bank.

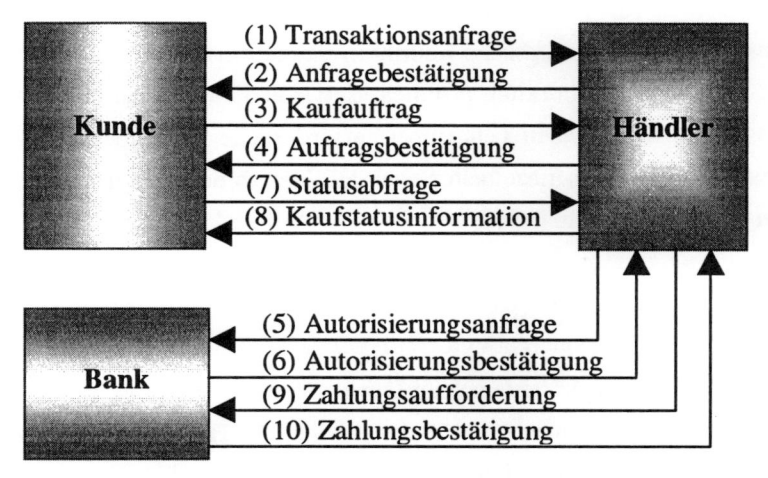

Abb. 5: Kommunikationsschema von SET

Der Zahlungsvorgang mit SET besteht aus einer Reihe von Transaktionen, die in Abbildung 5 vereinfacht dargestellt sind. Jeder Teilnehmer hat 2 public-key Schlüsselpaare: eines für die Erstellung digitaler Signaturen und ein weiteres für die Verschlüsselung von Sitzungsschlüsseln. Dabei werden die öffentlichen Schlüssel durch eine Zertifikatshierarchie gesichert, d.h. auch die Zertifikate werden wiederum durch eine "absolut vertrauenswürdige" Instanz zertifiziert.

Der SET-Kaufauftrag enthält neben der Bestellung verschlüsselte Zahlungsinformationen (Kreditkartennummer etc.), die vom Händler an die Bank weitergegeben werden und nur unter Verwendung des geheimen Schlüssels der Bank entschlüsselbar sind. Die Bestellungsinformationen werden nicht an die Bank weitergereicht. Damit der Händler und die Bank trotzdem die Korrektheit der Kombination von Bestellung und Zahlungsinformation überprüfen können, wird deren Inhalt durch eine *duale Signatur* abgesichert: Für beide Dokumente werden Message Digests berechnet und aus diesen wiederum ein Message Digest, der dann mit dem geheimen Signierschlüssel des Kunden verschlüsselt wird. Die Integritätsprüfung erfolgt dann stets unter Verwendung dieser dualen Signatur und dem Digest des nicht erhaltenen oder nicht bekannten Teils des Kaufauftrags. Durch diese Vorgehensweise gewährleistet SET eine erheblich größere Anonymität als das übliche Kreditkartenzahlungsverfahren, bei dem der Händler sämtliche Zahlungsinformationen und das Kreditkartenunternehmen sämtliche Kaufinformationen erhält.

SET wird eine weite Verbreitung prognostiziert, zur Zeit sind allerdings die relativ hohen Kosten für die bei allen Teilnehmern erforderliche Software noch ein Akzeptanzhindernis. Für weitere Einzelheiten des SET-Verfahrens sei auf die Spezifikation verwiesen [SET97].

6 Elektronisches Geld

Bereits Mitte der achtziger Jahre schlug David Chaum ein Verfahren für die Erzeugung elektronischen Geldes vor, das anders als bei der Bezahlung mit Kreditkarten keine Identifikation des Kunden gegenüber Bank oder Händlern erfordert (s. [Cha85]). Unter dem Namen eCash wurde dies Verfahren durch die Firma DigiCash kommerzialisiert und von mehreren europäischen und australischen Banken erprobt.

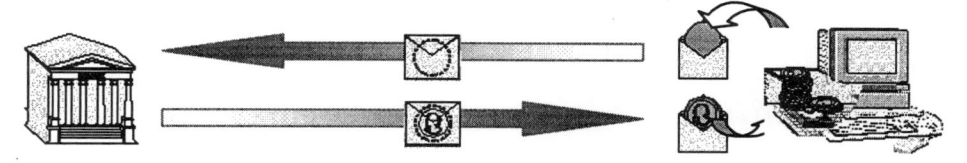

Abb. 6: Erzeugung von eCash-Münzen

Zur Erzeugung einer Münze mit Wert w (siehe Abbildung 6) wählt der Kunde K eine zufällige große Zahl m. Dann schickt er der Bank m und w und bittet sie, die Münze durch eine blinde Signatur zu validieren, d.h. die Bank soll beim Unterschreiben keine Kenntnis über die Seriennummer der Münze erlangen. Dazu wählt K zunächst eine zufällige Zahl r, die teilerfremd mit dem Modulus N des Schlüsselpaares der Bank sei, und berechnet unter Verwendung des öffentlichen Schlüssels p der Bank $m' = r^p m \bmod N$. K schickt dann nicht m sondern m' an die Bank. Diese unterschreibt m' mit ihrem geheimen Schlüssel s (berechnet also $u' = m'^s \bmod N$), belastet K's Bankkonto mit dem Wert w und schickt u' zurück an K. Da aufgrund der Eigenschaften des RSA-Verfahrens $u' = (r^p m)^s \bmod N = r \cdot m^s \bmod N$ ist, kann K mittels Division durch r die gewünschte Unterschrift $u = m^s \bmod N$ von m berechnen, die von jedem, der den öffentlichen Schlüssel der Bank kennt, als Unterschrift der Bank erkennbar ist.

Beim Einkauf übergibt K die Münze einschließlich Signatur an den Händler. Dieser schickt sie weiter an die Bank, die überprüft, ob diese Seriennummer nicht schon einmal eingereicht wurde (also keine illegale und damit wertlose Kopie vorliegt), die Seriennummer m speichert und den Wert w dem Händler gutschreibt. Da der Händler und die Bank anhand der (blinden) Signatur feststellen können, ob die Bank diese Münze validiert hat, benötigen weder der Händler noch die Bank Informationen über den Kunden K. Insofern handelt es sich bei eCash um ein vollständig anonymes Zahlungssystem. eCash ist jedoch kein offenes Zahlungssystem, da jede Münze nur einmal zur Bezahlung verwendet werden kann. Trotz der attraktiven Anonymitätseigenschaften und komfortabel zu nutzender "Münzen-Software" hat sich auch eCash bisher nicht durchgesetzt, da es zu wenig Händler und Banken gibt, die eCash unterstützen.

7 Ausblick

Sichere elektronische Zahlungssysteme werden zweifellos zur Unterstützung des elektronischen Handels benötigt. Mit den hier vorgestellten Systemen SET und eCash sind vielversprechende Ansätze verfügbar, insbesondere erfüllen sie die üblichen (Sicherheits-) Anforderungen in weit höherem Maße als viele Zahlungsverfahren, die heute noch im Einsatz sind. Allerdings verwenden viele Teilnehmer am eCommerce immer noch leichtfertig Kommunikationsverfahren, die unter Sicherheit nur Vertraulichkeit durch sichere Kommunikationskanäle verstehen (wie z.B. durch Einsatz des "secure socket layer" SSL), aber keinerlei Integritätsprüfungen oder Authentifizierungen vornehmen, die bei Zahlungssystemen unerläßlich sein sollten. Es bleibt zu hoffen, daß zukünftig sowohl in elektronischen Zahlungsverfahren als auch generell in betrieblichen Informations- und Kommunikationssystemen die inzwischen wohlverstandenen, weitgehend sicheren Kommunikationsprotokolle selbstverständlicher Bestandteil werden.

Literatur

[Cha85]   D. Chaum: Security without identification: transaction systems to make big brother obsolete. *Communications of the ACM*, Vol. 28, No. 10, 1985, S. 1030-1044.

[FuW97]   A. Furche, G. Wrightson: Computer Money: Zahlungssysteme im Internet. dpunkt-Verlag, 1997.

[Loe98]   L. Loeb: Secure Electronic Transactions : Introduction and Technical Reference. Artech House Publishers, 1998.

[LyL96]   D.C. Lynch, L. Lundquist: Digital money: the new era of Internet commerce. John Wiley & Sons, 1996.

[Sch96]   B. Schneier: Angewandte Kryptographie. Addison-Wesley, Bonn, 1996.

[SET97]   The SET™ Standard Technical Specifications. http://www.setco.org/set_specifications.html

[Wob98]   R. Wobst: Abenteuer Kryptologie : Methoden, Risiken und Nutzen der Datenverschlüsselung, Addison-Wesley, Bonn, 1998.

Kopplung von Anwendungsfällen und Klassenmodellen in der objektorientierten Anforderungsanalyse[1]

Hans-Werner Six und Mario Winter

Abstract

In der UML-basierten objektorientierten Anforderungsanalyse werden funktionale Anforderungen mit Hilfe von Anwendungsfällen formuliert, ihre Dynamik z.B. durch Aktivitätsdiagramme modelliert und strukturelle Anforderungen durch Klassenmodelle beschrieben. Techniken und Abstraktionsniveaus der Teilmodelle sind sehr verschieden, so daß sich erhebliche Konsistenzprobleme für die Gesamtspezifikation ergeben. Um diese Nachteile zu überwinden, erweitern und präzisieren wir Anwendungsfälle im Hinblick auf die Modellierung ihres dynamischen Verhaltens. Granularität und Semantik des Ansatzes schließen die Lücke zwischen Anwendungsfällen und Klassenmodellen und legen die Basis für die Validierung von Anwendungsfällen und Teilen des Klassenmodells und die Verifikation des Klassenmodells gegen die Anwendungsfälle.

1 Einleitung

Softwareentwicklung beginnt mit der Anforderungsermittlung, die den Anwendungsbereich analysiert, Anforderungen an das Softwaresystem identifiziert und möglichst präzise festschreibt. Diese Phase ist kritisch für den Projekterfolg, denn Fehler in der Anforderungsspezifikation werden oft erst in späten Projektphasen (z.B. beim Abnahmetest) aufgedeckt und sind aufwendig zu beheben, da meist alle vorangegangen Tätigkeiten betroffen sind. Die systematische Validierung und Verifikation der Anforderungsspezifikation sind daher von großer Wichtigkeit.

Die Spezifikation von Softwaresystemen umfaßt im wesentlichen die Beschreibung

---

[1] Der Beitrag ist eine um technische Details und Ausführungen zum methodischen Vorgehen gekürzte Übersetzung von [KSW99].

funktionaler, verhaltens- und ablauforientierter sowie struktureller Systemeigenschaften. In der UML-basierten objektorientierten Anforderungsanalyse werden funktionale Anforderungen mit Hilfe von Anwendungsfällen (Use Cases) formuliert und strukturelle Anforderungen durch Klassenmodelle beschrieben. Die UML empfiehlt Zustands- bzw. Interaktionsdiagramme zur Modellierung der verhaltens- bzw. ablauforientierten Aspekte von Anwendungsfällen [OMG97]. Für Anwendungsfälle ist der ablauforientierte Aspekt, d.h. der "Kontrollfluß", meist wichtiger als das ereignisgesteuerte Verhalten, so daß wir uns darauf konzentrieren. Zur Modellierung dieser Dynamik sieht die UML Interaktions- und Aktivitätsdiagramme vor. Ein Interaktionsdiagramm kann allerdings nicht einen gesamten Anwendungsfall beschreiben, sondern lediglich eine einzelne spezifische Folge von Aktionen (Szenario) im Rahmen des Anwendungsfalls. Ansätze, einen Anwendungsfall durch eine Menge von Interaktionsdiagrammen zu beschreiben, haben nicht zum Ziel geführt (vgl. z.B. [HiK98], [PTA94], [RAB96]).

Auch Aktivitätsdiagramme sind nicht frei von Problemen. So existiert bis heute keine hinreichend präzise Semantikdefinition, dazu bemängelt die OMG UML Revision Task Force verschiedene inhaltliche Mängel [RaK98]. Im Hinblick auf die Modellierung von Anwendungsfällen gibt es noch weitere Defizite. Nach Pohl und Haumer sollte ein Anwendungsfall-Modell drei Informationsarten unterscheiden können: die *systeminterne Information*, die sich auf den Systemkern bezieht, die *Interaktionsinformation*, die auf die direkte Interaktionen des Systems mit seiner Umgebung fokussiert, und die *Kontextinformation*, welche die Systemumgebung beschreibt [PoH97]. Ein Aktivitätsdiagramm repräsentiert aber nur ein einzelnes Modellelement, z.B. eine Operation, eine Klasse oder ein Gesamtsystem, und kann z.B. nicht die Interaktion mehrerer Elemente beschreiben. Schließlich ist ein Aktivitätsdiagramm auch nicht in der Lage, die wichtigen *include-* und *extends*-Assoziationen zwischen Anwendungsfällen auszudrücken. Die include-Assoziation beispielsweise unterstützt Modularität, da durch sie das redundante Modellieren eines Anwendungsfalls vermieden wird, der Teil verschiedener übergeordneter Anwendungsfälle ist.

Neben den Anwendungsfällen bildet das (Anwendungs-) Klassenmodell zur Beschreibung struktureller Systemaspekte den Kern jeder objektorientierten Anforderungsspezifikation. Das Klassenmodell spielt eine wichtige Rolle im gesamten Entwicklungsprozeß, da es als gemeinsame Basis für fast alle zentralen Entwicklungsaktivitäten dient. Jede einigermaßen vollständige Anforderungsspezifikation enthält somit (mindestens) die relevanten Anwendungsfälle inkl. ihrer Dynamikbeschreibungen und das Klassenmodell. Da diese Modelle auf unterschiedlichen Techniken und Abstraktionsniveaus basieren, ergeben sich erhebliche Konsistenzprobleme für die Gesamtspezifikation.

In dieser Arbeit stellen wir eine Erweiterung und Präzisierung von Aktivitätsdiagrammen im Hinblick auf die Dynamikbeschreibung von Anwendungsfällen vor. Unsere Maßnahmen sind verträglich mit dem UML Erweiterungsmechanismus. Die Vorteile bestehen zum einen in der Eliminierung der o.g. Nachteile von Aktivitätsdiagrammen. Zum anderen erlauben Granularität und Semantik des Ansatzes den lückenlosen und verfolgbaren Übergang von Anwendungsfällen (tatsächlich von den zugehörigen Aktivitätsdiagrammen) zum Klassenmodell. Hierdurch werden sowohl die Validierung von Anwendungsfällen und Teilen des Klassenmodells als auch die Verifikation des Klassenmodells gegen die Anwendungsfälle möglich.

2 Anwendungsfälle, Aktivitätsdiagramme und Klassenmodelle

2.1 Aktoren und Anwendungsfälle

In der UML wird der globale Anwendungskontext des zu erstellenden Systems durch Aktoren modelliert. Aktoren repräsentieren Rollen von externen Objekten, die mit dem System über wohldefinierte (Teil-) Aufgaben interagieren. Ein *Aktor* ist charakterisiert durch einen global eindeutigen Namen und eine informelle Beschreibung seiner Rolle im Anwendungsbereich.

Ein Anwendungsfall beschreibt eine zusammenhängende (Teil-) Aufgabe, die von einem oder mehreren Aktoren mit Unterstützung des Systems ausgeführt wird. Ein *Anwendungsfall* ist charakterisiert durch einen global eindeutigen Namen, eine Menge von Aktoren, die in die (Teil-) Aufgabe involviert sind, eine Beschreibung der durchgeführten Aktionen sowie einer Vor- und Nachbedingung zur Spezifikation der Voraussetzungen und des Resultats des Anwendungsfalls. Vor- und Nachbedingung besitzen Ähnlichkeiten mit Verträgen in der objektorientierten Programmierung [Mey97].

Beispiel 2.1 Zur Illustrierung der behandelten Konzepte benutzen wir als durchgehendes Beispiel den aus der Literatur bekannten Bankautomaten (vgl. z.B. [WWW90]). Zunächst modellieren wir den Benutzer als Aktor *Bankkunde* und ordnen ihm die Anwendungsfälle *Geld Abheben*, *Geld Einzahlen* und *Geld Transferieren* zu. In jedem dieser Anwendungsfälle meldet sich der *Bankkunde* durch Eingabe der Karte und seiner persönlichen Identifikationsnummer (PIN) an, was wir mit dem Anwendungsfall *Anmelden* und entsprechenden `include`-Beziehungen dokumentieren. Der Bankautomat kommuniziert mit einem Zentralrechner und wird regelmäßig von einem Bediener gewartet, so daß wir zusätzlich die beiden Aktoren *Bediener* und *Zentralrechner* sowie den Anwendungsfall *Administration* erhalten. Abb. 2.1 zeigt das resultierende Anwendungsfalldiagramm.

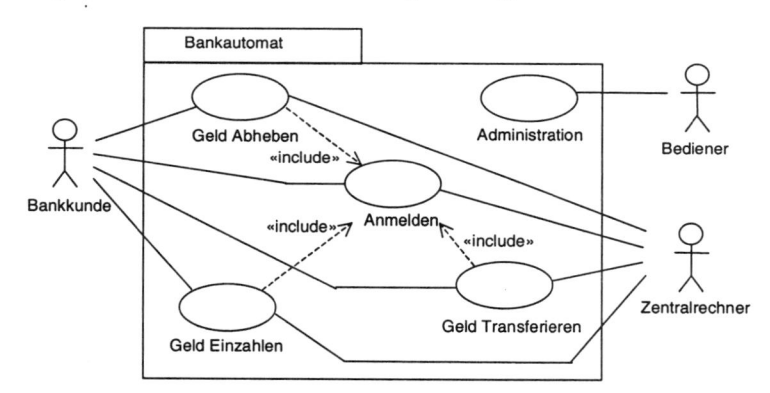

Abbildung 2.1: Anwendungsfall-Diagramm des Fallbeispiels "Bankautomat"

2.2 Aktionen und Aktivitätsdiagramme

Wir benutzen ein Aktivitätsdiagramm als Basis für die Modellierung des dynamischen Verhaltens eines Anwendungsfalls. Ein Aktivitätsdiagramm ist eine Variation eines Zustandsdiagramms, bei dem die Zustände die Durchführung von Aktionen repräsentieren und die Übergänge von der Beendigung der Aktionen angestoßen

Kopplung von Anwendungsfällen und Klassenmodellen

werden [OMG97]. Zunächst präzisieren wir - verträglich mit der UML - Aktivitätsdiagramme im Hinblick auf die Modellierung von Anwendungsfällen. Ein *Aktivitätsdiagramm* ist charakterisiert durch

- eine nichtleere Menge S von *Knoten* (Aktionen, s.u.);
- eine Menge $E \subseteq S \times S$ von gerichteten *Kanten* (Übergänge). Jede Kante $e = (s, s')$ wird mit einer Zusicherung oder *Übergangsbedingung* $c(e)$ annotiert, die angibt, unter welcher Bedingung s' als Folgeschritt ausgewählt wird;
- einen *Startknoten* $s_0 \in S$, von dem aus Pfade zu allen anderen Knoten des Aktivitätsdiagramms existieren;
- eine nichtleere Menge $SE \subseteq S$ von *Endknoten*.

Wir definieren eine *Aktion* durch

- einen (im Kontext des Aktivitätsdiagramms) eindeutigen *Namen*;
- eine *textuelle Beschreibung* der zu bearbeitenden (Teil-) Aufgabe;
- einen *Typ* $T \in \{$**Kontext, Interaktion, Makro**$\}$;
- eine *Vor-* und eine *Nachbedingung*, welche die Voraussetzungen und das Ergebnis der Aktion spezifizieren;
- eine Menge A von in die (Teil-) Aufgabe involvierten *Aktoren*.

Um die drei Aktionstypen in Aktivitätsdiagrammen modellieren zu können, definieren wir geeignete Stereotypen für Unterklassen der UML Metaklasse **State**:

- Der Stereotyp «**KontextAktion**» kennzeichnet eine Aktion vom Typ **Kontext**, die ohne Unterstützung des Systems allein von den Aktoren bearbeitet wird.

- Der Stereotyp «**Interaktion**» beschreibt eine Aktion vom Typ **Interaktion**, die von den Aktoren mit Unterstützung des Systems, d.h. interaktiv, bearbeitet wird.

- Der Stereotyp «**MakroAktion**» steht für eine Aktion vom Typ **Makro**, die einen anderen Anwendungsfall (genauer: ein anderes Aktivitätsdiagramm) repräsentiert bzw. "aufruft". «MakroAktion» dient als Vehikel, um die include- und extends-Assoziationen zwischen Anwendungsfällen auf Aktivitätsdiagramme zu übertragen. Entsprechend vermeidet «MakroAktion» das redundante Modellieren von Aktivitätsdiagrammen, die in mehreren anderen Aktivitätsdiagrammen vorkommen. In [KSW99] wird eine Semantikdefinition für den Stereotyp «MakroAktion» gegeben, die es erstmalig erlaubt, die include- und extends-Assoziationen präzise zu definieren.

Die beiden Stereotypen «KontextAktion» und «Interaktion» sowie das Aktorkonzept reflektieren Kontext- und Interaktionsinformation. Die noch fehlende systeminterne Information wird ausgedrückt durch sogenannte Klassenbereiche und Folgen von Operationsausführungen im Klassenmodell (siehe Abschnitt 2.3 bzw. 3.2).

Ein Anwendungsfall beschreibt eine Menge von *Szenarien* oder *Anwendungsfall-Instanzen* [JC+92], die jeweils eine konkrete Ausführung der zugehörigen Aufgabe darstellen. Ein Szenario bzw. eine Anwendungsfall-Instanz korrespondiert mit einem Pfad durch das Aktivitätsdiagramm, der in dem Startknoten beginnt, von den Nachbedingungen der Aktionen und den Kantenbedingungen gesteuert wird und in einem Endknoten endet. Ein Szenario, bzw. der entsprechende Pfad, wird als UML Sequenzdiagramm visualisiert.

Beispiel 2.2 Das den Anwendungsfall *Geld Abheben* verfeinernde Aktivitätsdiagramm zeigt Abb. 2.2, wobei die Übergangsbedingungen der Kanten zur besseren Übersichtlichkeit nicht dargestellt sind. Der Startknoten ist durch den Übergang vom Startzustand zu ihm, die Endknoten sind durch Übergänge zu Endzuständen ersichtlich. Der Startknoten stellt eine Makro-Aktion dar, die den Anwendungsfall bzw. das Aktivitätsdiagramm *Anmelden* "aufruft". Der Knoten *Geld Entnehmen* stellt eine Kontext-Aktion dar. Die restlichen Aktionen sind **Interaktion**en.

Da bestimmte Szenarien des Anwendungsfalls *Geld Abheben* mit einer fehlgeschlagenen Anmeldung enden können, ist der Startknoten gleichzeitig ein Endknoten.

Abb. 2.2 zeigt zusätzlich das Sequenzdiagramm des Szenarios *Erfolgreiche Abhebung*.

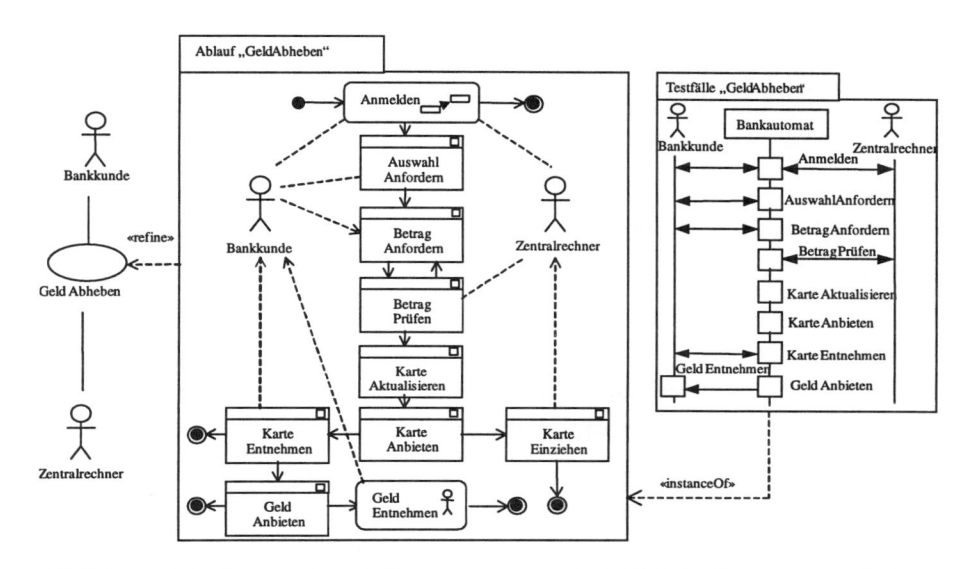

Abbildung 2.2: Anwendungsfall *Geld Abheben* mit Aktivitätsdiagramm und einem Szenario

Abb. 2.3 enthält die textuellen Spezifikationen der Aktion *Betrag Prüfen* und der von ihr ausgehenden Kanten.

```
Interaktion Betrag Prüfen Aktivitätsdiagramm Geld Abheben
   Beschreibung Ist der Automat online, wird der Betrag vom
   Zentralrechner geprüft, sonst nach den allg. Geschäftsbedingungen
   Aktoren Zentralrechner
   Vorbedingung Bankkunde identifiziert, Betrag gelesen
   Nachbedingung Betrag akzeptiert     ODER NICHT Betrag akzeptiert     ODER
   Transaktion abgebrochen
Ende Interaktion

Kante (Betrag Prüfen, Karte Aktualisieren)        Aktivitätsdiagramm Geld
Abheben
   Bedingung Betrag akzeptiert ODER Transaktion abgebrochen
Ende Kante

Kante (Betrag Prüfen, Betrag Anfordern) Aktivitätsdiagramm Geld Abheben
   Bedingung Nicht (Betrag akzeptiert ODER Transaktion abgebrochen)
Ende Kante
```

Abbildung 2.3: Textuelle Spezifikationen der Interaktion *Betrag Prüfen* und zweier Kanten

2.3 Klassenbereiche

In der UML repräsentieren Anwendungsfälle die funktionalen Systemanforderungen, während das Klassenmodell strukturelle Aspekte widerspiegelt. Zur Etablierung und Prüfung der Konsistenz zwischen diesen beiden in Zielrichtung und Ausprägung völlig verschiedenen Modellen führen wir das Konzept der Klassenbereiche ein.

Für jeden Anwendungsfall bestimmen wir die Menge der Anwendungsklassen, die Instanzen besitzen, die in die Durchführung der Aufgabe involviert sind (z.B. erzeugt, entfernt, gesucht oder modifiziert werden). Diese Menge von Klassen heißt der *Klassenbereich* des Anwendungsfalls. Der Klassenbereich ergibt sich im wesentlichen aus der Beschreibung des Anwendungsfalls und seiner Vor- und Nachbedingung und kann durch ein UML Kollaborationsdiagramm visualisiert werden. Ein Klassenbereich besitzt gewisse Ähnlichkeiten mit dem Sichtbarkeitsbereich von Signaturen von Operationen [Mey97].

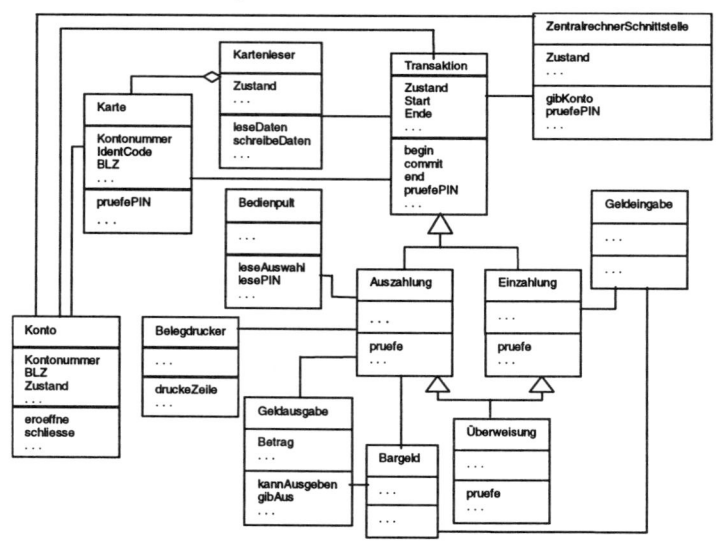

Abbildung 2.4: Klassenmodell des Bankautomaten

Analog leiten wir den Klassenbereich für jede Aktion im zugehörigen Aktivitätsdiagramm ab. Weiterhin bestimmen wir für jede Interaktion eine Operation o, welche die Aktion im Klassenmodell nachbildet. Operation o gehört zu einer Klasse c aus dem Klassenbereich der Interaktion. Wir bezeichnen c als *Wurzelklasse* und o als *Wurzeloperation* der Interaktion.

Beispiel 2.3 Abb. 2.4 skizziert das (Anwendungs-) Klassenmodell des Bankautomaten. Die Klassen **Konto**, **Karte** und **Geld** repräsentieren die Anwendungsobjekte, die Klasse **Transaktion** und ihre Unterklassen die Transaktionsregeln. Die anderen Klassen spiegeln die Hardwarekomponenten wider. Abb. 2.5 (a) illustriert den Klassenbereich des Anwendungsfalls *Anmelden*. Ein Beispiel für die Visualisierung von Klassenbereichen von Aktionen findet sich in Abb. 2.5 (b), welche die Interaktion *PIN Prüfen* mit ihrem Klassenbereich und der Wurzelklasse **Transaktion** bzw. der Wurzeloperation **pruefePIN** zeigt.

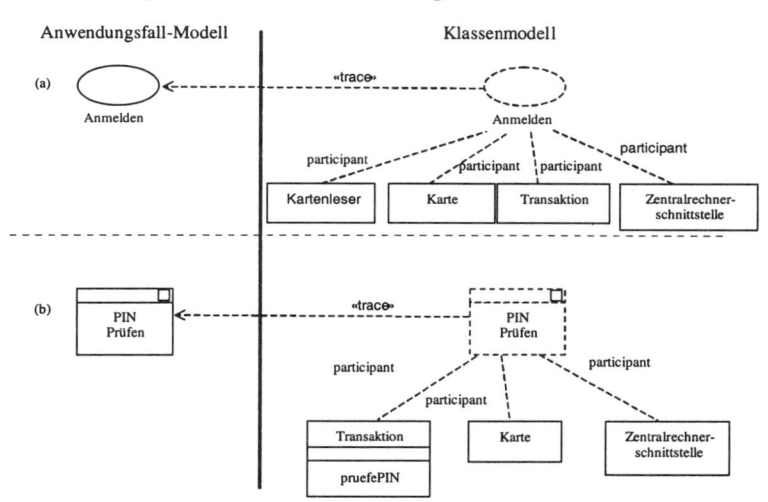

Abbildung 2.5: Klassenbereich von Anwendungsfall *Anmelden* (a) und Interaktion *PIN Prüfen* (b)

3 Qualitätssicherung bei der Anforderungsanalyse

3.1 Validierung

Bei der Validierung einer Anforderungsspezifikation wird festgestellt, ob diese die Vorstellungen des Auftraggebers erfüllt ("Bauen wir das richtige System?"

[Boe84]). Daher sind an dem Validierungsprozeß neben Analysten auch Benutzer bzw. Auftraggeber beteiligt. Zu den auf Anforderungsspezifikationen anwendbaren Validierungstechniken gehören Inspektionen, Walkthroughs und Prototyping.

Wir beschränken uns in dieser Arbeit auf Walkthroughs [KP+97]. Da Klassenmodelle von Benutzern nicht oder höchstens partiell verstanden werden, betrachten wir ausschließlich Aktivitätsdiagramme. Hier geht es darum, falsche oder fehlende Aktionen aufzudecken und die Richtigkeit der Aktionsbeschreibungen zu überprüfen. Damit die Benutzer die Aktionsbeschreibungen verstehen, müssen diese in für sie verständlicher Weise abgefaßt sein.

Üblicherweise bilden die zu einem Anwendungsfall gehörenden Geschäftsszenarien die Grundlage der Durchläufe durch das zugehörige Aktivitätsdiagramm. Zu Beginn leiten die Analysten eine initiale Objektkonstellation für das jeweilige Geschäftsszenario aus der Vorbedingung des Anwendungsfalls und seinem Klassenbereich ab. Die Benutzer kontrollieren die initiale Objektkonstellation. Im Verlauf des Walkthrough überprüfen die Benutzer die Aktionsbeschreibungen, die sich ergebenden Objektkonstellationen sowie die Vollständigkeit des Anwendungsfalls. Analysten kontrollieren die formalen Teile der Spezifikationen (z.B. Vor- und Nachbedingungen von Aktionen und Kantenbedingungen) und erstellen ein Protokoll. Durch die Validierung von Objektkonstellationen sowie derjenigen Operationen (von Anwendungsklassen), die Aktionen nachbilden, werden gleichzeitig Teile des Klassenmodells mit validiert.

Besondere Aufmerksamkeit gilt Makro-Aktionen, die einen komplexen Anwendungsfall aufrufen. In diesem Fall werden verschiedene Szenarien für den aufgerufenen Anwendungsfall während des Walkthrough durchgespielt.

Validierung und Programmtesten kämpfen mit ähnlichen Problemen. Ein großes Problem besteht darin, den richtigen Zeitpunkt für das Beenden der Arbeiten zu finden [Mye79]. Für das Programmtesten werden dazu beispielsweise Überdeckungskriterien für die zugehörigen Kontrollflußgraphen herangezogen. Derartige Maße (z.B. Knoten-, Kanten- und Prädikatüberdeckung) lassen sich auch auf Aktivitäts-

Kopplung von Anwendungsfällen und Klassenmodellen 245

diagramme übertragen, wodurch man erstmalig quantitative Maße für die Steuerung und Kontrolle des Validierungsprozesses erhält.

3.2 Verifikation

Validierung und Verifikation besitzen gewisse Ähnlichkeiten, allerdings findet letztere auf einem deutlich detaillierteren und formaleren Level statt. Dies schließt die Beteiligung von Benutzern aus, so daß hier Analysten und Tester unter sich sind. Unter Verifikation verstehen wir hier die Überprüfung, ob eine Spezifikation die zugehörigen (möglichst validierten) Vorgaben bzw. eine andere Spezifikation desselben Sachverhalts erfüllt ("Entwickeln wir das System richtig?" [Boe84]).

Mit Hilfe detaillierter Inspektionen werden die (formalen) Details des Anwendungsfallmodells gegen die validierten (informalen) Teile verifiziert, wobei gleichzeitig die interne Konsistenz und Eindeutigkeit sichergestellt wird. Das Anwendungsfallmodell ist damit vollständig, konsistent und eindeutig.

Das (partiell validierte) Klassenmodell wird gegen das Anwendungsfallmodell verifiziert. Konkret besteht die Verifikation in der Prüfung, ob das Klassenmodell alle Interaktion, die in Aktivitätsdiagrammen auftreten, korrekt realisiert. Da das Anwendungsfallmodell validiert ist, gilt dies dann de facto auch für das Klassenmodell.

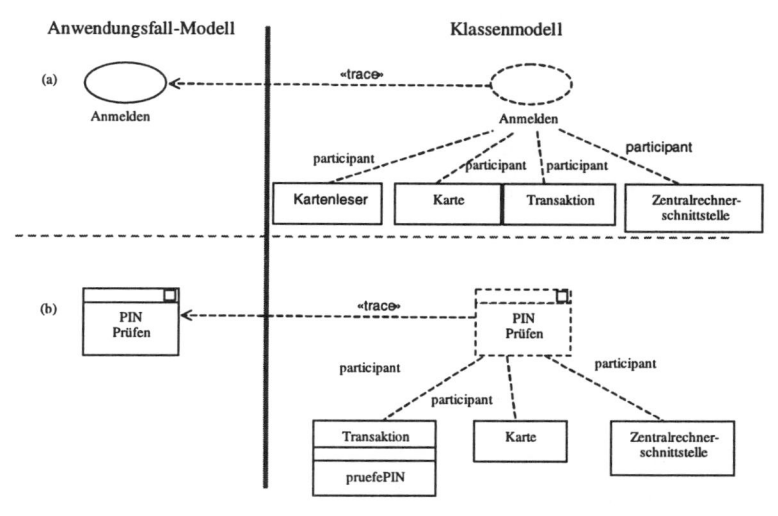

Abbildung 3.1: Szenario *Erfolgreiche Offline-Anmeldung* mit Sequenzdiagrammen

Dazu wird auf die Geschäftsszenarien aus der Validierung zurückgegriffen. Beim Durchspielen eines Szenarios untersuchen Analysten und Tester die Folge von Operationsausführungen im Klassenmodell, die von einer Interaktion angestoßen wird. Hierbei dient die Wurzeloperation als Einstiegspunkt. Die Folge von ausgeführten Operationen im Klassenmodell ist determiniert durch die anstoßende Interaktion und die Objektkonstellation (des Klassenbereichs), die vorliegt, wenn die Interaktion beim Abarbeiten des Szenarios erreicht wird. Im Verlauf der Ausführung der Operationsfolge ändert sich die Objektkonstellation. Falls sich dabei eine Objektkonstellation ergibt, die nicht die Vorbedingung der anstehenden Operation erfüllt, ist ein Fehler entdeckt. Die Operationsfolge implementiert die Interaktion korrekt, wenn die abschließende Objektkonstellation die Nachbedingung der Interaktion erfüllt. Sind nach dem Durchspielen aller Geschäftsszenarien Elemente des Klassenmodells nicht angesprochen worden, ist das Klassenmodell überspezifiziert oder - weniger wahrscheinlich - das Anwendungsfallmodell unvollständig. Zur Visualisierung einer Folge von Operationsausführungen benutzen wir das UML Sequenzdiagramm. Zum Steuern der Verifikation des Klassenmodells können ebenfalls Überdeckungskriterien, zum Beispiel Klassen- oder Operationsüberdeckung, herangezogen werden.

Beispiel 3.1 Wir betrachten das Szenario *Erfolgreiche Offline-Anmeldung* des Anwendungsfalls *Anmelden* in Abb. 3.1. Dieses Szenario geht davon aus, daß augenblicklich kein Zugriff auf den Zentralrechner möglich ist. In dem unteren Sequenzdiagramm versetzt sich der Bankautomat nach dem erfolglosen Aufruf der Operation **pruefePin** der Instanz der Klasse **ZentralrechnerSchnittstelle** in den Zustand "offline" über. Danach werden die eingegebene PIN von der Instanz der Klasse **Karte** (des Bankautomaten) geprüft und schließlich die Kartendaten entsprechend modifiziert.

4 Aktuelle Arbeiten

Wir haben ein Tool entwickelt, das den Einsatz unserer Methode für komplexe Applikationen unterstützt. Ursprünglich ist es von einem in VisualWorks implementierten Werkzeug für GIS-Anwendungen [KöP96] abgeleitet; derzeit reimplementieren wir es in Rational Rose®. Dabei fließen Verbesserungsvorschläge ein, die sich aus verschiedenen Einsätzen von Methode und Werkzeug ergeben haben.

Der Detaillierungsgrad der Spezifikationen, insbesondere der Aktivitätsdiagramme, Klassenbereiche und Wurzeloperationen, erlaubt auch die Ableitung von Testfällen für den System- und Abnahmetest. Im Augenblick arbeiten wir an einer Komponente zur Generierung derartiger Testfälle aus den Spezifikationen.

Literatur

[Boe84]   B. Boehm: Verifying and Validating Software Requirements and Design Specifications, IEEE Software, Januar 1984, S. 75-88

[HiK98]   M. Hitz, G. Kappel: Developing with UML - Some Pitfalls and Workarounds, Proc. UML'98, Mulhouse (France), Springer LNCS, 1998

[JC+92]   I. Jacobson, M. Christerson, P. Jonsson, G. Övergaard: Object-Oriented Software Engineering, Addison-Wesley, Reading, Massachusetts, 1992

[KöP96]   G. Kösters, B.-U. Pagel: The GEOOOA-Tool and Its Interface to Open GIS-Software Development Environments, 4th acm Workshop on Advances in Geographic Information Systems, Rockville, USA, 1996

[KP+97]   G. Kösters, B.-U. Pagel, T. de Ridder, M. Winter: Animated Requirements Walk-throughs Based on Business Scenarios. Proc. euroSTAR'97, 24.-28. Nov., Edinburgh, GB, 1997

[KSW99]   G. Kösters, H.-W. Six, M. Winter: Bridging the Gap between Use Cases and Class Models, submitted for publication http://www.informatik.fernuni-hagen.de/import/pi3/publikationen/abstracts/UML99.html

[Mey97]   B. Meyer: Object-Oriented Software Construction, 2. Aufl., Prentice Hall, Upper Saddle River, New Jersey, 1997

[Mye79]   G. J. Myers: The Art of Software Testing, Wiley, New York, 1979

[OMG97]   OMG Unified Modeling Language Specification, V. 1.1, 1997

[PoH97]   K. Pohl, P. Haumer: Modeling Contextual Information about Scenarios, Proc. REFSQ'97, Barcelona, 1997

[PTA94]   C. Potts, K. Takahashi, A. I. Anton: Inquiry-Based Requirements Analysis, IEEE Software, März 1994, S. 21-32

[RaK98]   Guus Ramackers, Cris Kobryn: OMG UML RTF Meeting Minutes, Manchester, März 1998

[RAB96]   B. Regnell, M. Andersson, J. Bergstrand: A Hierarchical Use Case Model with Graphical Representation, Proc. ECBS'96, IEEE Press, Los Alamitos,1996

[WWW90] R. Wirfs-Brock, B. Wilkerson, L. Wiener: Designing Object-Oriented Software, Prentice Hall, Englewood Cliffs, New Jersey, 1990

Braucht der Cyberspace eine Regierung?

Hans-Georg Stork[1]

Abstract

Der vorliegende Aufsatz präsentiert einige *europäische Antworten* auf die Titelfrage und einschlägige Reflexionen im Kontext der aktuellen Veränderungen und Charakteristika der globalen Kommunikationslandschaft.

Superlative werden oft bemüht, wenn es darum geht, die Veränderungen zu beschreiben und zu bewerten, welche sich im letzten Jahrzehnt dieses Jahrhunderts in der globalen Informations- und Kommunikationslandschaft vollzogen haben. Und in der Tat: Ein neuer öffentlicher Raum ist entstanden, von bisher ungekannten Ausmaßen, in dem Informationen angeboten, gesucht, gefunden, gekauft und ausgetauscht werden, zu all den Zwecken, zu denen seit alters her Informationen angeboten, gesucht, gefunden, gekauft oder ausgetauscht werden. Ein Raum aber, und dies ist das eigentlich Neue, der die ganze Erde umschließt, mit quasi Lichtgeschwindigkeit durchmessen wird und - im Prinzip - allen offensteht.

Er ist nicht aus dem Nichts entstanden. Die Erkenntnisse und Errungenschaften von Naturwissenschaft und Technik vor allem der letzten drei- bis vierhundert Jahre bilden sein Fundament und seine Bausteine. Sein eigentlicher Bau - oder sollten wir besser sagen, sein Wachstum? - begann vor kaum hundertfünfzig Jahren mit der Verlegung der ersten Telegraphenleitungen. Seine Entwicklung hat sich seither ständig beschleunigt. Sie ist noch längst nicht vollendet. Ihr vorläufiger Höhepunkt, nach weltumspannender Telegraphie und Telephonie, nach Hörfunk und Fernsehen, ist zweifellos das *Internet*: Nur wenig mehr als ein halbes Jahrhundert ist es her, daß die ersten elektronischen Rechenmaschinen, saalfüllende und Heizungen ersetzende Metallschränke, ihren Dienst aufnahmen, von Spezialisten betreut. Und heute schon, dank jener Beschleunigung, ist es uns allen möglich, vom häuslichen Wohnzimmer

---

[1] Dieser Beitrag gibt die persönlichen Ansichten und Interpretationen des Autors wieder, nicht die seines Arbeitgebers.

aus per Tastendruck und Mausklick unseren persönlichen, über das öffentliche Telefonnetz mit dem *Internet* verbundenen, Computer dazu zu veranlassen,

- blitzschnell eine Nachricht an einen Korrespondenten irgendwo in der Welt zu versenden;
- uns in wenigen Sekunden oder Minuten den Text eines Buches, einen Zeitungsartikel oder einen wissenschaftlichen Aufsatz zu liefern, bildliche, akustische oder gar filmische Illustrationen inklusive;
- in einem fernen Land eine Ware zu bestellen;
- Geldüberweisungen zu tätigen;
- unsere Meinung zu jedem beliebigen Thema öffentlich zu plakatieren;
- sich mit neuer Software zu versorgen, für welchen Spaß, für welche besondere Dienstleistung auch immer.

Um nur einige der neuen Möglichkeiten zu nennen, und dies nur in sehr allgemeiner Form ...

Und schon werden solche Dienste auch von jenen poppig gestalteten kleinen schwarzen oder bunten Kästen verrichtet, die in Westen- oder Handtaschen passen und sich bis dato im wesentlichen darauf beschränkten, (immerhin) unsere Stimmen drahtlos in die weite Welt zu übertragen.

Dabei ist die Erweiterung des Aktionsradius eines jeden Einzelnen nur der sichtbarste Ausdruck einer Entwicklung, welche Unternehmen, Institutionen und alle Arten von Organisationen zwingt, ihre Strukturen und Arbeitsweisen ständig zu überdenken und mit den Möglichkeiten der Informations- und Kommunikationstechnik in Einklang zu bringen, um so neue, eventuell globale, Handlungsfelder zu eröffnen[2].

Die bald totale Digitalisierung der Signalübermittlung sowie der Kodierung und Speicherung fast aller Inhaltsformen bringt es mit sich, daß bisher technisch getrennte Medien zusammenwachsen, *konvergieren*. Bis Telephonie, Rundfunk und selbst Fernsehen über das (oder ein zukünftiges) *Internet* der Computer zufrie-

---

[2] vgl. etwa: Eason, Ken: Information Technology and Organisational Change; London 1990

denstellend funktionieren, wird es womöglich nicht mehr lange dauern. Die Infrastruktur ist - in den Ländern des *Westens* - weitgehend vorhanden.

Aus *Multimedia* wird *Hypermedia* in jenem grenzenlosen Raum der Information, Unterhaltung und Begegnung, *Cyberspace* genannt, vor wenigen Jahren noch Science Fiction[3], heute schon beinahe Realität im *World Wide Web (WWW)*, der inzwischen populärsten Anwendung des *Internet*.

Nachhaltige technische Entwicklungen (und seien sie nachhaltig auch nur für relativ kurze Zeit) vollziehen sich im allgemeinen nicht ausschließlich aufgrund von immanenten Triebkräften und Motivationen. Sie finden vielmehr immer in einem vorgegebenen sozialen, ökonomischen, kulturellen und politischen Kontext statt, der seinerseits Wandlungen unterliegt, deren Ursachen unter anderem im *technischen Wandel* (oft auch *Fortschritt* genannt) zu suchen sind. Das Potential technischer Artefakte und das Interesse daran einerseits, sowie sozioökonomische und letztlich auch politische Strukturen andererseits, bedingen einander. Keine Generation der vergangenen zwei- bis dreihundert Jahre, auch und gerade nicht die unsere, blieb und bleibt von dieser Tatsache verschont. Im Grunde eine Binsenweisheit, scheint sie, *nota bene*, doch auch verantwortlich zu sein für jenes eingangs erwähnte *Phänomen der Beschleunigung* des Wachstums des *Cyberspace*, der uns Zeitgenossen zu Zeugen des Übergangs von einer *Industriegesellschaft* zur *Informationsgesellschaft*[4] macht, mit allen damit verbundenen angenehmen (z.B. Produktivitätssteigerungen, verbesserte Informationsversorgung) und unangenehmen Begleiterscheinungen (z.B. strukturell bedingte Arbeitslosigkeit, sozialer Ausschluß, Informationsüberflutung).

In dem Maße jedenfalls, in dem sich die Möglichkeiten und die Effizienz der Kommunikation vermehren und erhöhen, intensiviert sich *gesellschaftliche Interaktion*. Und in dem Maße, in dem jene zunimmt, wächst der Bedarf an Kommunikation. Ein Prozeß mit Rückkopplung, der, wie die Erfahrung lehrt, durchaus aus dem Gleichgewicht geraten kann, mit entsprechend destruktiven Konsequenzen.

---

[3] Gibson, William: Neuromancer; London 1984
[4] Nora, Simon; Minc, Alain: L'informatisation de la société; Paris 1978

Gesellschaftliche Interaktion ist hier nichts anderes als ein Synonym für politisches, wirtschaftliches und soziales Handeln, Domänen *par excellence* staatlicher Intervention. Ja, es ist vielleicht, mit hinreichender Abstraktion, nicht zu gewagt zu behaupten, daß *Staat* die jeweils konkrete Implementierung von Regeln bedeutet, welchen die Kommunikation unter politisch, wirtschaftlich und sozial handelnden Individuen und Gruppen unterworfen ist. Staaten könnten somit auch als *Kommunikationsgemeinschaften* verstanden werden. Umgekehrt sind *Kommunikationsgemeinschaften* offenbar nicht mit Staaten identisch und häufig sogar unabhängig von Staaten.

Es ist zumindest plausibel, daß neben den eigentlichen Inhalten (und ihren sprachlichen, bildhaften und sonstigen Formen) die jeweiligen Medien und Technologien der Kommunikation den Charakter solcher Gemeinschaften entscheidend prägen, zumal auch Inhalte und Medien einander wechselseitig beeinflussen. (Dies ist vermutlich eine Standardinterpretation des vielzitierten *McLuhan*'schen Diktums "the medium is the message".[5])

Und schließlich kann ein Medium[6] eine *Kommunikationsgemeinschaft* überhaupt erst konstituieren: ihre Zusammensetzung und Gruppierungen, sowie Eigenschaften der Beziehungen zwischen den jeweiligen Agenten. Genau dies scheint auch das Medium *Internet*, die geographisch grenzenlose Kommunikationsarena *Cyberspace*, zu bewirken[7].

Die Population des *Cyberspace* ist multinational, multiethnisch, multikulturell, multilingual (wenn auch das Englische deutlich dominiert), und sie untersteht keinem einzelnen Staat. Gewiß, sein physikalisches Substrat ist an viele, klar voneinander abgegrenzte, Territorien gebunden, und es steht in der Macht der über diese Territorien herrschenden Staaten, ihren Bürgern den Eintritt in den *Cyberspace* zu verwehren und diese gar für den Versuch der Übertretung zu bestrafen. Sie können den

---

[5] Deibert, Ronald J.: Parchment, Printing, and Hypermedia - Communication in World Order Transformation; New York 1997

[6] *Öffentlicher Weg* ist eine der Bedeutungen des lateinischen Wortes *medium* (vgl.: Der kleine Stowasser, lateinisch-deutsches Wörterbuch; München 1959)

[7] ... in der man zwar ohne Pass reist, aber doch gelegentlich ein *Passwort* parat haben muß.

Zugang beschränken⁸, kontrollieren und überwachen. Dafür gibt es die verschiedensten Mittel. Jedoch erweist sich ein solches Verhalten meist als kontraproduktiv, indem es allenfalls einer zunehmenden Isolierung Vorschub leistet (vergleichbar womöglich mit einer willentlichen Abschottung von internationalen Finanzströmen).

Dabei ist es durchaus verständlich, daß selbst in demokratisch verfaßten Staaten die politisch Verantwortlichen dieses neue Medium, mit seiner bunten Nutzerschar, nicht nur, ob seines ziemlich offensichtlichen wirtschaftlichen Nutzens⁹, mit Wohlgefallen betrachten, sondern auch mit einigem Mißtrauen beobachten. Schließlich sehen sie sich mit einer *Kommunikationsgemeinschaft* konfrontiert, die sich radikal von vertrauteren staatsinternen oder staatstragenden Gemeinschaften unterscheidet, die als Ganzes nicht unter ihre Jurisdiktion fällt und die, sich weitgehend selbst überlassen, mit großer Geschwindigkeit wächst¹⁰. Eine *Kommunikationsgemeinschaft* ohne zentrale Lenkung zudem, fast eine *Anarchie*.

Auf die oft gestellte Frage "*Wer regiert das Internet?*" gibt es in der Tat keine eindeutige Antwort. Vielleicht bestenfalls diese: Das *Internet* wird von verschiedenen Kommunikationsprotokollen regiert. Das klingt abstrakt, aber natürlich stehen hinter den Protokollen diejenigen, die sie definieren. Dies sind Gremien wie die *Internet Society (ISOC)*, die *Internet Engineering Task Force (IETF)*, die *Internet Assigned Number Authority (IANA)* (bzw. die neue *Internet Corporation for Assigned Names and Numbers (ICANN)*) oder das *World Wide Web Consortium (W3C)*. Allerdings: Deren Gesamtheit als *Regierung* zu bezeichnen, wäre unangemessen. Es sind, *prima facie*, Administratoren, die dafür sorgen, daß jeder, der sich dem Netz anschließen will, dafür verläßliche Vorgaben (Standards) erhält.¹¹ Über im Netz transportierte

---

8 Und viele tun es. Vgl. z.B. eine Meldung in *Der Spiegel* vom 8. Juni 1999 über die polizeiliche Schließung von 300 *Internet-Cafés* in Shanghai
   (http://www.spiegel.de/netzwelt/politik/0,1518,26268,00.html)

9 ... abzulesen beispielsweise an den Kursen der Aktien von Unternehmen, die im und mit dem Internet ihre Geschäfte machen ...

10 von Juli 1992 bis Januar 1999 stieg die Zahl der direkt über das Internet verbundenen Rechner (*Internet hosts*) von ca. 1 Million auf über 43 Millionen (vgl. http://www.nw.com/zone/hostcount-history)

11 Was nicht heißt, daß durch Administration keine Macht aufgebaut werden könnte; im Gegenteil. Wir werden noch kurz darauf zurückkommen.

Inhalte bestimmen sie nicht und - *cum grano salis* - auch nicht darüber, wer diese Inhalte wann und wo dem Netz übergibt.

Dies scheint keineswegs selbstverständlich, bedenkt man die Entstehungsgeschichte des *Internet*[12]. Ohne die massive finanzielle Unterstützung durch verschiedene Regierungsstellen der USA (insbesondere auch militärische Stellen) wäre es gewiß nicht zustande gekommen. Und die USA sind, wie man weiß, ein sehr mächtiges Staatsgebilde. Mächtige (jeder Couleur, jeder Art) wollen, aus welchen Gründen auch immer, im allgemeinen ihre Macht erhalten und nach Möglichkeit sogar vermehren. Folglich ist zu vermuten, daß die Entstehung des *Internet* - zunächst zum Nutzen des US-amerikanischen Wissenschafts- und Forschungsbetriebes - nicht ohne ein gewisses nationales Interesse[13] gefördert wurde. Dies mag so sein. Dennoch wäre es heute sicher abwegig, das *Internet* als Herrschaftsinstrument einer Supermacht zu qualifizieren. Der Interessenmix[14], welcher die Entwicklung - besonders in den letzten fünf bis zehn Jahren - vorangetrieben hat, und der die heutige und zukünftige Nutzung des *Cyberspace* motiviert, ist internationaler und weitaus komplexer, als daß ein solch einfaches Urteil gerechtfertigt wäre[15]. Daß schließlich die *Internet*-Technologie (TCP/IP, etc.) die Oberhand gewann, liegt zweifellos unter anderem[16] an der normativen *'Gravitationskraft'* des Faktischen, die ein großer

---

[12] vgl.: A Brief History of the Internet; http://www.isoc.org/internet/history/brief.html

[13] US Department of Commerce Report on *Technology in the National Interest*; http://www.ta.doc.gov/reports/techni/techni.htm

[14] Er schließt insbesondere die Interessen der Telekommunikationsanbieter ein, deren verfügbare Bandbreiten aufgrund der technischen Entwicklung (Satelliten, Lichtwellenleiter, etc.) in den vergangenen zehn Jahren enorm gewachsen sind und die Nachfrage weit hinter sich lassen (vgl. z.B. http://newsweek.washingtonpost.com/nw-adv/digital/office99/global.htm). Allein dieser Sachverhalt wäre ein klassischer Fall für eine Untersuchung der Interdependenz von Technik, Wirtschaft und Politik.

[15] Beispielsweise ist zu berücksichtigen, daß etwa zeitgleich mit den US Forschungsnetzen (ARPANET, NFSNET, CSNET) und dem (zunächst auf die USA beschränkten) Internet auch in den meisten Ländern Europas, mit staatlicher Förderung, Computernetze (JANET in Großbritannien, DFN in Deutschland, RENATER in Frankreich, etc.) entstanden, die den Bedarf von Forschungs- und Entwicklungseinrichtungen decken sollten. Die Europäische Kommission hat den Zusammenschluß dieser Netze von Beginn an unterstützt, freilich ohne zunächst die Internet-Protokolle zu favorisieren.

[16] Einer der wichtigsten weiteren Gründe dürfte der - natürlich nicht absichtslos - offene Prozeß der Entwicklung dieses Modells sein (vgl. auch Fußnote 12).

Wirtschaftsraum wie die USA auf den Rest der Welt ausübt. Auch das sich vereinende Europa, selbst unterwegs zu einem einheitlichen Wirtschaftsraum, konnte sich diesem Sog nicht entziehen. Man mag darüber streiten, ob das in (Kontinental-) Europa lange favorisierte OSI Modell der Computervernetzung[17] diesen Sog eventuell sogar verstärkt hat.

Inzwischen ist der *Cyberspace* selbst, neben all dem, was er sonst noch ist, ein riesiger Wirtschaftsraum. Und er ist das Forum, in dem jeder, freier als im Londoner Hyde Park, seine Meinung kundtun kann, jeder für irgend etwas werben kann, jeder mit jedem kommunizieren kann. Und so stellt sich für viele Beteiligte die Frage: *Braucht der Cyberspace eine Regierung?*

Eine Instanz, die den Zugang zu diesem Medium regelt, gar kontrolliert; die darüber wacht, daß es nicht zur Durchsetzung partikularer Interessen oder zu mafiosen Umtrieben mißbraucht wird; die verhindert, daß es mit Inhalten obszöner Art, Aufrufen zu Gewalt oder Anleitungen zur Herstellung von Vernichtungswaffen beschickt wird? Eine Instanz, die die über das Netz abgewickelten Handelstransaktionen aufzeichnet um sie dann zu besteuern? Eine Instanz, die allfällig entstehende Konflikte unter *Internet*-Teilnehmern schlichtet und die Privatsphären der Nutzer des Netzes schützt?

Bedenkt man diese (und manche andere) Einzelfragen etwas genauer, so fällt schnell auf, daß die durch unsere Titelfrage suggerierte Analogie doch einiger Interpretation bedarf. *Regierung* ist schließlich nur ein Organ staatlicher Gewalt, die in westlichen Demokratien jedoch üblicherweise dreigeteilt ist[18]. Worauf es den Fragestellern offenbar ankommt, ist vielmehr eine Art Kontrolle oder Beaufsichtigung des Treibens in jenem Kommunikationsraum - durch geeignet legitimierte öffentliche Institutionen, seien diese nun gebunden an Einzelstaaten, an Staatenbünde oder an globale supranationale Organisationen, vergleichbar am ehesten vielleicht mit Markt-

---

[17] ... mit Anwendung von CCITT/ITU X-Empfehlungen (vgl. http://www.itu.int/itudoc/itu-t/rec/x/index.html), die zwar sicherere Kommunikation garantieren, dafür aber aufwendiger zu implementieren sind als die (ohne viel Umstand erhältlichen) Internet Standards.

[18] Man berücksichtige freilich, daß staatliche Gewalt nicht notwendigerweise auch die faktische Macht einschließt.

aufsichtsbehörden, die Konsumenten und anderen Marktteilnehmern ein Minimum an Ordnung und Fairness garantieren.

Die heftigsten Reaktionen auf jene Frage kommen von denen, die hinter einer positiven Antwort den Versuch vermuten, staatlichen Einfluß, *Zensur* also, auf die *Inhalte* des *Cyberspace* auszuüben. Sie haben dazu guten Grund. So rief der von der US Legislative im Jahre 1996 erlassene *Communications Decency Act*[19], mit einer sehr vagen Definition dessen, was denn *anständig* sei, den geharnischten Protest eines großen Teils der eingefleischten Internetter hervor. Das Gesetz wurde, nach einer Klage der *American Civil Liberties Union (ACLU)*[20], kaum ein Jahr später vom US Supreme Court wieder kassiert. Es wurde für nicht vereinbar befunden mit dem ersten US Verfassungszusatz, der das freie Wort garantiert. Paradoxerweise hat die US Legislative selbst mit dem von ihr im September 1998 unter großem Tamtam in's *World Wide Web* lancierten Report über ihres Präsidenten *heavy petting*[21] einen (überraschend niedrigen) Anständigkeits-"Standard" proklamiert.

Und die eindeutigste Antwort auf unsere Titelfrage, nämlich eine klares, bedingungsloses *Nein*, gibt die von John Perry Barlow, einem der Begründer der *Electronic Frontier Foundation*, verfaßte *Declaration of the Independence of Cyberspace*[22], veröffentlicht am Tag der Unterschrift des *Communications Decency Act* durch den US Präsidenten. Sie zeugt von einem idealistisch romantischen Anarchismus und plädiert, vielleicht aus der Hitze des Augenblicks, für die *ausschließliche Selbstregulation* der *Kommunikationsgemeinschaft Internet / Cyberspace*.

Dies ist das eine Extrem, dessen Advokaten jedoch offenbar die Entstehungsgeschichte des *Internet* vergessen. Bis zu seiner, durch die *WWW*-Anwendung begünstigten (wenn nicht ermöglichten), quasi explosionsartigen Ausdehnung zu Beginn der neunziger Jahre, war das *Internet* vollständig unter der direkten oder indi-

---

[19] http://www.cybersquirrel.com/clc/expression/comm_decent_act.html
[20] http://www.aclu.org
[21] http://www.npr.org/news/national/starrspecial.html
[22] http://www.eff.org/~barlow/Declaration-Final.html

rekten Kontrolle von US Regierungsstellen[23], und *"unanständige" Inhalte* waren kein Problem. Damals war das Netz erst der Nukleus eines *Cyberspace*, Experimentierfeld und Spielwiese von Wissenschaftlern und Ingenieuren, von der breiten Öffentlichkeit und kommerziellen Agenten noch unentdeckt und unberührt. *Unabhängig* war es jedenfalls nicht.

Aber aus dem Spiel ist längst Ernst geworden. Das Experimentierstadium ist in die erste operationale Phase übergegangen. Ein Massenmedium und ein Marktplatz zugleich sind entstanden. Die mit der *Regierungsfrage* angeschnittenen Teilfragen sind daher keineswegs überraschend. Sie stellten sich in der Vergangenheit so oder ähnlich immer wieder im Zusammenhang mit der Entwicklung neuer Medien (auch Medien für den Transport von Personen und Gütern!) oder dem Aufkommen neuer Märkte. Ungewöhnlich an diesen Fragen, nun bezogen auf den *Cyberspace*, sind lediglich die Dimensionen ihres Gegenstandes, die keine einzelstaatlichen Antworten mehr zulassen. Nationale Gesetzes- und Gesetzgebungsmodelle greifen - im Wortsinn - zu kurz oder sind schlicht unangemessen[24]. Und kein einzelner Staat, auch nicht die USA, Heimat des *Internet*, kann Antworten diktieren, die dann für alle gelten sollen. Neue Paradigmen sind vonnöten. Phantasie ist angesagt.

Die einschlägigen *europäischen* Diskussionsbeiträge und Vorschläge, formuliert und vorgebracht von der Europäischen Kommission, dem Exekutivorgan der Europäischen Union, sind unter anderem vor diesem Hintergrund zu verstehen. Die Verpflichtung der Kommission, zur Schaffung eines gemeinsamen, alle Mitgliedstaaten der Europäischen Union umfassenden Marktes nach Kräften beizutragen und hierfür entsprechende Initiativen zu ergreifen, erstreckt sich auch und insbesondere auf den *Cyberspace*.[25] Das erklärte Ziel der Europäer ist es, diesen für alle, die sich in ihm bewegen wollen, nicht nur (technisch) offen und begehbar zu erhalten und in diesem

---

23   vgl.: Rutkowski, A.M.: Factors Shaping Internet Self-Governance; http://www.wia.org/pub/limits.html

24   Außer der Aufregung um den Communications Decency Act belegen dies auch gerichtsnotorische Fälle, wie zum Beispiel die Klage gegen Felix Somm, den Chef von CompuServe Deutschland, wegen Verbreitung pornographischer Schriften (vgl. http://www.digital-law.net/artikel5/artikel/urteil.html).

25   Ausführliche Darstellungen dieser Initiativen sowie einschlägige offizielle Dokumente sind über den Webserver des Information Society Project Office (http://www.ispo.cec.be) der Europäischen Kommission zugänglich.

Sinne ständig weiter zu verbessern, sondern ihn auch zu einem Ort der Rechtssicherheit und damit zu einem wahrhaft nützlichen öffentlichen Raum zu machen - unter Wahrung eines fairen Gleichgewichts der Interessen einzelner Gruppen und Individuen. Und soweit wie nur irgend möglich, soll dieses Gleichgewicht durch Prozesse der *Selbstregulation* erreicht werden.

In einer am 4. Februar 1998 den übrigen EU Organen vorgelegten *Mitteilung* über *Globalisation and the Information Society: the Need for Strengthened International Co-operation*[26] hat die Kommission einige der auf dem Weg zu diesem Ziel zu beackernden Problemfelder aufgezeigt und eine *Internationale Charta* zur Implementierung von Lösungen angeregt. Die fraglichen Problemfelder ergeben sich sämtlich aus der Tatsache, daß der *Cyberspace* die traditionellen politischen Grenzen ignoriert. Beispiel:

Gerichtsbarkeit - Im Staat A wirft die über einen Webserver X angebotene Information keine rechtlichen Probleme auf; im Staat B jedoch, von dem aus X zugänglich ist, kann die gleiche Information zu Rechtsstreitigkeiten führen.

Wichtige Spezialfälle hiervon sind:

Urheberrecht - Im Staat A sind die *fair use* Ausnahmen großzügiger als im Staat B; ein Webserver in A, zugänglich aus B, verletzt daher möglicherweise Gesetze von B.

Datenschutz - Staat B hat keine strikte gesetzliche Regelungen für die Weitergabe persönlicher Daten. Ein Bewohner von Staat A, der einem in B befindlichen Webserver seine persönlichen Daten überläßt, hat keine weitere Kontrolle über diese Daten.

Verbraucherschutz - Bei Bestellungen von Produkten via *Internet* ist nicht ohne weiteres erkennbar, welche Haftungs- und Gewährleistungsregeln gelten.

Auch grenzüberschreitende *Telearbeit* kann Probleme aufwerfen: Ein Angestellter der Firma X in Staat A wohnt im Staat B und verrichtet dort seine Arbeit via *Internet*. Wessen Staates Regeln gelten wann?

---

[26] http://www.ispo.cec.be/eif/policy/com9850en.html

Braucht der Cyperspace eine Regierung? 259

Für die Herstellung und Aufrechterhaltung von Geschäftsbeziehungen über das *Internet* sind ferner international vereinbarte Verfahren etwa der *Authentifizierung* von Dokumenten und *digitalen Signaturen* notwendig. Die Vertraulichkeit geschäftlicher und privater Kommunikation sollte - mittels allgemein akzeptierter (und insbesondere nirgends kriminalisierter) kryptographischer Methoden - überall sichergestellt sein. Kriminelles Verhalten im *Cyberspace* oder dessen Benutzung zu kriminellen Zwecken sollte mindestens ebenso verfolgbar sein wie Kriminalität auch sonst verfolgbar ist.

Nicht zuletzt dürfte der Vorschlag einer *Internationalen Charta* durch die Vorbereitung des - schließlich am 30. Januar 1998 - veröffentlichten *Grünbuchs* der US Regierung[27] motiviert worden sein, welches als Grundlage für eine Diskussion der Reform des Systems zur Benennung der Internetdomänen (*Domain Name System, DNS*)[28] diente. Dieses System, das die Struktur und Verwaltung des Raums der Domänennamen (z.B. *aifb.uni-karlsruhe.de*) und dessen Abbildung in den Raum der *Internet-Adressen (IP Adressen, z.B. 207.136.90.76)* beinhaltet, ist von zentraler Bedeutung zum Beispiel für die kommerzielle Nutzung des *Internet*. In einer Mitteilung der Kommission an den Ministerrat vom 20. Februar 1998 heißt es dazu:

> *The management of both these number ranges, the names and their domains (e.g. top-level domains .COM, .NET, .ORG) is becoming of the highest commercial, even strategic, interest. Access to numbers, but in particular to names, will determine the visibility of enterprises on the Internet. This visibility is of vital importance in attracting customers and thus for electronic commerce.*[29]

In der Tat: Das *DNS* ist im Prinzip eine große verteilte Datenbank mit einigen zentralen Komponenten (z.B. den sogenannten *root servers* der *top-level domains* .*COM, .NET, .ORG, .INT* und *.EDU*, ganz zu schweigen von *.MIL* und *.GOV*). Wer

---

[27] A proposal to improve technical management of Internet names and addresses (http://www.ntia.doc.gov/ntiahome/domainname/dnsdrft.htm)

[28] vgl.: Fashler, Robert A.: The International Internet Address and Domain Name System (http://www.davis.ca/topart/domainam.htm)

[29] http://www.ispo.cec.be/eif/policy/governance.html

dieses System kontrolliert, hat zweifellos Macht im *Internet*, ein Beleg für die Stichhaltigkeit unserer Fußnote 11.[30]

In der Vergangenheit war es die von der US Regierung abhängige Organisation *Internet Assigned Number Authority (IANA, s.o.)*, welche hier das Heft in der Hand hielt. Die im genannten *Grünbuch* gemachten Vorschläge liefen darauf hinaus, daran, zumindest hintergründig, nicht viel zu ändern. Die gemeinsame Antwort von Europäischer Kommission und Ministerrat hob daher hervor, daß ...

> *In the view of the European Community and its Member States, however, the globalization of the Internet and the importance of an international framework for the long-term organization of the Internet underlines the need to associate a wide range of international interests with future policy in this area. The European Community and its Member States believe that the future of the Internet must be agreed in an international framework.*[31]

Das im folgenden Sommer (1998) von der US Regierung herausgebrachte *Weißbuch*[32] nahm einige der europäischen Anregungen auf, und die Europäische Kommission reagierte grundsätzlich positiv[33]. Dennoch bleiben Vorbehalte, etwa hinsichtlich der US Gerichtsbarkeit über die neue (und oben bereits erwähnte) *Internet Corporation for Assigned Names and Numbers (ICANN)*, die, als privatrechtliche gemeinnützige Organisation, Aufgaben der alten *IANA* übernehmen soll.

Einen *internationalen Rahmen* für die *Zukunft des Internet* gibt es allenfalls in Ansätzen. Nach den Vorstellungen der Europäer soll dieser Rahmen so offen wie möglich sein und zum Beispiel die reibungslose Einbindung weiterer *Internet Wachstumsregionen* (etwa Osteuropa, Südostasien, Südamerika) gestatten. Er soll ferner offen sein für alle Arten von Spielern auf dem Parkett: für Anbieter von *Internetdiensten* und deren Organisationen sowie Unternehmungen, die ihre Dienste im *Internet* anbieten, aber natürlich auch für die Vertretungen von *Internetnutzern*. Internationale Institutionen wie die *World Trade Organization (WTO)* oder die *World*

---

[30]   ... und ein Argument gegen Julias Rosentheorie (vgl. Shakespeare: Romeo and Juliet)
[31]   am 16. März 1998, vgl. http://www.ispo.cec.be/eif/policy/govreply.html
[32]   http://www.ntia.doc.gov/ntiahome/domainname/6_5_98dns.htm
[33]   http://www.ispo.cec.be/eif/dns/com98476.html

Braucht der Cyperspace eine Regierung?

Intellectual Property Organization (WIPO) sollten bei der Schaffung global verbindlicher Richtlinien für das Internet maßgeblich beteiligt werden.

Bei all dem dominiert der *elektronische Handel* beziehungsweise, allgemeiner, der *elektronische Geschäftsverkehr*, die Agenda[34]. Und die Parole lautet, wie gesagt: soviel *Selbstregulation* wie möglich; ganz im Sinne *neoliberaler* Wirtschaftspolitik, möchte man vermuten. So hat die Kommission im Sommer 1998 die Vertreter zahlreicher Unternehmen zu einem *Runden Tisch* über die Thematik *Internationale Internet Kooperation* geladen. Dieser *Runde Tisch* hat sich inzwischen zu einem *Global Business Dialogue (GBD)*[35] ausgeweitet, mit Teilnehmern im wesentlichen aus den *G7 Staaten*, welche - in verschiedenen Arbeitsgruppen - unter anderem die oben angedeuteten Themen (Gerichtsbarkeit, Urheberrecht, Besteuerung, etc.) diskutieren, mit dem Ziel, allgemein akzeptierbare Lösungen zu finden.

Ganz im Sinne *neoliberaler* Wirtschaftspolitik? Aber vielleicht geht es nicht anders. Staatlicher Zwang, gleichgültig ob in genuinem demokratischem Prozeß entschieden oder autoritär dekretiert, läßt sich im *Cyberspace* nur schwer durchsetzen. Nicht einmal die *große staatliche Bruderschaft*, wie sich in diversen Kryptographiedebatten[36], aber auch in der Diskussion um *Enfopol*[37] gezeigt hat - allen Machtbegehrlichkeiten und Lauschtechniken[38] zum Trotz. Dennoch ist äußerste Wachsamkeit geboten: Das globale Gefüge staatlicher und nicht-staatlicher Macht kennt (noch) nicht die *checks and balances*, die einst der staatlichen Ordnung der heute einzigen Supermacht zugrundelagen. Sein *Legitimationsdefizit* ist enorm.

---

34 Interessanterweise sind es, zumindest was die Europäische Union betrifft, eher die technologieorientierten Förderprogramme, welche sich auch des beachtlichen kulturellen Potentials des *Cyberspace* annehmen. Beispielsweise hält das *Information Society Technologies (IST)* Programm, Teil des 5. Rahmenprogramms, nicht nur ein Budget für den Beitrag von Archiven, Museen und Bibliotheken bereit, sondern auch beträchtliche Mittel für die Entwicklung von Inhalten im Bereich Bildung und Ausbildung (vgl.: http://www.cordis.lu/ist/home.html).

35 http://www.gbd.org

36 vgl. z.B.: http://www.epic.org/reports/crypto1999.html

37 vgl. z.B.: http://news.heise.de/tp/deutsch/special/enfo/default.html

38 vgl.: An appraisal of the technologies of political control (Bericht des *Scientific and Technological Options Assessment Office (STOA)* des Europaparlaments, http://www.europarl.eu.int/dg4/stoa/en/publi/166499/execsum.htm); siehe auch: http://www.qlinks.net/quicklinks/ ecoutes.htm

Zurück zur Medientheorie *McLuhan*'scher Prägung: Ahnten die Zeitgenossen *Gutenbergs*, daß die mit der Erfindung des Buchdrucks eingeleitete Revolution des Mediums *Schrift* einen wesentlichen Beitrag zur Etablierung einer *neuen Weltordnung* liefern würde? Ahnen wir heute, welche Wirkungen der neue Kommunikationsraum auf die künftigen globalpolitischen Strukturen haben wird? Sollte unsere Titelfrage nicht vielmehr umgekehrt gestellt werde: "*Brauchen die zukünftigen Regierungen der Welt einen Cyberspace des freien Denkens, Mitteilens, Handelns und Spielens?*" Die Antwort hierauf könnte ein uneingeschränktes *Ja* sein.

Es liegt an uns.

Informatik-Methoden für das Wissensmanagement

Rudi Studer, Andreas Abecker, Stefan Decker

Zusammenfassung

Das Management von Wissen ist ein wichtiger Erfolgsfaktor in Unternehmen. Dabei hat Wissensmanagement eine sozio-kulturelle, betriebswirtschaftliche und informationstechnische Dimension. Ziel ist die optimale Nutzung der "Ressource Wissen" für Lernen aus Erfahrung, kontinuierliche Prozeßverbesserung und den Ausbau kreativer Unternehmenspotentiale. Wissen als Unternehmensressource ist Wissen in Dokumenten, Wissen in Abläufen und Produkten sowie implizites Wissen wie Mitarbeiterkenntnisse und -fähigkeiten. Im vorliegenden Beitrag wird aufgezeigt, welche Informatik-Methoden welche Wissensmanagementaspekte unterstützen können. Ferner wird das Ontobroker-System als Beispiel für einen ontologiebasierten Ansatz diskutiert.

1 Einleitung

Das Management von Wissen ist ein wichtiger Erfolgsfaktor in Unternehmen. Dabei hat Wissensmanagement eine sozio-kulturelle, betriebswirtschaftliche und informationstechnische Dimension. Ziel ist die optimale Nutzung der "Ressource Wissen" für Lernen aus Erfahrung, kontinuierliche Prozeßverbesserung und den Ausbau kreativer Unternehmenspotentiale. Wissen als Unternehmensressource ist Wissen in Dokumenten, Wissen in Prozeduren und Produkten sowie implizites Wissen wie Mitarbeiterkenntnisse und -fähigkeiten. Es geht z.B. um Entwurfsentscheidungen im Designprozeß ("design rationals" [Buc97]), um Projekterfahrungen ("lessons learned" [HSK96]), die für nachfolgende Projekte wiederverwendet werden sollen, oder gute Vorgehensweisen ("best practices" [O'Le98]). Informationstechnische Beiträge zum Wissensmanagement lassen sich nach zwei Sichtweisen klassifizieren:

- Die *prozessorientierte Sicht* unterstützt die Zusammenarbeit einer Gruppe von Personen mit dem Ziel, verteilt vorliegendes, aktuelles Wissen und Fähigkeiten optimal einzusetzen. Basistechniken stammen aus der Computer Supported Cooperative Work (CSCW) und dem Workflow Management.

- Die *produktorientierte Sicht* untersucht die Erhebung, Wartung, Wiederverwendung und Nutzung von Wissen in informationstechnisch verarbeitbarer Form. Basistechniken stammen aus den Bereichen Dokumentenmanagement, Wissens- und Informationssysteme.

Das Organizational Memory wird technisch durch ein Organizational Memory Information System (OMIS) unterstützt. Ein OMIS entsteht durch die Integration von Basistechniken zu *einem Computersystem, das in der Organisation Wissen und Informationen fortlaufend sammelt, aktualisiert, strukturiert und für verschiedene Aufgaben möglichst kontextabhängig, gezielt und aktiv zur Verbesserung des kooperativen Arbeitens zur Verfügung stellt*. Für Sammlung, Nutzung und Wiederverwendung von Wissen muß ein OMIS folgende drei Hauptaufgaben (s. Abb. 1) lösen:

- Wissenserfassung und -pflege
- Wissensaufbereitung und -integration, sowie
- Wissenssuche und -nutzung

Die Aufgaben werden in den folgenden Abschnitten näher beleuchtet.

2 Wissenserfassung und -pflege

Wissenserfassung und -pflege sind wie bei wissensbasierten Systemen kritische Erfolgsfaktoren eines OMIS. Analog zur Position des Knowledge Engineers bei wissensbasierten Systemen wird die Position eines Knowledge- oder Experience-Managers vorgeschlagen, der Wissen aufbereitet, in eine nutzbare Form bringt und geeignete Metadaten zum Retrieval hinzufügt. Da dies bei einem größeren Nutzerkreis zu erheblichem Aufwand führt, sind Akquisitionswerkzeuge und automatische Verfahren zur Unterstützung gefragt. So wird in AnswerGarden [AcM90] das OMIS selbständig erweitert und benötigt nur geringe Wartung. Hier sind Metadaten der Pfad durch einen Fragenbaum, den ein Benutzer interaktiv mit dem System erstellt. So werden Metadaten oft entweder durch (semi-)automatische Verfahren (z.B. Text Mining) aus den gespeicherten Dokumenten gewonnen oder explizit angegeben. Generell sind Erhebung und Wartung von formal repräsentiertem Wissen schwieriger und daher kostspieliger als von

Informatik-Methoden für das Wissensmanagement

Wissenserfassung & -pflege
Text Mining
Dokumentenanalyse
Knowledge Engineering
Knowledge Discovery
Data Warehousing / OLAP

Wissensaufbereitung & -integration
Informationsintegration
(Wrapper/Mediator)
Ontologien
Wissensanalyse
Dokumentenklassifikation
Metadatenmodellierung
Visualisierung

Wissenssuche & -nutzung
Kooperative Informationssysteme
Persönliche Assistenten
Expertensysteme und
Problemlösungsmethoden
Fallbasiertes Schließen

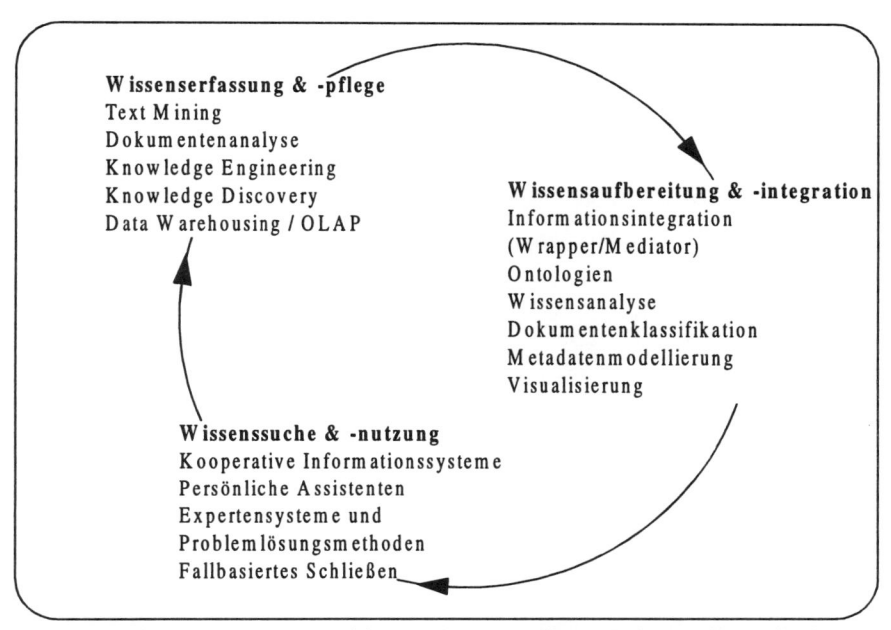

Abbildung 1: Wissenszyklus und verwendbare Informatikmethoden

informell repräsentiertem. Daher setzen viele Ansätze auf existierenden informalen oder semi-strukturierten Wissensquellen (z.B. Texten oder HTML-Dokumenten) auf und nutzen formale Strukturen nur für spezielle Sachverhalte (z.B. zur Indexierung einer *Best-Practice Wissensbasis*).

3 Wissensaufbereitung und -integration

Ziel des OMIS ist es, vielfältigen Such- und Nutzungskomponenten einen einheitlichen und effektiven Zugang zum Wissensspeicher zu ermöglichen. Nun ist dieser aber sehr heterogen auf mehreren Ebenen:

Auf der *Inhaltsebene* unterscheiden wir verschiedene Wissensarten im Unternehmen: Produkt- und Prozeßwissen, Ursachen für Entscheidungen, individuelle Kompetenzen und Erfahrungen etc. Existierende Systeme repräsentieren i.a. nur einen einzigen Typ von Wissen, ihr Zusammenspiel ist kaum untersucht. Notwendig zur Integration ist eine Unternehmensmodellierung aus der Wissenssicht, d.h. eine Methodik zur Analyse und Darstellung von Informationsflüssen, Wissensbedürfnissen und -ressourcen, siehe z.B. [DDE+97].

Auf der *Repräsentationsebene* stellt sich das Problem, daß Text und Hypertextdokumente, E-Mails, Grafiken usw. oft bereits vorhanden und für menschliche Nutzer besser geeignet sind als formalere Darstellungen. Andererseits sind wissensbasierte Systeme auf formale Repräsentationen zur Steuerung von Problemlösungsmethoden und Workflows, zur semantischen Suche, zur aktiven Präsentation von Wissen etc., angewiesen, so daß man auf die Formalisierung von Wissensteilen nicht verzichten kann. Ansätze, um Formalisierungen und deren Wartbarkeit zu vertretbaren Kosten zu erreichen, sind z.B. die inkrementelle Formalisierung, bei der informale und formale Repräsentation durch Hyperlinks verknüpft werden oder die Einbettung der formalen in die informale Repräsentation: [FDE+98] annotieren Texte bezüglich einer Ontologie redundanzarm mit Hilfe neuer HTML bzw. XML-Attribute, so daß daraus automatisch eine formale Darstellung extrahiert werden kann. Auch die Informationsextraktion mit Methoden der Dokumentenanalyse und –klassifikation werden hierfür untersucht.

Ferner stellt sich die Frage des homogenen Zugriffs auf existierende Informationssysteme, welche Aussagen über dieselben Sachverhalte des Objektbereichs unterschiedlich formulieren und strukturieren. Im Datenbank- und Wissensbankbereich ist dies Gegenstand der Intelligenten Informationsintegration (I^3). Hier helfen *Ontologien*, in denen eine verbindliche gemeinsame Terminologie spezifiziert wird, und *Wrapper/Mediator-Architekturen*, die verschiedene Quellen kapseln und deren Inhalt bzgl. einer gemeinsamen Ontologie übersetzen (Wrapper) bzw. Anfragen bzgl. dieser gekapselten Quellen beantworten (Mediator) [Wie92].

4 Wissenssuche und -nutzung

Generell sollte ein OMIS die Lösung verschiedener wissensintensiver Aufgaben durch *aktive*, kontextsensitive Informationsbereitstellung erleichtern. Dabei benötigen passive wie aktive Ansätze geeignete Metadaten, die Aussagen über den Kontext, in dem das abgelegte Wissen verwendbar ist, erlauben. Dazu kommen, abhängig vom Grad der Formalisierung und der konkreten Anwendung unterschiedliche Verarbeitungstechniken sowohl für das abgelegte Wissen als auch für die Metadaten in Frage. So verwenden Expertensysteme

Problemlösungsmethoden, um zusammen mit formalisiertem Wissen aus der Anwendungsdomäne den menschlichen Benutzer bei der Lösung von speziellen Aufgaben im betrieblichen Umfeld (z.B. Konfigurierung und Diagnostik) zu unterstützen. Für weniger stark formalisiertes Wissen bieten sich Inferenzmethoden wie das Fallbasierte Schließen (CBR), z.B. für Fälle in Best-Practice Wissensbasen, an. Beim ontologiebasierten Retrieval sind informale (bzw. semiformale) Dokumente mit formalem Wissen verknüpft, indem in Dokumenten Wissen identifiziert und durch Annotierung bzgl. einer Ontologie gekennzeichnet wird. Auf unstrukturierte Dokumentsammlungen hingegen kann z.B. mittels Textsuchmaschinen zugegriffen werden.

Aktive Hilfe ist angesichts der Informationsflut wesentlich, jedoch i.a. noch ungelöst. Beiträge zur aktiven Informationsbereitstellung erweitern z.B. Geschäftsprozeßmodelle um Dokumentflüsse und Expertiseverwendung; intelligente Suche basiert dann z.B. auf CBR-Techniken oder Agententechnologie. Systeme, die alle oben skizzierten Aufgaben lösen, sind noch nicht verfügbar. Allerdings gibt es bereits eine Reihe von Systemen, die einzelne Aspekte gut umsetzen, z.B:

- Das BSCW-System [BAB+97] bietet eine WWW-basierte Plattform für kooperatives Arbeiten in Büroumgebungen. Notizen, Dokumente und Diskussionen können abgelegt und kooperativ bearbeitet werden. Strukturierte Dokumente und Metadaten zu Inhalten im BSCW werden allerdings nur eingeschränkt gesammelt, so daß auch keine situativ angepaßte Wissenspräsentation oder komplexere als Schlüsselwortsuche möglich ist.

- Im AnswerGarden [AcM90] tauschen Benutzer und Experten Fragen und Antworten aus, die danach allgemein zur Verfügung stehen. Dies vermeidet die Wiederholung gleicher Fragen und entlastet die Experten. Fragen und Antworten sind hierarchisch indiziert, die Indexstruktur kann je nach Benutzeranforderungen geändert werden. Weitergehende CSCW- und Workflowkonzepte sind nicht verwirklicht.

- Der Prototyp EULE2 (s. [Rei97]) unterstützt Sachbearbeiter bei der Bearbeitung von Versicherungsvorgängen in der Schweizerischen Rentenanstalt durch eine deklarative Modellierung von Geschäftsprozessen, Weisungen und

Gesetzen. Diese dienen der Workflow-Steuerung, der automatischen Datenbeschaffung für offene Vorgänge und der teilautomatischen Überprüfung der Einhaltung von Weisungen und Gesetzen. Der Benutzer kann Erklärungen verlangen, warum ein Vorgang gerade so abzuwickeln ist, und wird bei Bedarf bis hin zu den betreffenden Stellen in den Weisungen und Gesetzestexten geführt. Das System kombiniert formale Methoden und informale Texte zur aktiven Unterstützung.

- Wargitsch *et al.* ([WWT97]) stellen ein flexibles Workflowsystem vor, dessen Workflows die Benutzer zur Laufzeit auswählen und ändern können. Die Änderungen steuern das Workflowsystem und können von allen Benutzern im OMIS wiederverwendet werden. Auch CSCW-Techniken wie Diskussionsgruppen werden unterstützt.
- Das Tool *QuestMap* ([Buc97]) ist ein Issue-Based Information System. Es ermöglicht z.B. die Suche nach allen Argumenten, die für eine bestimmte Entwurfsentscheidung relevant sind oder findet bei geänderten Voraussetzungen die davon betroffenen Entscheidungen.

Durch die pragmatische, problemgetriebene Integration von Basistechniken entstehen nützliche Systeme, die verschiedene der angesprochenen Aufgabenfelder abdecken. Im folgenden Abschnitt wird ein Ansatz zum bereits angesprochenen ontologiebasiertem Wissensmanagement näher beschrieben.

5 Ontologiebasiertes Wissensmanagement

5.1 Zielsetzung

Ontologiebasiertes Wissensmanagement zielt darauf ab, durch den Einsatz von Ontologien eine semantische Grundlage für Wissensmanagement-Systeme bereitzustellen. Im einzelnen sollen dabei folgende Ziele erreicht werden:

- Es soll die Kommunikation zwischen den beteiligten Personen ermöglicht und unterstützt werden. Dies setzt eine gemeinsame Sprache voraus, die auf zwischen den Personen abgestimmten anwendungs- und aufgaben-spezifischen Konzepten beruht.

Informatik-Methoden für das Wissensmanagement

- Es soll der gezielte und integrierte Zugriff auf Wissenselemente unterstützt werden, wobei diese Wissenselemente aus verschiedenen Quellen auf unterschiedlichen Formalisierungsebenen stammen können.
- In Abhängigkeit von der gegebenen Aufgabenstellung und dem aktuellen Kontext sollen verschiedene Sichten auf die vorhandenen Wissensquellen generiert werden. Dabei sollen diese generierten Sichten eine aufgaben-spezifische Terminologie benutzen und eine für die beteiligten Personen geeignete Abstraktionsebene verwenden.
- Für den Wissenszugriff sollen zwei Arten angeboten werden: der 'Pull-Ansatz' und der 'Push-Ansatz'. Die erste Art unterstützt die flexible Spezifikation von Anfragen, wobei eine *semantische* Anfragemöglichkeit angeboten wird, die die bekannten schlüsselwortbasierten Anfragemöglichkeiten subsumiert. Die zweite Art macht aktiv Wissensangebote, die aufgaben- und kontextspezifisch sind.
- Eine Inferenzmaschine soll die benötigten Sichten aus den originalen Wissensquellen generieren sowie implizites Wissen explizit machen. Der Generierungsansatz garantiert dabei, daß die erzeugten Sichten zu ihren zugrundeliegenden Quellen konsistent sind.

Im Kontext des ontologiebasierten Wissensmanagements wird die aus dem Knowledge Engineering bekannte Bedeutung einer Ontologie verwendet: "An ontology is a formal, explicit specification of a shared conceptualization" [Gru93]. Entsprechend dieser Definition stellt eine Ontologie eine Sammlung von Konzepten, Beziehungen und Regeln zur Verfügung, die auf dem Konsens einer Gruppe von Personen, z.B. eines Unternehmensbereiches, beruht. Solch eine Ontologie stellt eine von dieser Personengruppe gemeinsam getragene Sicht auf einen Anwendungsbereich zur Verfügung. Der Aufbau einer solchen Ontologie ist ein sozialer Prozeß, der die aktive Einbeziehung der betroffenen Personen erfordert und auf Konsensfindung ausgerichtet ist [BFD+99]. Eine partielle Ontologie für das Personalmanagement ist in Tabelle 1 zu sehen. Diese Beispielontologie ist in Frame Logic [KLW95] spezifiziert und setzt sich aus drei Bestandteilen zusammen:

1. *Konzepthierarchie*: Die Konzepthierarchie stellt einige der für das

Konzepthierarchie	Attributdefinitionen	Regeln
Object[].	Person [	FORALL Proj1, Pers1
Person :: Object.	firstName =>> String;	Proj1 : Project
Employee :: Person.	lastName =>> String;	[member ->> Pers1]
Manager :: Employee.	email =>> String;	<->
Consultant :: Employee.	phone =>> String;	Pers1 : Person
Project :: Object.	participantOf =>> Project;	[participantOf ->> Proj1]
Company :: Object.	hasCompExperience=>>Company	
Manufacturer :: Company.	]	FORALL Pers1, Proj1, Comp1
FinanceCompany :: Company.	Project[	Proj1 : Project
Insurer :: FinanceCompany.	projectName =>> String;	[member ->> Pers;
LifeInsurer :: Insurer.	projectGoal =>> String;	client ->> Comp1]
Bank :: FinanceCompany.	client =>> Company;	->
	member =>> Person;	Pers1 : Person
	leader =>> Person	[hasCompExperience->> Comp1]
	]	

Tabelle 1 Ausschitte aus einer Ontologie für das Personalmanagement

Personalmanagement relevanten Konzepte bereit, wie z.B. verschiedene Funktionsrollen innerhalb des Unternehmens oder Brancheninformation über Kunden. Konzepte sind in eine is-a Hierarchie eingebettet.

2. *Attributdefinitionen*: Attributdefinitionen spezifizieren die Merkmale, die für die Instanzen der Konzepte relevant sind. So wird z.B. festgelegt, daß Personen u.a. durch ihren Vor- und Nachnamen sowie die Projekte, an denen sie beteiligt sind, beschrieben werden. Attribute werden dabei entlang der is-a Hierarchie auf Subkonzepte vererbt.

3. *Regeln*: Regeln bieten die Möglichkeit, Konzepte zueinander in Beziehung zu setzen und damit implizites Wissen explizit zu machen. So besagt die zweite Regel in der Ontologie, daß eine Person, die in einem Projekt für einen Kunden arbeitet, Erfahrung mit der Branche dieses Kunden hat.

Im folgenden stellen wir ein Werkzeug vor, das auf der Basis der vorgestellten Ontologie eine Wissensmanagementstrategie unterstützen kann.

Informatik-Methoden für das Wissensmanagement 271

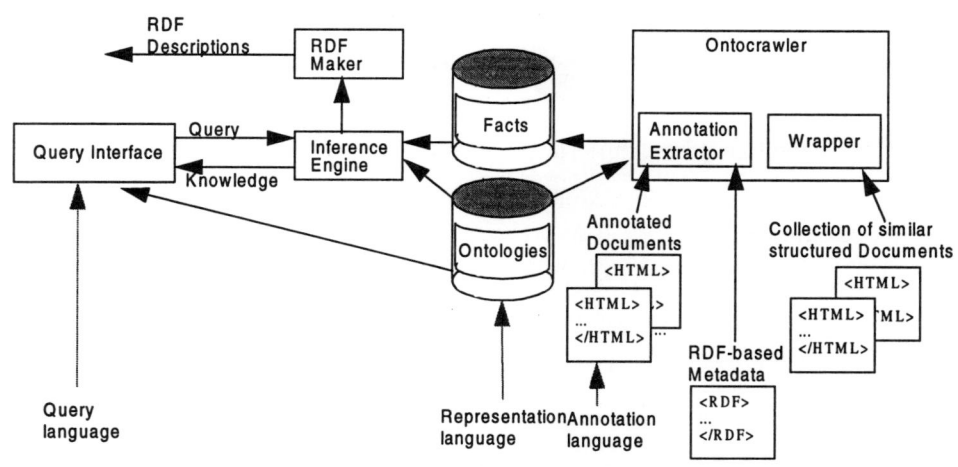

Abbildung 2: Ontobroker-Architektur

5.2 Das Ontobroker-System

Ontobroker verwendet Ontologien, um einen intelligenten Zugriff auf heterogene Wissensquellen anzubieten [DEF+99]. Im wesentlichen besteht Ontobroker aus folgenden Komponenten (siehe Abb. 2).

- Kernkomponente von Ontobroker ist die *Inferenzmaschine*, die das in der Ontologie und in der Faktenbasis bereitgestellte Wissen verarbeitet, um die an das System gestellten Anfragen zu beantworten. Die Inferenzmaschine basiert auf einem Übersetzungsansatz, der Frame Logic in mehreren Schritten in Logikprogramme transformiert, so daß bekannte Techniken aus dem deduktiven Datenbankbereich eingesetzt werden können.

- Der *Ontocrawler* sammelt die in den Wissensquellen vorhandenen bzw. aus ihnen extrahierbaren ontologischen Fakten ein und legt sie in der Faktenbasis ab. Dabei können ontologische Fakten in drei verschiedenen Varianten bereitgestellt werden:

    1. HTML-Quellen können mit semantischer Information annotiert werden unter Verwendung der Annotierungssprache HTML[A]. Wesentliches Entwurfskriterium ist dabei, redundante Information soweit als möglich zu vermeiden.

2. Metadaten, die in Form von RDF-Beschreibungen (Resource Description Framework) [RDF] vorliegen, werden eingelesen, nach Frame Logic übersetzt und in die Faktenbasis gespeichert.
3. Für regelmäßig strukturierte Wissensquellen werden Wrapper bereitgestellt, die die relevanten semantischen Informationen aus diesen Quellen extrahieren.

- Die Benutzungsschnittstelle für den Endbenutzer visualisiert die Ontologie in einer hyperbolischen Darstellung, in der Konzepte im Zentrum groß, Konzepte am Rande dagegen klein dargestellt werden [LRP95]. Damit wird für den Endbenutzer eine Focus-orientierte Visualisierung der Ontologie erreicht. Diese hyperbolische Darstellung ist mit einer tabellarischen Schnittstelle zur Spezifikation der Anfragen kombiniert. Durch diesen Ansatz kann der Benutzer Anfragen an Ontobroker formulieren, ohne mit der spezifischen Anfragesyntax vertraut zu sein.
- Die RDF-Maker Komponente erzeugt aus den ontologischen Fakten, die in der Faktenbasis abgelegt sind, entsprechende RDF-Fakten. Dabei können durch die Verwendung der Inferenzmaschine zusätzliche RDF-Fakten abgeleitet werden. Durch RDF-Maker wird Ontobroker in die durch die W3C-Standards geprägte Anwendungswelt eingebunden.

6 Schlußbemerkung

Wissensmanagement ist ein interdisziplinäres und zukunftsträchtiges Forschungs- und Anwendungsgebiet. Dabei können Informatik-Methoden wesentliche Unterstützung bei der Realisierung eines Wissensmanagement-Ansatzes liefern. Erforderlich ist zukünftig jedoch eine weitergehende Integration von informalen und formalen Repräsentationen, verbesserte Text Mining Methoden, unterstützende Methoden und Werkzeuge zur Ontologieerstellung und -wiederverwendung, weitergehende CSCW-Techniken u.v.m. Für einen dahingehenden weiteren Einstieg liefern z.B. [O'Le98] und [AbD99] nützliche Hinweise.

Literatur

[AbD99] A. Abecker, and S. Decker: Organizational Memory: Knowledge Acquisition, Integration and Retrieval Issues. In: F. Puppe (ed.): *Knowledge-based Systems: Survey and Future Directions, Proceeding of the 5th German Conf. on Knowledge-based Systems*, Würzburg, March 1999, Lecture Notes in Artificial Intelligence (LNAI), vol. 1570, Springer-Verlag, 1999.

[AcM90] M.S. Ackerman, and T.W. Malone : Answer Garden: A Tool for Growing Organizational Memory. In: *Proceedings of the ACM Conference on Office Information Systems*, pp. 31-39, 1990.

[BAB+97] R. Bentley, W. Appelt, U. Busbach, E. Hinrichs, D. Kerr, S. Sikkel, J. Trevor, and G. Woetzel : Basic Support for Cooperative Work on the World Wide Web. *International Journal of Human-Computer Studies* 46(6): Special Issue on Innovative Applications of the World Wide Web, p. 827-846, June 1997.

[BFD+99] V. R. Benjamins, D. Fensel, S. Decker, and A. Gomez Perez: (KA)2. Building Ontologies for the Internet: a Mid Term Report. To appear in: *International Journal of Human-Computer Studies (IJHCS)*, 1999.

[Buc97] S. Buckingham Shum: Negotiating the Construction and Reconstruction of Organisational Memories. In: *J. of Universal Computer Science 8(3), Special Issue on Information Technology for Knowledge Management*, Springer, 1997. www.iicm.edu/jucs_3_8/.

[DDE+97] S. Decker, M. Daniel, M. Erdmann, and R. Studer. An Enterprise Reference Scheme for Integrating Model Based Knowledge Engineering and Enterprise Modelling. In: *Proceedings of the 10th European Workshop on Knowledge Acqusition, Modeling and Management (EKAW 97)*, Sant Feliu de Guixols, Catalonia, Spain, October 1997, Springer Verlag, LNAI 1319.

[DEF+99] S. Decker, M. Erdmann, D. Fensel, and R.Studer: Ontobroker: Ontology Based Access to Distributed and Semi-Structured Information. In: R. Meersman et al. (eds.), *Database Semantics: Semantic Issues in Multimedia Systems, Proceedings TC2/WG 2.6 8th Working Conference on Database*

Semantics (DS-8), Rotorua, New Zealand, Kluwer Academic Publishers, Boston, 1999.

[FDE+98] D. Fensel, S. Decker, M. Erdmann, and R. Studer: Ontobroker: The Very High Idea. In: *11th Florida Artificial Intelligence Research Symposium (FLAIRS-98)*, Sanibel Island, May 1998. http://www.aifb.uni-karlsruhe.de/WBS/broker.

[Gru93] T.R. Gruber: A Translation Approach to Portable Ontology Specifications. *Knowledge Acquisition* 5 (2), 1993.

[HSK96] G. van Heijst, R. van der Spek, and E. Kruizinga: Organizing Corporate Memories. In: *Proc. of the 10th Knowledge Acquisition for Knowledge-based Systems Workshop*, Banff, 1996.

[KLW95] M. Kifer, G. Lausen, and J. Wu: Logical Foundation of Object-Oriented and Frame-Based Languages. *Journal of the ACM* 42, 1995.

[LRP95] L. Lamping, R. Rao, and P. Pirolli: A Focus + Context Technique Based on Hyperbolic Geometry for Visualizing Large Hierarchies. In: *Proc. of the ACM SIGCHI Conf. on Human Factors in Computing Systems*, 1995.

[O'Le98] D. O'Leary: Enterprise Knowledge Management. *IEEE Computer* 31(3), pp. 54-61, March 1998.

[RDF] Resource Description Framework, *W3C Recommendation 22 February 1999*, http://www.w3.org/TR/REC-rdf-syntax.

[Rei97] U. Reimer: Knowledge Integration for Building Organisational Memories. In: *KI-97 Workshop on "Knowledge-Based Systems for Knowledge Management in Enterprises"*, Freiburg, 1997. http://www.dfki.uni-kl.de/km/ws-ki-97.html.

[WWT97] C. Wargitsch, T. Wewers, and F. Theisinger: WorkBrain: Merging Organizational Memory and Workflow Management Systems s. In: *KI-97 Workshop on "Knowledge-Based Systems for Knowledge Management in Enterprises"*, Freiburg, 1997. http://www.dfki.uni-kl.de/km/ws-ki-97.html.

[Wie92] G. Wiederhold: Mediators in the Architecture of Future Information Systems. *IEEE Computer* 25 (3), 38-49, 1992.

Datenbankgestützte Kooperation im Web

Lutz Wegner

Abstract

Das World Wide Web bildet einen idealen Rahmen für spontane Kooperation geographisch verteilter Benutzer. Allerdings ist dazu im Web eine zusätzliche Koordinierung nötig, mit der sich ein globaler, konsistenter Zustand durch ein erweitertes Transaktionskonzept aufrechterhalten läßt. Dies ist eine typische Datenbankaufgabe. Weiterhin muß es für Anwender möglich sein, einen Fokus auf ein Datenobjekt zu setzen, mit diesem zu navigieren, Daten relativ zum Fokus zu manipulieren, und über nebenläufige Aktivitäten anderer Benutzer informiert zu werden. Im Gegensatz zum Whiteboard zielen wir auf das Eintauchen in strukturierte Objekträume ab. Die hier vorgestellte Lösung baut auf Tcl/Tk, einem marktgängigen Web-Browser, einem objekt-relationalen Datenbankeditor und Stream Sockets auf.

1. Datenbanksysteme und das Web

Verschiedene Autoren haben jüngst auf das gewandelte Verhältnis zwischen Datenbanken und World Wide Web (WWW) aufmerksam gemacht [BG98, Loe97, Mal98]. Nach einer anfänglich statischen Kopplung entsteht jetzt durch den Einsatz mobilen Codes, etwa in Form von Java Applets, eine dynamische, interaktive Verbindung. Benn und Gringer bringen dies auf den Punkt: „Das vormals markante 'Connect-Get-Close' wird durch ein Client/Server-Verfahren ersetzt [BG98, S. 6]."

Eine natürliche Weiterentwicklung ist die computergestützte, synchrone Kooperation räumlich verteilter Anwender (computer supported collaborative work, CSCW) über das Internet mit einem Web-Browser als Benutzerschnittstelle. Bei dieser Gruppenarbeit werden beliebige, nicht miteinander assoziierte Anwender, autonome Agenten und wechselnde Server zusammenarbeiten. Die Verbindungen werden oft spontan und kurzlebig sein. Anwender und Agenten werden physisch und virtuell von Ort zu Ort wandern, z.T. die Anwesenheit anderer Teilnehmer suchend, z.T. deren Anwesenheit bewußt meidend.

Typische Aktivitäten werden Einkäufe, Einholen von Auskünften, Verhandlungen, Erfahrungsaustausch, Krisenmanagement, gemeinsames Stellen von Anträgen, offene Abstimmungen, Terminplanungen sein. Anwender werden darauf bestehen, sich an diesen CSCW Aktivitäten über existierende Browser, z.B. Netscape 4.0 mit Java [AG96] und Tcl [Ous94] plug-ins, zu beteiligen.

Datenbanken laufen bei diesen kooperativen Szenarien wieder Gefahr, wie schon vorher in ihrer Rolle als Informationsanbieter im Web, als eher hinderlicher Faktor unter die Räder zu geraten [DeW95]. Grund hierfür ist das strenge, traditionelle ACID-Transaktionsprinzip, das sich mehr den mensch-orientierten Interaktionsformen öffnen muß (vgl. auch [PSL99] und die dort aufgeführten Referenzen).

Dabei ist die Aufgabe der *Isolation* zugunsten einer Signalisierung von Nebenläufigkeit (concurrency awareness) die größte und interessanteste Änderung und Herausforderung. Die Dauerhaftigkeit von Ergebnissen und ein global konsistenter Zustand erscheinen dagegen immer wünschenswert, auch wenn Ergebnis und Zustand ggf. durch Verhandlungen erreicht werden und nicht durch vorprogrammierte Operationen.

In diesem Beitrag konzentrieren wir uns auf die Beschreibung von Visualisierungstechniken für nebenläufige Aktivitäten in einem datenbankgestützten, verteilten Objektraum. Unser Ansatz macht dabei Gebrauch von der Tatsache, daß viele Anwendungen von Natur aus mit strukturierten Daten operieren, z.B. mit Dokumenten, Landkarten, Bauzeichnungen, Strecken- und Fahrplänen. Sichten dieses Datenraums (Sichten im Datenbank- wie auch im Visualisierungssinn) können synchron verteilt und um ein Interaktionsparadigma ergänzt werden.

Ein solches Paradigma sind die sog. *Fingeroperationen* [TW98], mit denen Objekte von Interesse markiert werden, z.B. durch farbliche Unterlegung, andere Schriftstärken, reliefartige Hervorhebung, Umrandungen, usw. Operationen werden dann relativ zu diesen Fingern vorgenommen, ähnlich wie Einfügungen und Löschen von Zeichen in einem Texteditor relativ zu einem Cursor[1] erfolgen.

---

1. Wir verwenden bewußt lieber den Begriff Finger statt Cursor oder Telepointer, weil innerhalb eines Fenstersystems durch den Mauszeiger ein Finger manipuliert werden kann, z.B. durch Ziehen oder Tastenklick der Maus auf Datenfelder.

Die gegenwärtigen Positionen von Fingern, ihre Bewegungen, verursachte Modifikation von Daten, usw. können mittels kurzer Operationscodes einem zentralen Server mitgeteilt werden. Dieser kann dann durch kollektive Benachrichtigung (broadcasting) Anzeigeoperationen an alle die Teilnehmer schicken, bei denen die angefallenen Änderungen in den sichtbaren Ausschnitt des Objektraums ragen.

Natürlich können alle diese Aktivitäten durch die mehr traditionellen Techniken der Videokonferenz und ein verteiltes Whiteboard unterstützt werden. Wir gehen hier aber nur auf das Zusammenspiel einer Web-Browser Schnittstelle mit einem objekt-relationalen Server, der Signalisierung von Nebenläufigkeit unterstützt, ein.

2. Kooperation in strukturierten Anwendungsräumen

Wie oben angedeutet, soll die Kooperation in einem strukturierten Anwendungsraum, z.B. einer Bauplanung oder einem Dokument, erfolgen. Um von speziellen Darstellungen unabhängig zu sein und einen möglichst großen Kreis an kooperativen Anwendungen abzudecken, wird man ein möglichst allgemeines Datenmodell zugrunde legen.

Für die hier gezeigten Visualisierungs- und Interaktionsaufgaben genügt vorläufig ein Graphenmodell, bei dem die Knoten atomare oder komplexe Objekte bezeichnen und die Kanten Beziehungen zu Unterobjekten modellieren. In vielen hierarchisch strukturierten Fällen werden die Kollektionen komplexer Objekte gerade einen Baum darstellen, so etwa in dem Beispiel einer Anmeldeliste (Abbildung 1), in der Studenten sich für Vorlesungen und Seminare ihrer Wahl eintragen können. Die für dieses Beispiel gewählte Repräsentation ist die einer geschachtelten relationalen Tabelle, die auch eine recht intuitive Visualisierung erlaubt.

Andersfarbig dargestellte Bereiche innerhalb der Visualisierung entsprechen den gerade genannten Fingern, die auf atomare oder zusammengesetzte Objekte zeigen können. In unserem Beispiel zeigt ein Finger auf die Vorlesung von Prof. Stucky, ein anderer auf einen Studenten in dieser Vorlesung.

Jeder Finger in der Tabelle hat ein Gegenstück im Schema darüber (in Abbildung 1 nicht realisiert). In einer kooperativen Umgebung zeigen die Finger Aktivitäten und Bücherzeichen anderer Anwender an, z.B. wenn ein Anwender die Vorle-

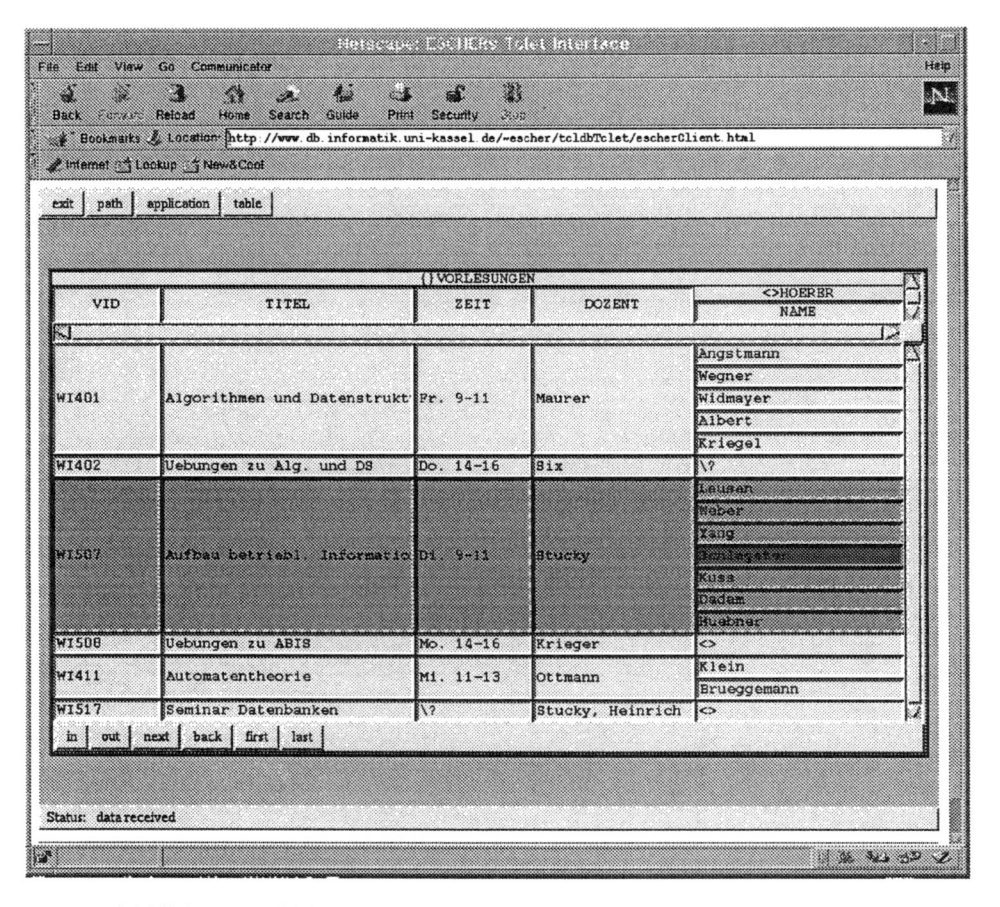

Abbildung 1: Objektraum mit zwei Fingern in einen Web-Browser

sungszeit ändert oder ein anderer sich in eine Vorlesung einträgt. Wie auch schon bisher in unserer Implementierung des DB-Editors ESCHER [Weg89, TW98] kann ein Anwender mehrere Finger auf verschiedenen Tabellen besitzen, jedoch zu jedem Zeitpunkt nur einen aktiven.

Aus Sicht des Graphenmodells zeigt ein Finger auf einen Knoten. Aus Implementierungssicht ist ein Finger die invariante Knotenadresse, z.B. ein Objektidentifizierer (OID). In einem hierarchischen Modell ist der Finger der Pfad von der Wurzel zu dem Objekt auf das er zeigt. Dieser Pfad läßt sich als Stapel von Knotenadressen verwalten (vgl. Abbildung 2).

Für die Darstellung des Objektraums bieten sich geschachtelte Formulare oder Tabellen an. In diesen kann beim visuellen Stöbern auf den äußeren Ebenen eine große Distanzen mit wenigen Schritten übersprungen werden (im Vorlesungsbeispiel: ganze Fachbereiche, innerhalb eines Fachbereichs ganze Studienschwerpunkte, usw.). Bei Bedarf kann aber in Details abgestiegen werden. Dies kann durch Sichten aus der Vogelperspektive, durch Zoomen, Bilder als Miniaturen, usw. ergänzt werden.

Abbildung 1 zeigt Rollbalken an der Seite der geschachtelten Tabelle. Dies bedeutet, daß der Objektraum potentiell größer ist als der am Bildschirm anzeigbare Bereich. Damit kann sich das sog. „Guckloch" (viewport) an einer anderen Stelle befinden als der aktive Finger. Rodden [Rod96] hat diese Situation untersucht und ein Model der räumlichen Kenntnisnahme aufgestellt. Die von uns oben geschilderten Bereiche (*Finger* und *Sichtfenster*) heißen dort *Nimbus* und *Fokus* [Rod96, p.88]:

- „The more an object is within your nimbus, the more aware it is of you."
- „The more an object is within your focus, the more aware you are of it."

Technisch gesehen entspricht unsere Fingertechnik demnach einer Nimbussignalisierung. Genauso wichtig ist aber das Signalisieren des Fokus, indem man jemandem anderen mitteilt, dorthin zu sehen, wohin man selbst seine Aufmerksamkeit richtet. In anderen Systemen für kooperierendes Arbeiten, z.B. GroupKit [Gre97], wird dies durch parallele Rollbalken erreicht.

Auf diese visuelle Umgebung muß nun noch ein erweitertes Transaktionskonzept aufgesetzt werden, auf das wir hier mangels Platz nicht weiter eingehen können (vgl. auch [PSL99, WPTT96]). Es beinhaltet die üblichen lesenden und schreibenden Zugriffe mit Vermeidung von Lese-/Schreibkonflikten, bzw. Schreib-/Schreibkonflikten. Schreibende Zugriffe setzen dabei immer die Plazierung eines Fingers auf dem Objekt voraus. Die Dinge verkomplizieren sich durch das Vorhandensein von komplexen Objekten, bei denen es unter gewissen Umständen statthaft ist, ein größeres Objekt zu lesen (zu betrachten) während gleichzeitig Unterobjekte daraus verändert oder gelöscht werden, solange die Tatsache der Änderung sichtbar ist und auch vom Leser so bestätigt wird.

Genauso ist das Lesen von Werten aus noch nicht abgeschlossenen Transaktionen erlaubt (dirty read), wenn sich der Leser der Tatsache bewußt ist und in Kauf nimmt, daß sich Werte noch nachträglich ändern können. Andererseits entsteht gerade durch dieses visuelle Zurücksetzen große Unruhe, da es zu sporadischen und unvorhergesehenen, momentan auch unlogisch erscheinenden Anzeigeänderungen kommt.

3. Lösung auf der Anwenderseite

Unsere Lösung basiert auf Tcl/Tk. Applets heißen dort Tclets. Andere Lösungen mittels weitverbreiteter Plug-ins sind genauso möglich, wenngleich vielleicht nicht so einfach.

In jedem Fall muß eine Lösung aber dem Konzept des sicheren Interpreters genügen, um zu verhindern, daß ein geladenes Programm amok läuft und die Maschine übernimmt. Die Regeln für sichere Interpreter besagen, daß ein Applet nicht

- auf das Dateisystem zugreifen darf (oder nur auf eingeschränkte Bereiche wie `/tmp`),
- Bibliotheken verwenden kann (`package require`)
- Systemkommandos auf dem Umweg über `exec` aufrufen kann
- den Bildschirmfokus ergreifen und halten kann
- sich via Sockets an einen anderen Server wenden kann als den, von dem die ursprüngliche Seite geladen wurde.

Wie sich herausstellt, behindern diese Einschränkungen unseren Lösungsansatz nicht. Allerdings sollte man sich klarmachen, daß gewisse elementare Datenbankoperationen auf einem Web-Klienten prinzipiell nicht möglich sind, z.B. ein persistentes Logging wie man es für 2-Phasen commit braucht. Für unsere CSCW Zwecke sind diese Operationen aber nicht notwendig und die entstandene Lösung ist überraschend einfach (vgl. Abbildung 2), wenngleich in Details trickreich.

Den Einstieg in die CSCW-Aktivität stellt eine normale HTML-Seite des Servers her, auf der sich die übliche Begrüßung und ein Verweis auf ein Tclet befindet.

Damit wird dem Browser mitgeteilt, daß ein Tcl-Skript aus der Datei

Datenbankgestützte Kooperation im Web

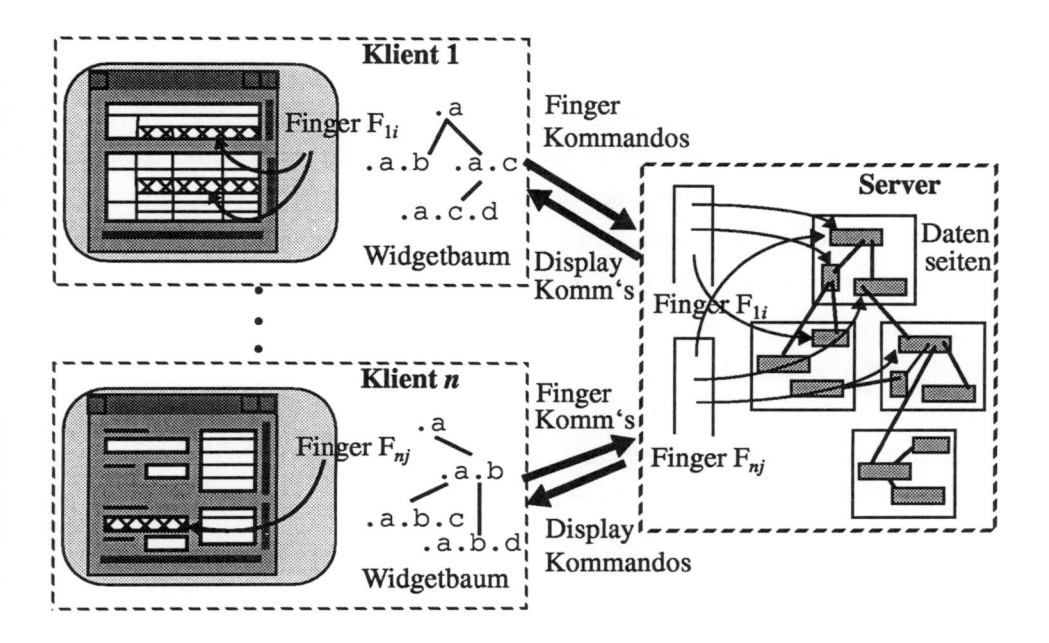

Abbildung 2: Verteilungsschema und Kommandoversand

escherClient auf dem Web-Serververzeichnis, aus dem auch die Seite kam, zu laden ist. Gleichzeitig wird eine initiale Fenstergröße festgelegt. Dabei setzen wir stillschweigend voraus, daß der Anwender schon ein Tcl Plug-in besitzt, andernfalls ist es von z.B. http://sunscript.sun.com/products/plugin.html herunterzuladen.

Nun wird dem Anwender eine Tcl-Datei zugeschickt. Diese Datei im Umfang von weniger als 3 KB erledigt im wesentlichen drei Aufgaben:

- sie erzeugt einige elementare Bildschirmobjekte (Menüs und ein paar Knöpfe) für die anfängliche Selektion der sog. Anwendung (ESCHER-spezifisch, ähnlich einem tablespace) und spez. Tabellen daraus
- sie stellt eine Socketverbindung her (Internet domain stream sockets)
- sie leitet eine Endlosschleife „Kommandolesen/Kommandoausführen (eval)" ein.

Hat der Klient dieses Stadium erreicht, kann der Server ihn mit anwendungsspezifischer Bildschirmausgabe füttern. Dies sind Tcl/Tk Kommandos mit denen man

- Widgets erzeugt (Markentexte, Randbreiten, Farben, Schriften, ...),
- ihr Verhalten definiert (bindings),
- diese anlegt (pack, place, grid).

Was wir versenden, ist im übrigen genau das, was auch ein Rechner ausführen würde, wenn er bei sich selbst die Ausgabe erzeugen würde. Insbesondere senden wir keine CSCW Datenbankdaten sondern nur Displaykommandos, die diese Daten implizit enthalten. Dieses Prinzip ist wohlbekannt, z.B. aus PostScript.

Die Ausführung des empfangenen Codes erzeugt Widgets auf der Klientenmaschine, die alle wünschenswerten Eigenschaften moderner GUIs bieten: Verfügbarkeit von Ereigniskodierungen, zeitgesteuerte Ereignisse für die Animation, mehrfache Ebenen von Bindings und Marken für Gruppenverhalten, Texteingabefelder, Rollbalken und deren Anbindung an Leinwände und Listen, Einbindung von Pixelbildern, verschiedene Geometriemanager, usw.

Vom Anwender ausgelöste Ereignisse werden von dem Widget gefangen und rufen die zugebundenen Routinen (call-backs) auf, etwa in Folge eines Mausklicks auf eine Marke, die ein atomares Feld einer Tabelle darstellt. Die aufgerufenen Kommandoskripte enthalten in der Regel wieder Sendebefehle (`socket send`), die Informationen über das Ereignis an den Server weiterleiten. Man beachte, daß diese Informationen nach Form und Inhalt (bis auf aktuelle Parameter) vom Server festgelegt und ursprünglich mal an den Klienten verschickt wurden.

Insbesondere können diese Skripten Daten und Kommandos in einer Sprache enthalten, die der Klient nicht versteht und die Privilegien erfordern, die diesem nicht eingeräumt werden. Das genaue Format ist dabei frei und kann vom Server festgelegt werden. Um unnötige Protokollkonvertierungen und Syntaxanalyse zu vermeiden, wird man sich auf die Interface- oder Implementierungssprache des Servers einigen. In unserem Fall ist dies eine Tcl-Spracherweiterung, genannt TclDB, die navigierenden Zugriff auf geschachtelte Relationen ermöglicht (siehe [TW98]). Genauso wären aber eine Schnittstelle gemäß JDBC (vgl. `http://splash.javasoft.com/jdbc`) und alle anderen Formen von eingebettetem SQL möglich.

4. Lösung auf der Serverseite

Der Server besteht aus zwei relativ großen Unterkomponenten:
- der Datenbankmaschine
- dem Anzeige- und Interaktionsserver (Mediator).

Als Datenbankmaschine ließe sich jedes objekt-relationale DBMS verwenden. Z.Zt. verwenden wir unsere eigene Entwicklung ESCHER, die im Prinzip ein Datenbankeditor im Einbenutzermodus ist, der auf dem Datenmodell der geschachtelten Relationen aufbaut [Weg89].

Vom Ablauf her sieht die Serverstruktur wie folgt aus. Der Server läuft permanent und bietet jedem Klienten eine Socketverbindung auf dem vorher vereinbarten Port an. In Tcl geht dies besonders einfach.

```
socket -server server_accept 9003
```

Das Kommando enthält den Namen der Routine, die aufzurufen ist, wenn die Verbindung erfolgreich hergestellt wurde, hier `server_accept`. Ihre Parameter erhält diese Routine automatisch.

```
proc server_accept {cid addr port} {
    global e_cid
    set e_cid $cid
    fileevent $cid readable "server_handle $cid"
    fconfigure $cid -buffering none

    puts $cid {menu_add path {puts $sid "path $path"}}
    puts $cid {menu_add application {puts $sid "application"}}
    puts $cid {menu_add table {puts $sid "table $application"}}

    global escher
    if {"$escher(state)" == "shutdown"} {
        client_start $cid
    } else {
        puts $cid "set path $escher(path)"
        client_selAppl $cid
    }
}
```

Wie gut zu sehen ist, verwaltet der Server das lesende Ende der Socketverbindung mittels Dateiereignissen, die wiederum eine Prozedur `server_handle` aufrufen, die dann aus dem Socket liest und hereinkommende Aufträge interpretiert. Diese Aufträge betreffen protokollspezifische Kommandos zur Anzeige von Tabellen und Schemata und für andere globale Aufgaben. Die Mehrzahl der Aufträge in einer kooperativen Sitzung sind aber einfache TclDB-Kommandos, erweitert um situationsabhängige, aktuelle Parameter, die als Call-back Routinen an Widgets gebunden sind und durch Ereignisse ausgelöst werden, auf die das Widget reagieren soll.

Das Erzeugen von Objektraumdarstellungen, hier einer Tabellendarstellung, setzt sich aus verschiedenen kleineren Routinen zusammen. Auf der äußersten Ebene wird die Prozedur `client_showTable` aufgerufen, die sicherstellt, daß die Anwendung richtig gesetzt ist und die `packTable` aufruft, was wiederum Aufrufe anderer Prozeduren auslöst, die Rahmen (frames) und Marken (labels) als Repäsentanten von Mengen und atomaren Feldern erzeugen.

```
proc client_showTable {cid table application} {
    escher application select $application
    set f [packTable $table]
    global out
    puts $cid $out
    puts $cid "form_show $f"
    puts $cid {menu_enable {path application table}}
}
```

Die eigentliche Zeichenroutine ist kompliziert wegen der variablen Größen der Elemente geschachtelter Tabellen, wobei wir uns nur auf eine von mehreren möglichen Darstellungsarten beschränkt haben. Daraus zeigen wir unten nur einen kleinen Ausschnitt, der sich auf die Anzeige eines atomaren Feldes bezieht. Gezeichnet wird mit einem Finger, weshalb eine Operationen wie z.B. `[$f get]` den Wert zurückliefern, auf den der Finger (bezeichnet durch die TclDB Variable f) momentan zeigt.

```
if [$f isatomic] {
    puteval "label $id -text {[$f get]}\
        -width \$attWidth($path) -anchor w\
        -font \$font(data) -bg \$bg\
        -bd 5 -padx 5 -pady 5"
    puteval "bindtags $id {$id Data Label . all}"
```

```
            return $id
    }
    if [$f istype -tuple] {
        puteval "frame $id -bd 0 -bg \$bg"
        ...
```

Andere Details, z.B. das An-/Abschalten von gebundenen Routinen, werden hier übergangen. Interessierte Leser können sich diese unter der angegebenen Netzadresse anschauen.

5. Diskussion

Offensichtlich ist die hier beschriebene Methode der Anzeigeverteilung nur eine von mehreren Möglichkeiten innerhalb eines CSCW Szenarios. Auf viele interessante Details, etwa die Übersetzung von Datenbank-Objektbezeichnern (OIDs) in hierarchische Widgetnamen und die Fragen der Sicherheit (ein bösartiger Anwender könnte Call-back Skripten gegen gefährliche TclDB-Kommandos austauschen und ihre Ausführung auf dem Server auslösen) konnten wir nicht eingehen.

Kritisch zu diskutieren wäre auch, ob TclDB als proprietäre, navigierende Schnittstelle die richtige Wahl für Client/Server Kommunikation ist. Alternativen wären z.B. SQL-Dialekte oder objekt-orientierte Abfragesprachen, insbesondere Java Erweiterungen wie JDBC und SQLJ [Mal98]. Ferner taucht die Frage auf, wie sich denn andere, unstrukturierte Informationen aus Webseiten in das Konzept der Kollaboration einbringen lassen.

Gegenwärtig erlaubt unsere Implementierung den Zugriff auf die ESCHER Datenbankmaschine aus dem Web heraus. In den Daten ist Editieren und Navigieren mit Anzeige konkurrierenden Zugriffs auf der Basis des Fingerparadigmas möglich. Allerdings wird kein Transaktionskonzept und nur die Darstellungsart der geschachtelten Tabelle unterstützt. Andere anwendungsspezifische Darstellungen, zunächst noch nicht für das Web, existieren aber und sind leicht zu erzeugen [ATW99]. Unser nächstes Forschungs- und Entwicklungsziel ist, die Eignung von Fingeroperationen als generisches Verteilungsprotokoll für synchrone Gruppenarbeit zu zeigen.

Literatur

[AG96] K. Arnold, J. Gosling. The Java Programming Language, Addison-Wesley, 1996

[BG98] W.Benn, I.Gringer. Zugriff auf Datenbanken über das World Wide Web, Informatik Spektrum 21(1) 1998, S. 1-8

[DeW95] David DeWitt. Database Systems: Road Kill on the Information Superhighway? Invited talk, 21. Int. Conf. VLDB (Zurich, Switzerland) 1995

[Gre97] S. Greenberg. Collaborative Interfaces for the Web, in: C. Forsythe, E. Grose, J. Ratner (eds) Human Factors and Web Development, Chapter 18, pp. 241-254, LEA Press, 1997

[Loe97] H. Loeser. Datenbankanbindungen an das WWW, Proc. BTW'97, Ulm 1997, S.84-99

[Mal98] S. Malaika. Resistance is Futile: The Web will assimilate your Database, IEEE Bull. TC on Data Engineering, Vol. 21, No. 2, June 1998, pp. 4-13

[Ous94] John K. Ousterhout. Tcl and the Tk Toolkit, Addison-Wesley, Reading, Mass., 1994

[PSL99] A. Prakash, H.S. Shim, J.H. Lee: Data Management Issues and Trade-Offs in CSCW Systems, IEEE TKDE, Vol. 11, No. 1 (1999) pp. 213-227

[Rod96] Tom Rodden. Populating the Application: A Model of Awareness for Cooperative Applications, Proc. of the ACM 1996 Conf. on CSCW, Boston, Mass. (November 1996) pp. 87-96

[TW98] J. Thamm, L.Wegner. What You See is What You Store: Database-Driven Interfaces, Proc. 4th IFIP 2.6 Working Conf. on Visual Database Systems, L'Aquila, Italy, May 27-29, 1998, pp. 69-84

[Weg89] L. Wegner. ESCHER - Interactive, Visual Handling of Complex Objects in the Extended NF^2-Database Model, Proc. IFIP TC-2 Working Conference on Visual Database Systems, Tokyo, Japan, April 1989, T.L.Kunii (Ed.), Elsevier North-Holland Publ., pp. 277-297

[WPTT96] L. Wegner, M. Paul, J. Thamm, S. Thelemann. A Visual Interface for Synchronous Collaboration and Negotiated Transactions, Proc. Advanced Visual Interfaces (AVI'96), Gubbio, Italy, May 27-29, 1996, T.Catarci, M.F.Costabile, et al. (Eds), ACM Press, pp.156-165

[ATW99] M. Ahmad, J. Thamm, L. Wegner: Rapid Application Development for Web-based Collaboration, Proc. 2nd Int. Symposium on Cooperative Database Systems for Advanced Applications (CODAS'99), Wollongong, Australia, March 27-28, 1999, LNCS Springer Verlag (in print)

Die Konkurrenz selbstsüchtiger Computer: Ein ökonomisches Problem?

Peter Widmayer

Abstract

In diesem Aufsatz soll lediglich ganz informell skizziert werden, wie man den aus der Ökonomie hinlänglich bekannten Gedanken des "Entwurfs von Mechanismen" für die Lösung algorithmischer Probleme in einer verteilten Umgebung einsetzen kann, in der die einzelnen Computer selbstsüchtig handeln. Dazu werden schlichtweg einige wenige Beispiele dargestellt, die man bereits in der Literatur findet. Der Reiz dieser Beispiele kommt durch die Liaison von Ökonomie und Informatik zustande - eine Verbindung, die auch dem Jubilar stets am Herzen (und auf der Seele?) lag.

1 Die unsichtbare Hand

Untersuchungen in der theoretischen Informatik sind in der Geschichte oft, wenn auch nicht immer, vom technischen Fortschritt ausgelöst oder zumindest kräftig beschleunigt worden. Das gilt auch für das Studium der Zusammenarbeit von Computern; sie hat durch die Allgegenwart des Internet mächtig an Bedeutung gewonnen. Während man hier jahrzehntelang in erster Linie das kooperative Zusammenspiel von Rechnern im Auge hatte und verteilte Algorithmen für allerlei Probleme entwarf, analysierte und implementierte, begegnet man heutzutage hie und da der Frage, wie denn Computer zur Arbeit an einem gemeinsamen Ziel motiviert werden können, wenn sie nicht von vornherein daran interessiert sind. Beispiele für solche Situationen gibt es zuhauf [Nis99, NiR99]: Warum sollte ein Rechner im Internet interessiert sein, die Nachrichtenpakete fremder Benutzer weiterzuleiten, wo das doch zunächst nur Zeit und Platz kostet? Wenn also Rechner zusammenarbeiten sollen, die verschiedenen Menschen oder Organisationen gehören, so muss man wohl diese Zusammenarbeit erst einmal attraktiv machen. Auf welche Weise? Bei Menschen ist manchmal die Sache klar: Man entschädigt sie dafür, meist mit Geld, aber manchmal auch mit Urkunden, guten Noten, oder der Teilnahme an schönen Geburtstagsfeiern. Es braucht offenbar Rahmenbedingungen, die das Zusammenspiel so regeln, dass jeder Mensch seinen eigenen Interessen selbstsüchtig folgen kann und dass sich insgesamt dennoch ein für das Ganze gutartiges Verhalten ergibt.

Die Frage nach solchen Rahmenbedingungen und nach den hervorgerufenen Mechanismen ist nicht neu und erst recht nicht von der Informatik erstmals aufgeworfen worden. Schon Adam Smith [Smi76] hat die "unsichtbare Hand" des Marktes postuliert und festgestellt: "Nicht vom Wohlwollen des Fleischers, Brauers oder Bäckers erwarten wir unsere Mahlzeit, sondern davon, dass sie ihre eigenen Interessen wahrnehmen. Wir wenden uns nicht an ihre Menschen-, sondern an ihre Eigenliebe". Warum also sollte die Informatik nicht von der Ökonomie lernen können, wie man das Zusammenarbeiten "selbstsüchtiger" Computer organisieren kann? Sie kann, und bescheidene Anfänge sind auch schon gemacht. In diesem Aufsatz möchte ich einige der einfachsten Mechanismen aus der Ökonomie in Erinnerung rufen und andeuten, wo sie in der Informatik eingesetzt werden könnten. Auch das ist nichts Neues: Die verteilte künstliche Intelligenz im allgemeinen hat sich bereits mit solchen Fragen beschäftigt [HuS98, Klu99, Wei99], und manches Mal ist man schon spezifisch der Frage nach den theoretischen Grundlagen derjenigen Mechanismen nachgegangen, welche Konkurrenzsituationen produktiv zu nutzen gestatten [Nis99, NiR99, RoZ94]. Dieser Aufsatz genehmigt es sich also, vielleicht weil er ohne jeden Konkurrenzdruck entstanden ist, lediglich Bekanntes zusammenzustellen, und das auch noch völlig informell; wer sich ein mathematisch sauberes Bild machen will, sollte mit einem Lehrbuch der Mikroökonomie beginnen, etwa mit [MWG95].

2 Auktionen

Direkten Konkurrenzdruck erlebt man nachhaltig bei Versteigerungen. Alle Bieter sind anwesend und können die Gebote der Konkurrenten verfolgen, also insbesondere darauf reagieren. Im Laufe der Zeit sind hier verschiedene Mechanismen erprobt worden, von denen die einfachsten geschildert werden sollen.

2.1 Die holländische Auktion

Die einfachste Variante ist vermutlich die holländische Auktion. Hier beginnt der Auktionator mit einem völlig überhöhten Preis für das zu versteigernde Gut und ruft solange immer tiefere Kaufpreise aus, bis schliesslich ein Kaufinteressent zustimmt. Dann ist das Geschäft perfekt, der Kauf zum ausgerufenen Preis getätigt. Wenn man unterstellt, dass jeder Kaufinteressent ökonomisch rational handelt und vor Beginn der Auktion eine Schwelle für den Kaufpreis festlegt, den er zu zahlen bereit ist, so steht ein potentieller Käufer vor einer schwierigen Entscheidung: Soll er den Kauf tätigen, sobald der vom Auktionator angebotene Wert die Schwelle erreicht oder unterschreitet, oder soll er versuchen, durch Abwarten den Preis noch ein wenig zu senken? Wartet er nicht lange genug, dann bezahlt er womöglich unnötig viel, wartet er hingegen zu lange, dann kann er das Gut nicht kaufen, obwohl er den Preis (längst) zu zahlen bereit gewesen war - in beiden Fällen bleibt also der Käufer unterhalb seines Nutzen-Maximums. Dabei entspricht der Nutzen des Gutes natürlich gerade der im vorhinein festgelegten Kaufpreis-Schwelle. Man darf erwarten, dass der Käufer schlussendlich derjenige Interessent sein wird, der dem Gut den maximalen Nutzen zuschreibt, und dass er dafür einen Preis zahlen wird, der nur geringfügig (oder gar nicht) unter seiner Kaufpreisschwelle liegt. Unerfreulich an dieser Auktion ist nicht nur der Nervenkitzel, sondern unter ökonomischen Gesichtspunkten auch die Tatsache, dass Energie in die Überlegung fliesst, wann denn ein Interessent nun kaufen soll - eine unproduktive Verwendung von Ressourcen.

2.2 Die englische Auktion

Erfreulich wäre es hingegen, wenn ein Kaufinteressent seinen Nutzen ermitteln und entsprechend bieten könnte, ohne sich damit zu beschäftigen, andere Kaufinteressenten auszumanövrieren. Dies leistet die englische Auktion, wie man sie aus James-

Bond-Filmen kennt. Die Kaufinteressenten bieten Kaufpreise, beginnend bei einem lächerlich geringen Preis für das zu versteigernde Gut, und sie überbieten einander solange mit immer neuen Geboten, bis das letzte und höchste Gebot abgegeben wird, der Auktionator langsam bis drei zählt, der Hammer fällt und den Kauf zum Gebotspreis besiegelt. Auch hier wird schlussendlich derjenige Kaufinteressent das Gut erwerben können, der ihm den grössten Nutzen zuschreibt, aber er wird dafür nur wenig mehr zahlen als die zweithöchste Kaufpreisschwelle - denn ab dann hat er keinen mitbietenden Konkurrenten mehr.

2.3 Welche ist besser, die holländische oder die englische?

Bei beiden Auktionen ist es ein ökonomisch erwünschter Effekt, dass derjenige Käufer das Gut erhält, der ihm den grössten Nutzen zuschreibt. Idealerweise würde der Käufer genau den Kaufpreis zahlen, der dem Nutzen entspricht. Das gelingt in beiden Fällen nicht ganz. Bei der holländischen Versteigerung kommt der Verkäufer womöglich viel zu kurz, und die Kaufinteressenten verlieren sich im Ausmanövrieren. Bei der englischen Versteigerung kann der Käufer getrost ehrlich gemäss seinem Nutzen bieten, und der Verkäufer kommt zu kurz, weil er nur wenig mehr als den Preis des zweithöchsten Gebots erhält - diese Einbusse wird bei einer grossen Zahl von Bietern aber vermutlich gering sein. Der ökonomisch bessere Mechanismus ist also wohl die englische Auktion, die sich ja auch (nicht nur in James-Bond-Filmen) durchgesetzt hat.

2.4 Die gemischte Auktion

Natürlich lassen sich beide Formen der Auktion mischen. So kann man etwa den Preis steigen lassen, wenn ein Kaufangebot abgegeben wird, und sinken lassen, wenn niemand bietet. Der schlussendliche Kaufpreis ist dann der höchste Preis, der bei diesem Mechanismus zustande kommt. In Experimenten, die Ressourcen in Computersystemen an Interessenten vergeben, hat die gemischte Auktion sehr gut abgeschnitten [FNS95]. Für diesen Aufsatz ist sie von geringerem Interesse.

3 Ausschreibungen

Öfter noch als offenen Auktionen (ob englisch oder holländisch), bei denen alle Konkurrenten alle Gebote verfolgen und darauf reagieren können, begegnet man in der Realität "verdeckten" Auktionen, bei denen die Bieter ihre Gebote unabhängig voneinander im verschlossenen Umschlag abgeben müssen - eine Idealvorstellung, die gelegentlich nicht ganz der Wirklichkeit entsprechen mag, so etwa bei der Abgabe von Angeboten für öffentlich ausgeschriebene Aufträge.

3.1 Verdeckt holländisch

Der meistpraktizierte Vergabemechanismus ist dann der, dem billigsten Anbieter den Auftrag zu erteilen (hier ist also der Anbieter der Verkäufer). Das ist gerade eine verdeckte Variante der (offenen) holländischen Auktion: Jeder Anbieter ist ermutigt, ein wenig von seinem ehrlich ermittelten Angebotspreis nach oben abzuweichen in der Hoffnung, den Auftrag doch noch zu erhalten, aber eben zu einem höheren Preis. Andererseits riskiert jeder Anbieter damit, nicht mehr der billigste zu sein und deshalb den Auftrag zu verlieren - ein veritables vabanque-Spiel.

3.2 Verdeckt englisch: Vickrey's Mechanismus

Will man diese ökonomisch unbefriedigende Situation vermeiden, so kann man schlichtweg die englische Auktion in eine verdeckte Form bringen: Der billigste Anbieter erhält den Zuschlag, aber zum Preis des zweitbilligsten Anbieters. Durch diesen Kniff, den der kanadische Ökonomie-Nobelpreisträger Vickrey vorschlug [Vic61], erreicht man das Gewünschte; er ist als Vickrey's Mechanismus bekannt.

Wie bei der englischen Auktion hat hier ein ökonomisch rationaler Anbieter, der seinen eigenen Nutzen maximieren will, keinen Grund mehr, beim Anbieten zu lügen: Gibt er einen überhöhten Preis an, so kann der Zuschlag doch keinen grösseren Erlös bringen, denn der Anbieter bleibt entweder unter dem Preis des zweitbilligsten Anbieters und damit bleibt sein Erlös gleich, oder er überschreitet den Preis des zweitbilligsten Anbieters und verliert den Auftrag. Gibt er dagegen einen zu tiefen Preis an und hätte er den Auftrag auch bei seinem ehrlichen Preis bekommen, so gewinnt er nichts. Hätte er dagegen (bei einem zu tiefen Preis) den Auftrag sonst nicht bekommen, so muss er ihn jetzt für einen zu geringen Erlös ausführen. In keinem Fall hat also das Verheimlichen des echten Preises dem Anbieter einen Vorteil gebracht; daher tut er gut daran, einfach ehrlich seinen Preis zu nennen und keinen Aufwand in Strategien zum Ausmanövrieren der Konkurrenten zu stecken. Der Aufpreis, den dieser Mechanismus für den Käufer verursacht, ist vermutlich letztlich gering und wird aufgewogen durch die Sicherheit, nicht im grossen Umfang übervorteilt worden zu sein.

3.3 Vickrey's Mechanismus zum Bedienen von Client-Anfragen

Nisan [Nis99] gibt ein Beispiel aus der Informatik an, auf das Vickrey's Mechanismus angewandt werden kann. Ein Server-Rechner bedient mehrere Client-Rechner, kann aber zu jedem Zeitpunkt nur einen Client bedienen. Jeder Client ordnet einer jeden Anfrage, die er an den Server stellt, einen Nutzen zu; diesen Nutzen kennt nur er selbst. Ein Mechanismus sollte zu jedem Zeitpunkt eine Anfrage mit höchstem Nutzen bedienen, weil das den wirtschaftlichsten Einsatz des Servers reflektiert. Ganz ohne Preise kann man das nicht leisten, denn wenn einfach der Client mit dem höchsten deklarierten Nutzen bedient wird, dann ist jeder Client dazu verführt, einen beliebig hohen Nutzen zu deklarieren, und es ist keineswegs sichergestellt, dass der Client mit maximalem Nutzen bedient wird. Wenn der Server aber Preise für das Bedienen verlangt, dann kann gerade Vickrey's Mechanismus sicherstellen, dass jeder Client seinen wahren Nutzen auch deklariert.

4 Gruppenentscheidungen

Vickrey's Mechanismus macht es durch Setzen der Rahmenbedingungen (dass nämlich der billigste Anbieter den Zuschlag zum Preis des zweitbilligsten Anbieters bekommt) für die Marktteilnehmer attraktiv, beim Angebotspreis ehrlich zu sein. Diese wünschenwerte Eigenschaft eines Mechanismus hat man auch für andere Situationen erreicht, und zwar immer nach dem selben Schema: In die Auswahlentscheidung werden alle Angebote einbezogen, aber in den zu zahlenden oder zu erlösenden Preis für den einzelnen Marktteilnehmer gehen nur die Preise seiner Konkurrenten ein, nicht sein eigener. Dass sich solche Mechanismen auch für Entscheidungen eignen, die durch eine Gruppe gefällt werden müssen, wurde zuerst von Clarke [Cla71] und von Groves [Gro73] gezeigt; Green und Laffont lieferten eine weitergehende, formale Analyse [GrL77].

4.1 Groves-Clarke-Mechanismen

Dem freien Markt hat man gelegentlich vorgeworfen, für Entscheidungen zu versagen, bei denen eine Gruppe ein Gut für die ganze Gruppe erwerben soll. Stellen wir uns vor, eine Dorfgemeinschaft müsse darüber entscheiden, ob eine Buslinie in die benachbarte Stadt eingerichtet werden soll, und wie gegebenenfalls die Kosten dafür auf die Dorfbewohner zu verteilen seien. Betrachten wir es als ökonomisch wünschenswert, die Buslinie genau dann einzurichten, wenn der Gesamtnutzen die Gesamtkosten erreicht oder überschreitet, und stellen wir uns vor, dass wir jeden Bewohner zum Zweck dieser Entscheidung nach seinem (durch die Einrichtung hervorgerufenen) Nutzen fragen. Stellen wir uns weiter vor, dass die Kosten im Falle der Einrichtung zu gleichen Teilen von allen Bewohnern getragen werden. Ein Bewohner, dessen Nutzen seinen Kostenanteil übersteigt, ist somit dazu verführt, für sich selbst einen die Gesamtkosten übersteigenden Nutzen zu deklarieren, damit die Einrichtung der Buslinie auch sicher erfolgt - eine ökonomisch unerwünschte Situation, die zur Einrichtung trotz niedrigem Gesamtnutzen führen kann. Erwägen wir eine Alternative und stellen uns vor, dass die Kosten dem deklarierten Nutzen entsprechend auf die Bewohner verteilt werden sollen. Dann wird manch ein Bewohner darüber nachdenken, ob er seinen wahren Nutzen preisgeben oder verheimlichen soll: Es könnte sich lohnen, einen geringeren Nutzen zu deklarieren und so womöglich Kosten zu sparen - das Trittbrettfahrerproblem. Mechanismen vom Typ Groves-Clarke geht es jetzt darum, die Rahmenbedingungen des freien Marktes so einzurichten, dass bei nur privat bekanntem Nutzen kein Gruppenmitglied einen Grund hat, einen anderen als den wahren eigenen Nutzen zu deklarieren.

Dies wird wie folgt erreicht. Die Einrichtung erfolgt, wenn die Summe der deklarierten Nutzenwerte die Gesamtkosten erreicht oder übersteigt. In diesem Fall wählt man als Kostenanteil eines jeden Bewohners den Nutzen, den dieser Bewohner mindestens hätte deklarieren müssen, damit die Einrichtung (bei gegebenen deklarierten Werten der anderen Bewohner) erfolgt. Diesen Kostenanteil nennt man oft "Clarke tax"; man sieht sofort, dass die Clarke tax nicht unbedingt ausreicht, die Einrichtung zu finanzieren - im Extremfall zahlt kein Bewohner etwas an der Einrichtung. Dass es sich nicht lohnt, einen anderen als den wahren Nutzenwert zu deklarieren, sieht man wie folgt. Wenn eine falsche Deklaration die Entscheidung zur Einrichtung nicht ändert, dann nutzt sie dem deklarierenden Bewohner auch nichts, denn im Falle der Einrichtung zahlt er einen Betrag unabhängig von seinem deklarierten Nutzenwert, und im Falle der Nicht-Einrichtung zahlt er ohnehin nichts. Ändert sich hingegen die Entscheidung durch seine zu tiefe Deklaration (bei unveränderten Deklarationen der andern) in eine Ablehnung der Einrichtung, so leidet der Bewohner unter seiner falschen Deklaration, denn im Falle der wahrheitsgemässen Deklaration und Einrichtung hätte er höchstens einen Kostenanteil bezahlen müssen, der seinem deklarierten Nutzen entspricht, vielleicht sogar weniger. Deklariert er dagegen einen zu hohen Nutzen und erfolgt deshalb die Einrichtung, so leidet er ebenfalls, denn sein Kostenanteil ist mindestens so hoch wie sein echter Nutzen, vielleicht sogar höher.

4.2 Groves-Clarke beim Routing in Rechnernetzen

Auch für die Clarke tax geben Nisan [Nis99] und Nisan und Ronen [NiR99] passende Beispiele aus der Informatik an. Nehmen wir ein Kommunkationsnetz, das als gerichteter Graph modelliert ist, und zwei ausgezeichnete Knoten s und t. Jeder Pfeil im Graphen ist ein Marktteilnehmer, mit privat bekannten Kosten für das Weiterleiten einer Nachricht auf diesem Pfeil. Das Ziel ist, eine Nachricht möglichst billig von s nach t zu schicken. Die Idee der Clarke tax führt zu einem Mechanismus, bei dem jeder Pfeil einen Preis deklariert. Gewählt wird der Pfad mit minimalem Gesamtpreis, und entlohnt wird jeder Pfeil des Pfads mit dem Aufpreis auf den Gesamtpreis, der notwendig geworden wäre, wenn sich der Pfeil nicht beteiligt hätte: Dann wäre ein billigster Pfad im modifizierten Graphen gewählt worden, dem der fragliche Pfeil fehlt, und die Kosten auf diesem Pfad wären nicht tiefer gewesen, im allgemeinen sogar um einen Differenzbetrag höher. Der Pfeil bekommt also als Erlös seinen deklarierten Preis zuzüglich des Differenzbetrags. Man sieht, dass die Gesamtzahlung die deklarierten Kosten auf dem billigsten Pfad im allgemeinen übersteigen wird, symmetrisch zum Negativsaldo bei der Finanzierung der Buslinie im obigen Beispiel. Genau wie bei Clarke kann sich hier aber kein Marktteilnehmer durch Deklaration eines falschen Preises einen Vorteil verschaffen, und genau wie bei Clarke, wo niemand mehr bezahlen muss als seinen deklarierten Nutzen, erhält hier jeder Marktteilnehmer wenigstens seinen geforderten Preis, wenn er überhaupt etwas leisten muss.

Für solche Mechanismen stellt sich, sollen sie für die Konkurrenz unter Computern eingesetzt werden, sogleich die Frage nach der Implementierung. Nisan [Nis99] und Nisan und Ronen [NiR99] fragen konkret, wie man denn die Auszahlungen nach obigem Schema für einen gegebenen Graphen berechnen solle, ausser durch wiederholtes Finden eines kürzesten Wegs: Gibt es also einen Algorithmus, der die Auszahlungsfunktion für einen Graphen mit n Knoten und m Kanten schneller berechnet als in Zeit $O(n\, m \log n)$? Dem puren Zufall ist es zu verdanken, dass diese Frage schon beantwortet war, bevor sie gestellt wurde, aber in einem ganz anderen Kontext, nämlich dem des fehlertoleranten Findens von Pfaden (Routing) in einem Kommunikationsnetz: Dort kennt man seit kurzem einen Algorithmus [NPW99], der die Frage in Zeit $O(m\, \alpha(m,n))$ löst, wobei $\alpha(m,n)$ die Inverse der Ackermannfunktion bezeichnet, und seit einem Jahrzehnt ist ein Algorithmus bekannt, der in Zeit $O(m + n \log n)$ arbeitet [MMG89], also nur wenig langsamer ist.

5 Mechanismenentwurf für algorithmische Probleme

Die beiden oben illustrierten Probleme sind Teil einer kleinen Liste von Problemen, die bei Nisan [Nis99] und Nisan und Ronen [NiR99] aufgeworfen werden. Diese Liste lässt sich nahezu beliebig verlängern, und stets ist ein Mechanismus gesucht, der die einzelnen Marktteilnehmer ("Agenten" nennt sie die verteilte künstliche Intelligenz) selbstsüchtig handeln lässt und dabei dennoch ein globales Entscheidungsproblem löst oder gar eine globale Zielfunktion optimiert. Die hier betrachtete Klasse von Mechanismen erreicht durch Vorschriften über Zahlungen an die (oder von den) Agenten, dass diese ihre nur ihnen selbst (privat) bekannten Preise, Wertungen, Präferenzen wahrheitsgemäss deklarieren. Ein Mechanismus ist insgesamt nichts anderes als ein Algorithmus, der mit Zahlungen an die Agenten operiert. Beim Mechanismenentwurf geht es um das Finden eines passenden Algorithmus nebst Zahlungen und um dessen Implementierung. Letztere sollte natürlich nach Möglichkeit in einer verteilten Umgebung dezentral erfolgen, aber erste Vorschläge müssen hier erst einmal für den einfacheren Fall eines einzigen Rechners gemacht werden, der den Algorithmus ausführt.

Gelegentlich lässt sich Vickrey's Mechanismus oder die Clarke tax direkt einsetzen, und sogar eine effiziente Implementierung liegt auf der Hand oder findet sich in der Literatur. Das gilt neben dem oben erwähnten etwa für das Finden und Benutzen eines minimalen spannenden Baumes zu einem gewichteten Graphen, für den Tarjan's Sensitivitätsanalyse direkt anwendbar ist. Es drängt sich auf, auch für andere Probleme Mechanismen zu suchen, typischerweise für Graphenprobleme, wie etwa für das Finden spannender Bäume mit anderen Eigenschaften (zum Beispiel minimaler Durchmesser), für das Rundreiseproblem, oder für Flüsse in Netzwerken. Als Grundlage kann man dynamische Graphenalgorithmen betrachten, das sind Algorithmen für Graphen, die sich im Laufe der Zeit durch Hinzufügen und Entfernen von Kanten und Knoten ändern. Aber das Konzept der Mechanismen reicht natürlich weit darüber hinaus, bis hin zu ganz praktischen Problemstellungen. Wir untersuchen derzeit die Frage, wie man in einem Verkehrsverbundsystem, nehmen wir das Strassenbahnnetz in Zürich, einen Mechanismus auslegen soll, damit der einzelne Strassenbahnfahrer selbstsüchtig und damit dezentral entscheiden kann, ob er auf eine verspätet eintreffende Strassenbahn warten will (und dafür eine Zahlung bekommt?) oder nicht (und dafür lieber eine Strafzahlung in Kauf nimmt?). Bis ein solcher Mechanismus dann aber für das europäische Eisenbahnnetz installiert ist, werden noch einige runde Geburtstage verstreichen müssen - oder könnte ein Mechanismus für Forschungsergebnisse helfen?

Literatur

[Cla71]   E. H. Clarke: Multipart pricing of public goods, *Public Choice*, 1971, S. 17- 33

[FNS95]   D. F. Ferguson, C. Nikolaou, J. Sairamesh, Y. Yemini: Economic models for allocating resources in computer systems, in: S. Clearwater (Hrsg.): Market-based control: A paradigm for distributed resource allocation, World Scientific, 1995

[GrL77]   J. Green, J.-J. Laffont: Characterization of satisfactory mechanisms for the revelation of preferences for public goods, *Econometrica*, 1977, S. 427-438

[Gro73]   T. Groves: Incentives in teams, *Econometrica*, 1973, S. 617-631

[HuS98]   M. N. Huhns, M. P. Singh (Hrsg.): Readings in agents, Morgan Kaufmann Publishers, San Francisco, 1998

[Klu99]   M. Klusch (Hrsg.): Intelligent information agents: Agent-based information discovery and management on the internet, Springer-Verlag, Berlin, 1999

[MMG89] K. Malik, A.K. Mittal, S.K. Gupta: The k most vital arcs in the shortest path problem, *Operations Research Letters*, S. 223-227, 1989

[MWG95] A. Mas-Colell, M. D. Whinston, J. R. Green: Microeconomic theory, Oxford University Press, 1995

[NPW99] E. Nardelli, G. Proietti, P. Widmayer: A faster computation of the most vital edge of a shortest path, Manuskript, zur Veröffentlichung eingereicht, 1999

[Nis99]   N. Nisan: Algorithms for selfish agents: Mechanism design for distributed computation, Proceedings of the Symposium on Theoretical Aspects of Computer Science, Trier, Hrsg. C. Meinel und S. Tison, Lecture Notes in Computer Science 1563, Springer-Verlag, Berlin, 1999, S. 1-15

[NiR99]   N. Nisan, A. Ronen: Algorithmic mechanism design, Proceedings of the 31st Annual ACM Symposium on Theory of Computing, 1999, 129-140

[RoZ94]   J. S. Rosenschein, G. Zlotkin: Rules of encounter: Designing conventions for automated negotiation among computers, The MIT Press, Cambridge, Massachusetts, 1994

[Smi76]   A. Smith: Der Wohlstand der Nationen, aus dem Englischen von H. C. Recktenwald nach dem Original von 1776, dtv, München, 1988

[Vic61]   W. Vickrey: Counterspeculation, auctions, and competitive sealed tenders, *Journal of Finance*, 1961, S. 8-37

[Wei99]   G. Weiss (Hrsg.): Multiagent systems: A modern approach to distributed artificial intelligence, The MIT Press, Cambridge, Massachusetts, 1999

Anhang I:

Wolffried Stuckys wissenschaftliche Familie

zusammengestellt von Mohammad Salavati und Hans-Georg Stork

Wolffried Stucky wird sechzig. Viel zu jung noch, das ist klar, für eine Bilanz, doch alt genug vielleicht für eine Rückschau aus mittlerer Distanz. Auf jene drei Dinge beispielsweise, von denen es heißt, daß ein Mann sie in seinem Leben vollbringen solle: Einen Baum pflanzen, ein Buch schreiben, für Nachkommenschaft sorgen. So zumindest will es eine Version, und die Reihenfolge ist, so nehmen wir an, durchaus beliebig.

Nicht von seinen zahlreichen Büchern und seiner reichen, in Textform erschienenen wissenschaftlichen Produktion soll hier die Rede sein, denn ein Bericht darüber könnte leicht selbst das Format eines Buches annehmen. Wir wollen mit unserem kurzen Geburtstagsbeitrag vielmehr - auch dies ein guter akademischer Brauch - an Wolffried Stuckys wissenschaftliche Vaterschaften erinnern, wohl mit die nobelsten Attribute einer akademischen Karriere.

Sie lassen sich zunächst in dürren Zahlen ausdrücken: 29 Dissertanten dürfen sich zur unmittelbaren Familie der wissenschaftlichen *Söhne* und *Töchter* rechnen, und drei Professoren widmen sich, nach Habilitation an Wolffried Stuckys Lehrstuhl, inzwischen der Produktion eigener wissenschaftlicher Nachwuchses (Gunter Schlageter in Hagen, Georg Lausen in Freiburg im Breisgau und Andreas Oberweis in Frankfurt am Main). Sie haben ihrem wissenschaftlichen *Vater* zusammen mehr als zwanzig *Enkel* und *Urenkel* beschert, schon fast eine Dynastie. Womit ganz *en passant* bewiesen ist, daß die dritte der genannten männlichen Taten der ersten zumindest im übertragenen Sinne äquivalent sein kann: Es gibt ihn, den Stuckyschen Stammbaum!

Er ist stark und wird zunehmend stärker. Dies liegt nicht zuletzt an seiner festen Verwurzelung in einer langen Tradition. Da mag es paradox klingen, wenn wir bemerken, daß Wolffried Stucky zur ersten Generation der Informatiker in Deutschland gehört, die sich mit Fug und Recht so nennen konnten, auch wenn ihre Diplome noch nicht den Zusatz *Inf* hatten und ihre Doktorhüte von einer klassischen Fakultät verliehen waren. Sie hatten die ersten Informatiklehrstühle inne, welche zu Beginn der siebziger Jahre an deutschen Universitäten und Technischen Hochschulen eingerichtet worden waren. Aber sie kamen, wie gesagt, aus den unterschiedlichsten Ställen. Unter ihnen war Wolffried Stucky - und dies rechtfertigt unsere These von der langen Tradition - gewissermaßen von edelstem Geblüt: Über seinen Doktorvater Günter Hotz führt die direkte Linie zu Kurt Reidemeister und schließlich zu David Hilbert, dem alten Meister, der im Jahre Null dieses zu Ende gehenden Jahrhunderts den Mathematikern unter anderem jene Probleme aufgab, welche sie Jahrzehnte später, gemeinsam mit Ingenieuren und anderen Praktikern, die moderne Informatik erfinden ließen.

Der Nährboden des Stuckyschen Stammbaums *angewandter Informatiker* ist zweifellos die *Mathematik* - hier nicht als die Sprache exakter Naturwissenschaft, sondern insbesondere als Fundus der Mittel zur Beschreibung und Analyse der für die Informatik so charakteristischen gedanklichen Konstrukte. Wenn es keiner anderen Begründung bedurft hätte, so hätte allein diese Tatsache wohl genügt, dem Institut, welches seit 1971 Wolffried Stuckys akademische Heimat ist, den Namen *Institut für Angewandte Informatik und Formale Beschreibungsverfahren* zu verleihen.

Noch an den jüngsten Früchten des Stammbaums ist die Wirkung dieses Nährbodens gut zu erkennen. Sicher, sowohl die Arbeiten der Schüler von Wolffried Stucky selbst, als auch die seiner wissenschaftlichen Enkel und Urenkel, sind durch die Praxis motiviert und an der Praxis orientiert. Wie es sich gehört, möchte man hinzufügen. Doch zeichnen sich die meisten von ihnen darüber hinaus durch besondere formale Schärfe und Stringenz aus, durch Eigenschaften also, die ein gründliches *collegium mathematicum* vermuten lassen. Thematisch überdecken sie ein breites Spektrum, in dessen Mittelpunkt schon früh der Entwurf und die Anwendung von Datenbanksystemen rückten. Neue Konzepte der Modellierung von Informationssystemen, der Unterstützung von Software-Entwicklungsprozessen, von Geschäftsprozessen, neue Facetten der Datenbanktechnik: Dies sind nur einige der

Anhang I: Wolffried Stuckys wissenschaftliche Familie

Stichworte, die sich der Liste der von Wolffried Stucky angeregten und betreuten Dissertationen und Habilitationen entnehmen lassen. Wir haben sie diesem Bericht angefügt. Beigefügt haben wir außerdem eine Repräsentation des Stammbaums selbst, soweit er uns bekannt wurde.

Und obwohl jenseits unseres eigentlichen Sujets, geziemt es sich doch, auch auf die Erfolge Wolffried Stuckys in zwei anderen Bereichen hinzuweisen: Im Bereich der beruflichen Qualifizierung mehrerer Studentengenerationen einerseits, und im Bereich der unmittelbaren Praxis andererseits. Mehr als 420 Diplomanden haben bis dato ihre Karriere mit einer Arbeit am Lehrstuhl Stucky begonnen. Nicht wenige von ihnen haben sich wirtschaftlich auf eigene Füße gestellt oder haben sich Unternehmen verbunden, die man mit Fug und Recht als *Spinoffs* des Stuckyschen Lehrstuhls bezeichnen kann. Die Tatsache, daß Wolffried Stucky solche Initiativen immer ermutigt, ideell unterstützt und oft sogar selbst angeregt hat, beweist sein über die rein wissenschaftliche Produktion hinausgehendes Engagement: Nicht *l'art pour l'art*, sondern *THEORIA CUM PRAXI*, so könnte sein Wahlspruch lauten.

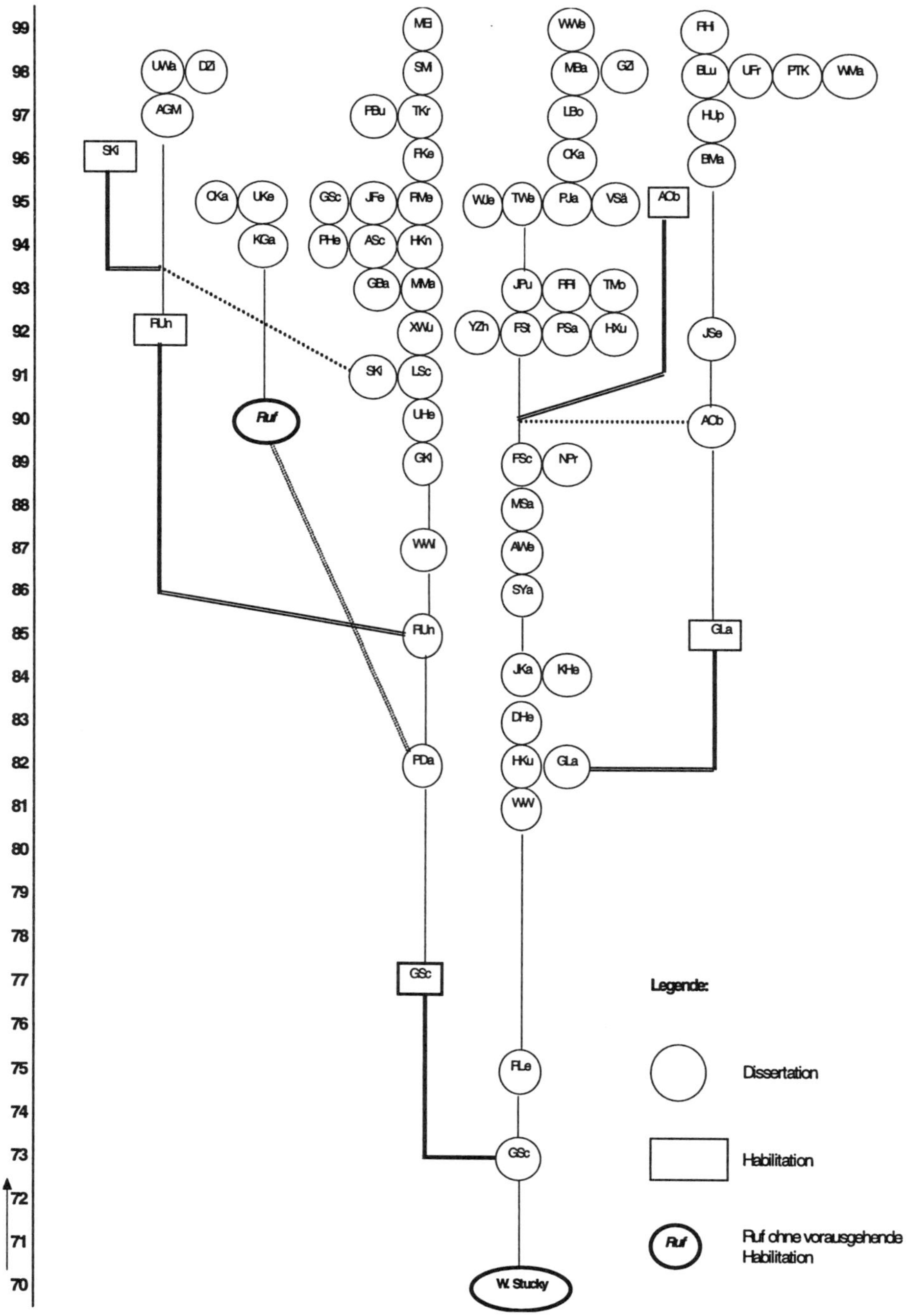

Anhang I: Wolffried Stuckys wissenschaftliche Familie

Habilitationen[1]

Gunter Schlageter (GSc): Prozeßsynchronisation in Datenbanksystemen; 27.4.1977

Georg Lausen (GLa): Grundlagen einer netzorientierten Vorgehensweise für den konzeptuellen Datenbankentwurf; 11.12.1985

Andreas Oberweis (AOb): Verteilte betriebliche Abläufe und komplexe Objektstrukturen. Ein integriertes Modellierungskonzept für Workflow Managementsysteme; 8.2.1995

Dissertationen

Gunter Schlageter (GSc): Arbeitslastverteilung in Computernetzwerken; 29.11.1973

Rüdiger Lepp (RLe): Zur operationalen Beschreibung von Datenverarbeitungsaufgaben für die Systemplanung; 5.12.1975

Wolfgang Weber (WW): Ein Subsystem zur Aufrechterhaltung der semantischen Integrität in Datenbanken; 26.2.1981

Herbert Kuss (HKu): Recovery in verteilten Datenbanksystemen; 23.4.1982

Georg Lausen (GLa): Analyse und Steuerung paralleler Transaktionen in einem Versionen-Datenbanksystem; 23.4.1982

Dieter Heilmann (DHe): Der Computer als organisatorischer Gestaltungsfaktor in Klein- und Mittelbetrieben; 8.3.1983

Jakob Karszt (JKa): Datenbank-Pascal: Ein ausbaubares Datenbanksystem nach dem Entity-Relationship-Datenmodell für Personal-Computer-Anwendungen; 30.5.1984

Klaus Heuer (KHe): Datenmodell für den Entwurf betrieblicher Informationssysteme; 25.7.1984

---

[1] Die in Klammern gesetzten Namenskürzel verweisen auf die Position im Stammbaum.

Shenqing Yang (SYa): Konzepte zum Einsatz von Datenbank- und Textverarbeitungstechniken in einer chinesisch/deutschen Sprachumgebung; 09.07.1986

Andreas Weber (AWe): Eine Methode zur Aktualisierung aussagenlogischer Wissensbasen; 23.07.1987

Mohammad Salavati (MSa): Data Base Management Systems Evaluation and Selection; 10.06.1988

Nikolai Preiß (NPr): Ein Konzept für die deduktive Erweiterung eines relationalen Datenbanksystems; 13. 02. 1989

Frank Schönthaler (FSc): Rapid Prototyping zur Unterstützung des konzeptuellen Entwurfs von Informationssystemen; 13. 02. 1989

Yuxin Zhao (YZh): Konzepte und Entwurf eines Hilfesystems zur Übersetzungsunterstützung technischer Dokumente vom Deutschen ins Chinesische unter Berücksichtigung semantischer Informationen; 02. 07. 1992

Frank Staab (FSt): Rechnergestützte Konfigurierung von Büroinformations- und Kommunikationssystemen; 02. 11. 1992

Peter Sander (PSa): Eine ordnungsbasierte Regelsprache für NF2-Relationen; 27.11.1992

Hongbo Xu (HXu): Ein prototypisches System zur computerunterstützten Übersetzung technischer Dokumente Deutsch – Chinesisch; 15. 12.1992

Jörg Puchan (JPu): Strategische Informationssystemplanung - Eine strukturierte Vorgehensweise unter besonderer Berücksichtigung funktionaler Systemanforderungen; 12. 05. 1993

Reinhard Richter (RRi): Über parallele Datenbanksysteme mit replizierten Basisdaten; 12. 05.1993

Thomas Mochel (TMo): Obkjektorientierte Simulation - Ein neues Konzept für die Simulation diskreter Systeme; 07. 07.1993

Peter Jaeschke (PJa): Integrierte Unternehmensmodellierung. Techniken zur Informations- und Geschäftsprozeßmodellierung; 19. 12.1995

Walter Jenny (WJe): Techniken des Prozeßmanagements in der Informationssystementwicklung; 12. 07.1995

Volker Sänger (VSä): Eine grafische Anfragesprache für temporale Datenbanken; 19.12.1995

Thomas Wendel (TWe): Computerunterstützte Teamarbeit in einer verteilten Software-Entwicklungsumgebung; 25. 07.1995

Claus Kaldeich (CKa): Toleranz- & Kongruenzrelationen in relationalen Datenbanken; 27.07.1996

Leszek Bogdanowicz (LBo): Ein Konzept zur Unternehmensmodellierung und Software-Entwicklung; 04.02.1997

Michael Bartsch (MBa): Software und das Jahr 2000. Haftung und Versicherungsschutz für ein technisches Großproblem; 11.02.1998

Gabriele Zimmermann (GZi): Prozeßorientierte Entwicklung von Informationssystemen - ein integrierter Ansatz; 13.02.1998

Wolfgang Weitz (WWe): Integrierte Dokumenten- und Ablaufmodellierung im Electronic Commerce; 16.07.1999

Ferner erscheinen im Stammbaum:

Bei Gunter Schlageter Promovierte:

Peter Dadam (PDa), 16. 6. 1982

Rainer Unland (RUn), 6. 9. 1985

Wolfgang Wilkes (WWi), 3. 11. 1987

Gerhard Klett (GKl), 28. 8. 1989

Ulrich Herrmann (UHe), 10. 5. 1990

Ludger Schäfers (LSc), 29. 01. 1991

Stefan Kirn (SKi), 10. 12. 1991

Xinglin Wu (XWu), 22. 7. 1992

Michael Marmann (MMa), 11. 3. 1993

Guido Barbian (GBa), 20. 10. 1993

Harm Knolle (HKn), 27. 7. 1994

Andreas Scherer (ASc), 31. 8. 1994

Per Hermann (PHe), 9. 9. 1994

Renate Meyer (RMe), 20. 2. 1995

Jürgen Feldkamp (JFe), 8. 8. 1995

Gerhard Scholz (GSc), 25. 10. 1995

Friedrich Kemper (FKe), 13. 2. 1996

Thomas Kretzberg (TKr), 25. 8. 1997

Peter Buhrmann (PBu), 11. 9. 1997

Silke Mittrach (SMi), 24. 11. 1998

Matthias Eichstädt (MEi), 12. 1. 1999

Bei Gunter Schlageter habilitiert:

Rainer Unland[2] (RUn): Computerunterstütztes kooperatives Arbeiten: Stand der Dinge und Probleme, 5. 3. 1992

Bei Peter Dadam[3] Promovierte:

Klaus Gaßner (KGa), 14. 7. 1994

Ullrich Kessler (UKe), 26. 6. 1995

Christian Kalus (CKa), 10. 11. 1995

Bei Rainer Unland Promovierte:

Axel G. Meckenstock (AGM), 14. 1. 1997

Detlef Zimmer (DZi), 24. 3. 1998

---

[2] Jetzt an der Universität Gesamthochschule Essen.

[3] Peter Dadam wurde 1990 auf eine ordentliche Professur an die Universität Ulm berufen.

Ulrich Wanka (UWa), 20. 4. 1998

Bei Rainer Unland habilitiert:

Stefan Kirn[4] (SKi): Gestaltung von Multiagenten-Systemen: Ein organisationszentrierter Ansatz, Dez. 1996

Bei Georg Lausen Promovierte:

Andreas Oberweis (AOb), 19. 7. 1990

Jürgen Seib (JSe), 26. 5. 1992

Beate Marx (MBe), 4. 12. 1996

Heinz Uphoff (UHe), 11. 7. 1997

Bertram Ludäscher (BLu), 25. 2. 1998

Jürgen Frohn (JFr), 17. 4. 1998

Paul-Thomas Kandzia (PTK), 20. 5. 1998

Wolfgang May (WMa), 17. 11. 1998

Rainer Himmeröder (RHi), 17.6.1999

---

4   Jetzt an der Technischen Universität Ilmenau.

Anhang II: Adressen der Autoren und Herausgeber

Andreas Abecker
DFKI GmbH
Postfach 2080
67608 Kaiserslautern
E-Mail: andreas.abecker@dfki.de

Prof. Dr. Jürgen Albert
Universität Würzburg
Lehrstuhl für Informatik II
Am Hubland
97074 Würzburg
Tel. 0931-8885028
Fax 0931-8884602
E-Mail albert@informatik.uni-wuerzburg.de

RA Prof. Dr. Michael Bartsch
Kanzlei Bartsch und Partner
Bahnhofstraße 10
76137 Karlsruhe
Tel. 0721-9317441
Fax 0721-9317588
E-Mail mb@bartsch-partner.de

Prof. Dr. Anne Brüggemann-Klein
TU München
Lehrstuhl VI
Arcisstr. 21
80333 München
Tel. +49-89-289-25703
Fax +49-89-289-25702
E-Mail brueggem@informatik.tu-muenchen.de

Stefan Decker
Universität Karlsruhe
Institut AIFB
76128 Karlsruhe
Tel. 0721-6086589
Fax 0721-693717
E-Mail stefan.decker@aifb.uni-karlsruhe.de

Prof. Dr. Jörg Desel
Lehrstuhl für Informatik
Mathematisch-Geographische Fakultät
Katholische Universität Eichstätt
85071 Eichstätt
Tel. 08421-931712
Fax 08421-931789
E-Mail joerg.desel@ku-eichstaett.de

Birgit Feldmann-Pempe
FernUniversität Hagen
Praktische Informatik I
Postfach 940
58084 Hagen
Tel. 02331-987 - 4446
Fax 02331-987-314
E-Mail birgit.pempe@fernuni-hagen.de

Univ.-Prof. Dr.phil. Volkmar Haase
TU Graz
IICM-Softwaretechnologie
Münzgrabenstrasse 11
A-8010 Graz
Tel. 0043 316/873 – 5731
Fax 0043 316/873 - 5706
E-Mail vhaase@iicm.edu

Dr. Peter J. Haubner
Universität Karlsruhe
Institut AIFB
76128 Karlsruhe
Tel. 0721-608-6108
Fax 0721-693717
E-Mail haubner@aifb.uni-karlsruhe.de

Anhang II: Adressen der Autoren und Herausgeber

o. Univ.-Professor Dipl.-Ing. Dr. rer. pol.
Lutz J. Heinrich
Institut für Wirtschaftsinformatik /
Information Engineering der
Universität Linz
Altenberger Str. 69
A-4040 Linz
E-Mail heinrich@winie.uni-linz.ac.at

Dr. Peter Jaeschke
PROMATIS Consulting AG
Hagenholzstr. 81 a
Ch - 8050 Zürich 3
E-Mail jaeschke@promatis.de

Dr. Paul-Thomas Kandzia
Institut für Informatik
Albert-Ludwigs-Universität
Am Flughafen 17, Gebäude 051
79085 Freiburg
E-Mail kandzia@informatik.uni-freiburg.de

Prof. Dr. Rolf Klein
FernUniversität Hagen
Praktische Informatik VI
Feithstr. 142
58084 Hagen
Tel 02331-987-4365
Fax 02331-987-4896
E-Mail rolf.klein@fernuni-hagen.de

Prof. Rudi Krieger
Berufsakademie Karlsruhe
Erzbergerstr. 121
76133 Karlsruhe
Tel. 0721-9735-909
Fax 0721-9735-600
E-mail krieger@ba-karlsruhe.de

Dipl.-Inform. Britta Landgraf
FernUniversität Hagen
Praktische Informatik VI
Feithstr. 142
58084 Hagen
Tel 02331-987-4893
Fax 02331-987-4896
E-Mail britta.landgraf@fernuni-hagen.de

Prof. Dr. Georg Lausen
Albert-Ludwigs-Universität
Institut für Informatik
Datenbanken und
Informationssysteme
Am Flughafen 17
79110 Freiburg
Tel. 0761-203-8121
Fax 0761-203-8122
E-Mail lausen@informatik.uni-freiburg.de

O.Univ.-Prof. Dr.phil
Hermann Maurer
TU Graz
Institut für Informationsverarbeitung
und Computergestützte neue Medien
(IICM)
Schießstattgasse 4a
A-8010 Graz
Tel. 0043-0316/873 - 5612
Fax 0043-0316/824394
E-Mail hmaurer@iicm.edu

Dr. Thomas Mochel
TCC The Consulting Company GmbH
Louisenstraße 21-23
61348 Bad Homburg v.d.H.
Tel. 06172-903930
Fax 06172-903990

Prof. Dr. Andreas Oberweis
Johann Wolfgang Goethe-Universität
Lehrstuhl für Wirtschaftsinformatik II
Postfach 11 19 32
D-60054 Frankfurt/Main
Tel. 069-798-28722/28998
Fax 069-798-25073
E-Mail oberweis@wiwi.uni-frankfurt.de

Prof. Dr. Thomas Ottmann
Institut für Informatik
Lehrstuhl für Algorithmen & Datenstrukturen
Albert-Ludwigs-Universität
Am Flughafen 17, Gebäude 051
79085 Freiburg
Tel. 0761-203-8161
Fax 0761-203-8162
E-Mail ottmann@informatik.uni-freiburg.de

o. Univ.-Professor Dipl.-Ing. Dr. techn.
Gustav Pomberger
Institut für Wirtschaftsinformatik /
Software Engineering der Universität Linz
Altenberger Str. 69
A-4040 Linz
E-Mail pomberger@swe.uni-linz.ac.at

Dr. Reinhard Richter
Universität Karlsruhe
Institut AIFB
76128 Karlsruhe
Tel. 0721-608-6036
Fax 0721-693717
E-Mail richter@aifb-uni-freiburg.de

Dr. Mohammad Salavati
Universität Karlsruhe
Institut AIFB
76128 Karlsruhe
Tel. 0721-608-3710
Fax 0721-693717
E-Mail salavati@aifb.uni-karlsruhe.de

Dr. Volker Sänger
SGZ-Bank AG
Karl-Friedrich-Str. 23
76133 Karlsruhe

Prof. Dr. Gunter Schlageter
FernUniversität Hagen
Praktische Informatik I
Postfach 940
58084 Hagen
Tel. 02331-987 - 2975 od. -311
Fax 02331-987-314
E-Mail gunter.schlageter@fernuni-hagen.de

Frank Schlottmann
Universität Karlsruhe
Institut AIFB
76128 Karlsruhe
Tel. 0721-608-6557
Fax 0721-608-693717
E-Mail frsc@aifb.uni-karlsruhe.de

Prof. Dr. Hartmut Schmeck
Universität Karlsruhe
Institut AIFB
76128 Karlsruhe
Tel. 0721-608-4242
Fax 0721-693717
E-Mail schmeck@aifb.uni-karlsruhe.de

Anhang II: Adressen der Autoren und Herausgeber

Dr. Frank Schönthaler
PROMATIS GmbH
Badhausweg 5
76307 Karlsbad
Tel. 07248/926-0
Fax 07248/926-119
E-Mail schoen@promatis.de

Prof. Dr. Detlef Seese
Universität Karlsruhe
Institut AIFB
76128 Karlsruhe
Tel. 0721-608-6037
Fax 0721-608-693717
E-Mail Seese@aifb.uni-karlsruhe.de

Prof. Dr. Hans-Werner Six
FernUniversität Hagen
Lehrgebiet Praktische Informatik III
Feithstraße 142
58084 Hagen
Tel 02331-987-4669
Fax 02331-987-317
E-Mail hw.six@fernuni-hagen.de

Dr. Hans-Georg Stork
Commission of the
European Communities
D.G. XIII - Telecommunications
Jean Monnet Building
L-2920 Luxemburg
E-Mail stork@uumail.de

Prof. Dr. Rudi Studer
Universität Karlsruhe
Institut AIFB
76128 Karlsruhe
Tel 0721-608-3923/4750
Fax 0721-693717
E-Mail studer@aifb.uni-karlsruhe.de

Prof. Dr. Lutz Wegner
Universität Gh Kassel
FB 17 Mathematik/Informatik
Praktische Informatik - Datenbanken
Heinrich-Plett-Str. 40
34109 Kassel
Tel. 0561/804-4477
Fax 0561/804-4199
E-Mail wegner@db.informatik.uni-kassel.de

Prof. Dr. Peter Widmayer
ETH Zentrum
Theoretische Informatik
CH-8092 Zürich
Schweiz
Tel. 0041-1-632 7401
Fax 0041-1-632 1399
E-Mail widmayer@inf.ethz.ch

Mario Winter
FernUniversität Hagen
Lehrgebiet Praktische Informatik III
Feithstraße 142
58084 Hagen
Tel 02331-987-2129
Fax 02331-987-317
E-Mail mario.winter@fernuni-hagen.de

Kneuper/Müller-Luschnat/Oberweis (Hrsg.)
Vorgehensmodelle für die betriebliche Anwendungsentwicklung

Herausgegeben von
Dr. **Ralf Kneuper**
TLC GmbH Frankfurt/Main
Günther Müller-Luschnat
FAST e.V. München und
Prof. Dr. **Andreas Oberweis**
Johann Wolfgang Goethe-Universität Frankfurt/Main

1998. 305 Seiten
mit 41 Bildern. 16,2 x 22,9 cm.
(Teubner-Reihe Wirtschaftsinformatik)
Kart. DM 69,80
ÖS 510,– / SFr 63,–
ISBN 3-8154-2605-7

Vorgehensmodelle für die betriebliche Anwendungsentwicklung beantworten die Fragen: Wie, in welchen Abschnitten, mit welchen Ergebnissen und mit welchen Personen muß ein Projekt zur Anwendungsentwicklung durchgeführt werden?
Dieses Buch gibt einen Überblick über den Stand von Wissenschaft und Praxis zu dieser Thematik. Behandelt werden u.a. Begriffe und Geschichte des Themas, Standards für Vorgehensmodelle, Vorgehensmodelle für verschiedene Projekttypen und Werkzeugunterstützung. Das Buch soll sowohl dem Praktiker bei der Diskussion, Auswahl und Erstellung von Vorgehensmodellen im Unternehmen helfen, als auch Dozenten und Studenten im Hauptstudium Informatik und Wirtschaftsinformatik einen Überblick über das Fachgebiet geben.

Aus dem Inhalt
Grundlagen – Begriffliche Grundlagen für Vorgehensmodelle – Genealogie von Entwicklungsschemata – Vorgehensmodelle und ihre Formalisierung – Modellierungssprachen für Vorgehensmodelle – Beschreibung von Vorgehensmodellen mit FUNSOFT-Netzen – Vorgehensmodelle für spezielle Projekttypen – Vorgehensmodelle für objektorientierte Systementwicklung – Ein Vorgehensmodell für Workflow-Management-Anwendungen – Ein Vorgehensmodell für das Software Reengineering – Vorgehensmodelle für die Entwicklung wissensbasierter Systeme – Iteratives Prozeß-Prototyping (IPP®) – Modellgetriebene Konfiguration des R/3-Systems – Praktischer Einsatz von Vorgehensmodellen – Werkzeugunterstützung beim Einsatz von Vorgehensmodellen – Organisatorische Gestaltung des Einsatzes von Vorgehensmodellen – Ein Vorgehen für das Einführen eines Vorgehens (modells) – Erste Standardaufwandsschätzung für ein größeres Projekt mit Hilfe des V-Modells

Preisänderungen vorbehalten.

B. G. Teubner Stuttgart · Leipzig